全国技工院校数控加工类专业通用教材（中级技能层级）

数控机床编程与操作

（第四版 数控铣床 加工中心分册）

人力资源社会保障部教材办公室组织编写

中国劳动社会保障出版社

简　介

本书主要内容包括数控铣床/加工中心及其编程基础、FANUC系统的编程与操作、华中系统的编程与操作、SIEMENS SINUMERIK 802D系统的编程与操作、SIEMENS SINUMERIK 828D系统的编程与操作、中级职业技能鉴定应会试题等。

本书由薛龙主编，沈建峰副主编，周春然、朱敏参加编写，崔兆华主审。

图书在版编目(CIP)数据

数控机床编程与操作. 数控铣床加工中心分册 / 人力资源社会保障部教材办公室组织编写. -- 4版. -- 北京：中国劳动社会保障出版社，2018

全国技工院校数控加工类专业通用教材. 中级技能层级

ISBN 978-7-5167-3569-5

Ⅰ.①数…　Ⅱ.①人…　Ⅲ.①数控机床-铣床-程序设计-技工学校-教材②数控机床-铣床-操作-技工学校-教材　Ⅳ.①TG659

中国版本图书馆CIP数据核字(2018)第172719号

中国劳动社会保障出版社出版发行

（北京市惠新东街1号　邮政编码：100029）

*

河北鹏盛贤印刷有限公司印刷装订　　新华书店经销

787毫米×1092毫米　16开本　16.75印张　375千字

2018年8月第4版　　2022年12月第7次印刷

定价：30.00元

营销中心电话：400-606-6496

出版社网址：http://www.class.com.cn

http://jg.class.com.cn

版权专有　　侵权必究

如有印装差错，请与本社联系调换：(010) 81211666

我社将与版权执法机关配合，大力打击盗印、销售和使用盗版图书活动，敬请广大读者协助举报，经查实将给予举报者奖励。

举报电话：(010) 64954652

前言

为了更好地适应全国技工院校数控加工类专业的教学要求，全面提升教学质量，人力资源社会保障部教材办公室组织有关学校的一线教师和行业、企业专家，在充分调研企业生产和学校教学情况、广泛听取教师对教材使用反馈意见的基础上，对全国技工院校数控加工类专业中级阶段通用教材进行了修订。

教材体系

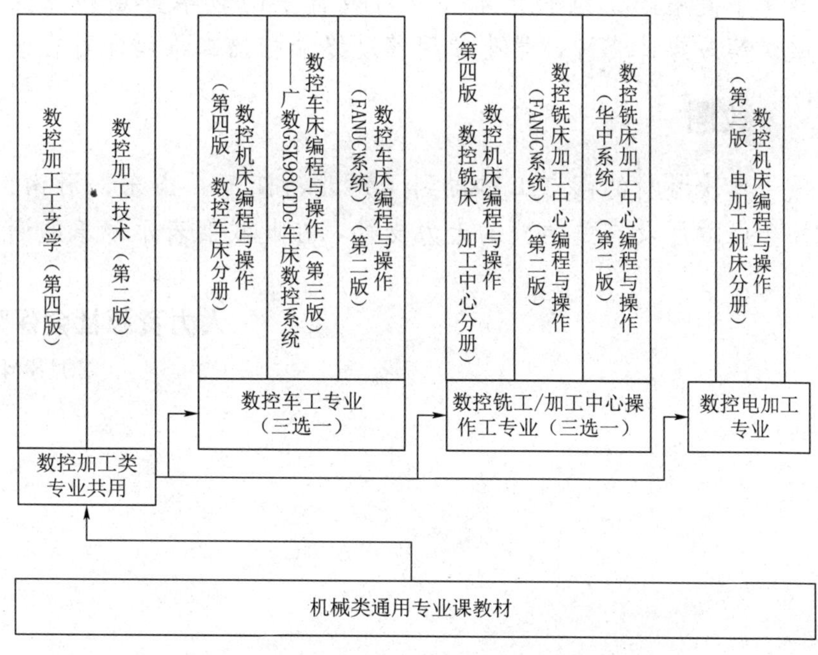

编写特色

◆ 紧贴教学实际情况 根据数控加工类专业毕业生所从事岗位的实际需要和教学实际情况的变化，合理确定学生应具备的能力与知识结构，对部分教材内容及其深度、难度做了适当调整；充分考虑教材的适用性，选择当今数控教学中广泛使用的数控系统。

◆ 体现行业技术发展 根据相关专业领域的最新发展，在教材中充实新知识、新技术、新设备、新材料等方面的内容，体现教材的先进性。

◆ 更新国家技术标准 采用最新的国家技术标准，使教材内容更加科学和规范。

◆ 符合学生阅读习惯 在教材内容的呈现形式上，较多地利用图片、实物照片和表格等形式将知识点生动地展示出来，力求让学生更直观地理解和掌握所学内容。

教学服务

本套教材配有习题册和方便教师上课使用的多媒体电子课件，可以通过技工教育网（http://jg.class.com.cn）下载电子课件等教学资源。另外，在部分教材中使用了二维码技术，针对教材中的教学重点和难点制作了动画、视频、微课等多媒体资源，学生使用移动终端扫描二维码即可在线观看相应内容。

致谢

本次教材的修订工作得到了河北、江苏、山东、河南、广东等省人力资源社会保障厅及有关学校的大力支持，在此我们表示诚挚的谢意。

人力资源社会保障部教材办公室

2018 年 8 月

目录

第一章

数控铣床/加工中心及其编程基础

第一节 数控铣床/加工中心概述

一、数控机床简介

数控机床是指采用数控技术进行控制的机床。根据加工用途分类，数控机床主要有以下几种类型。

1. 数控车床

数控车床是用于完成车削加工的数控机床。通常情况下也将以车削加工为主并辅以铣削加工的数控车削中心归类为数控车床。如图 1—1 所示为全功能型卧式数控车床。

图 1—1 全功能型卧式数控车床

2. 数控铣床

用于完成铣削加工或镗削加工的数控机床称为数控铣床。如图 1—2 所示为立式数控铣床。

3. 加工中心

加工中心是指带有刀库（带有回转刀架的数控车床除外）和刀具自动交换装置（Automatic Tool Changer，缩写 ATC）的数控机床。通常所说的加工中心是指带有刀库和刀具自动交换装置的数控铣床。如图 1—3 所示为卧式加工中心。

图 1—2　立式数控铣床

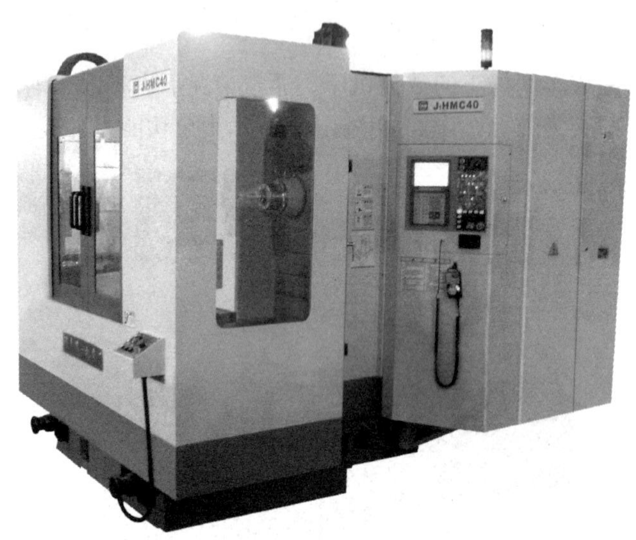

图 1—3　卧式加工中心

4. **数控钻床**

数控钻床主要用于完成钻孔、攻螺纹等功能，有时也可完成简单的铣削功能。数控钻床是一种采用点位控制系统的数控机床，即控制刀具从一点到另一点的位置，而不控制刀具移动轨迹。如图 1—4 所示为立式数控钻床。

5. **数控电火花成形机床**

数控电火花成形机床（即通常所说的电脉冲机床）是一种特种加工机床。它利用两个不同极性的电极在绝缘液体中产生的电蚀现象去除材料而完成加工，对于形状复杂的模具及难加工材料的加工具有特殊优势。数控电火花成形机床如图 1—5 所示。

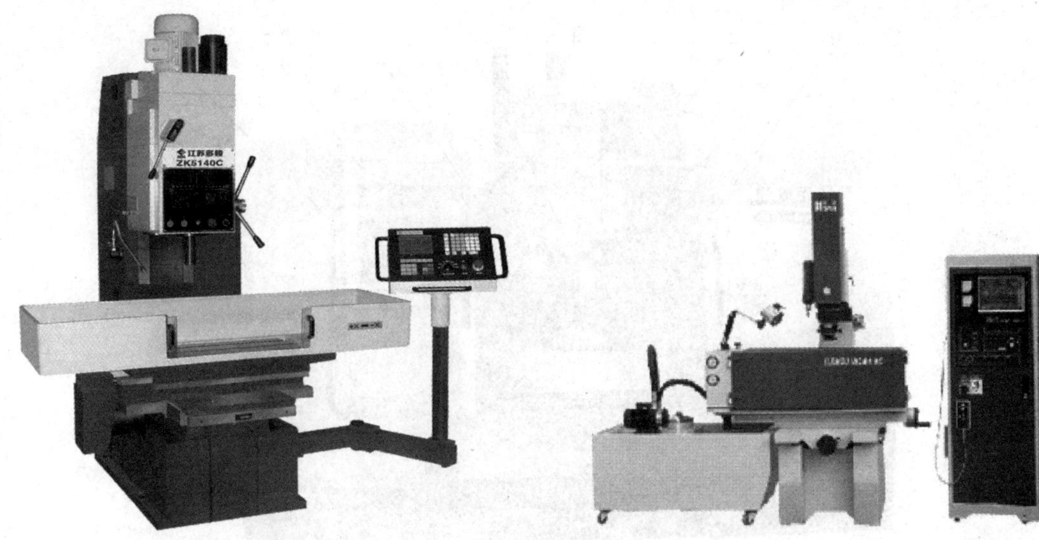

图 1—4　立式数控钻床　　图 1—5　数控电火花成形机床

6. 数控线切割机床

数控线切割机床如图 1—6 所示。其工作原理与电火花成形机床相同，但其电极是电极丝（钼丝、铜丝等）和工件。

7. 其他数控机床

数控机床除以上几种常见类型外，还有数控磨床、数控冲床、数控激光加工机床、数控超声波加工机床等多种形式。

图 1—6　数控线切割机床

二、数控铣床/加工中心的组成

数控铣床与加工中心的结构基本相同，不同的是加工中心在数控铣床的基础上增加了刀库和刀具自动交换装置。

加工中心由机床本体、数控装置、刀库和换刀装置、辅助装置等几部分构成。如图 1—7 所示为立式加工中心的结构。

1. 机床本体

如图 1—8 所示，立式加工中心的机床本体部分主要由床身、工作台、立柱、主轴部件等组成。安装时，将立柱固定在水平床身之上，保证安装后的垂直导轨与两水平导轨之间的垂直度等要求；将主轴部件安装在立柱之上，保证主轴与立柱之间的平行度等要求。

2. 数控装置

数控装置如图 1—9 所示，主要由数控系统、伺服驱动装置和伺服电动机组成。其工作过程为数控系统发出的信号经伺服驱动装置放大后指挥伺服电动机进行工作。

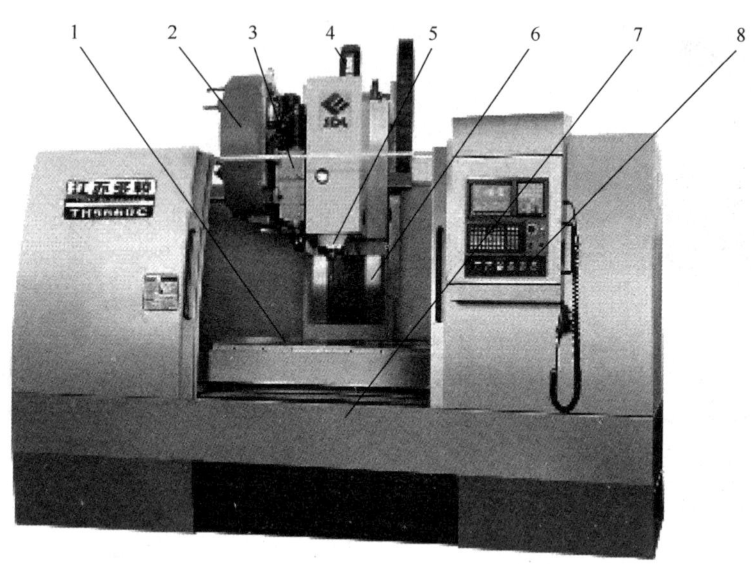

图 1—7 立式加工中心的结构

1—工作台 2—刀库 3—换刀装置 4—伺服电动机 5—主轴 6—导轨 7—床身 8—数控系统

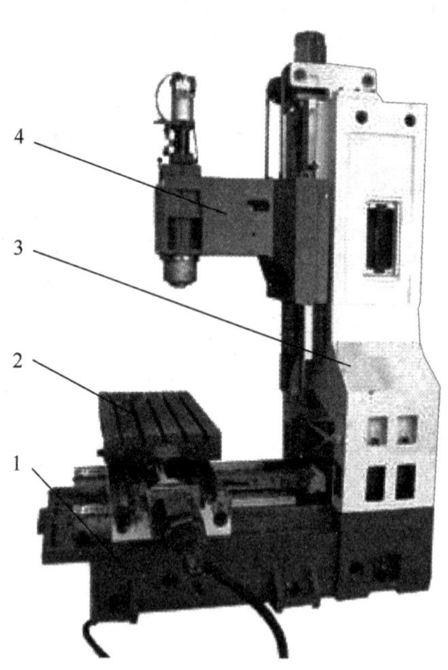

图 1—8 立式加工中心的机床本体

1—床身 2—工作台 3—立柱 4—主轴部件

数控系统部分是数控机床的“大脑”，数控机床的所有加工动作均需通过数控系统来指挥。数控系统与伺服电动机之间的连接部分为数控机床的电气部分（一般位于机床的背面）。数控系统发出的所有指令均通过电气部分来传递。

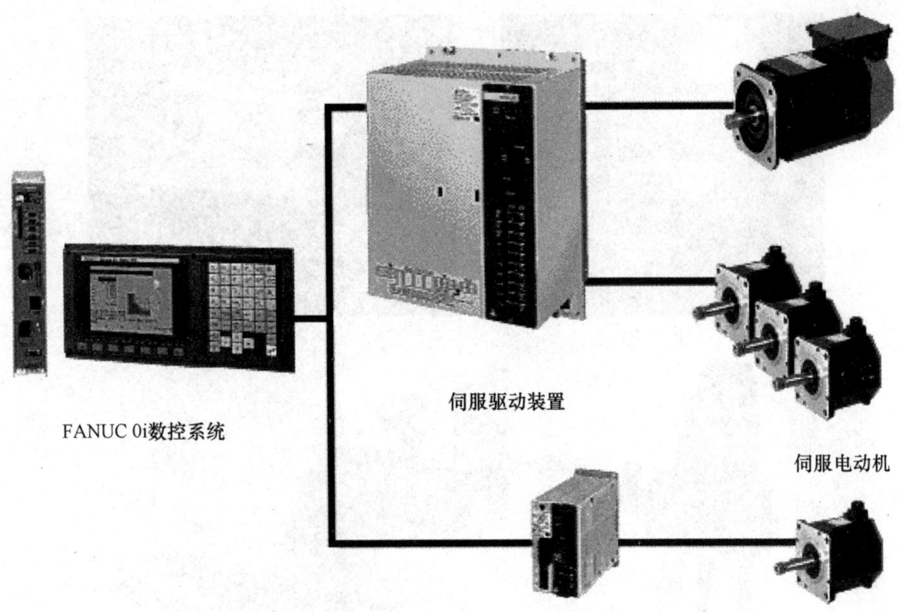

图 1—9 数控装置

3. 刀库和换刀装置

刀库的作用是储备一定数量的刀具，通过机械手实现与主轴上刀具的交换。在加工中心上使用的刀库主要分为盘式刀库和链式刀库两种。

4. 辅助装置

加工中心常用的辅助装置如图 1—10 所示，有气动装置、润滑装置、冷却装置、排屑装置和防护装置等。其中，气动装置主要向主轴、刀库、机械手等部件提供高压气体。加工中心的冷却方式分气冷和液冷两种，分别采用高压气体与切削液进行冷却。

三、数控铣床/加工中心的数控系统介绍

1. FANUC（法那科）数控系统

FANUC 数控系统由日本富士通公司研制开发。目前，在中国市场上，应用于铣床（加工中心）的 FANUC 数控系统主要有 FANUC 21i - MA/MB/MC、FANUC 18i - MA/MB/MC、FANUC 0i - MA/MB/MC、FANUC 0 - MD 等。FANUC 0i - MA 数控系统机床面板如图 1—11 所示。

2. SIEMENS（西门子）数控系统

SIEMENS 数控系统由德国西门子公司开发研制。该系统在我国数控机床中的应用相当普遍。目前，在我国市场上，常用的 SIEMENS 系统有 SINUMERIK 840D/C、SINUMERIK 810T/M、SINUMERIK 802D/C/S 等型号。以上型号除 SINUMERIK 802S 系统采用步进电动机驱动外，其他型号系统均采用伺服电动机驱动。SINUMERIK 802D 数控系统机床面板如图 1—12 所示。

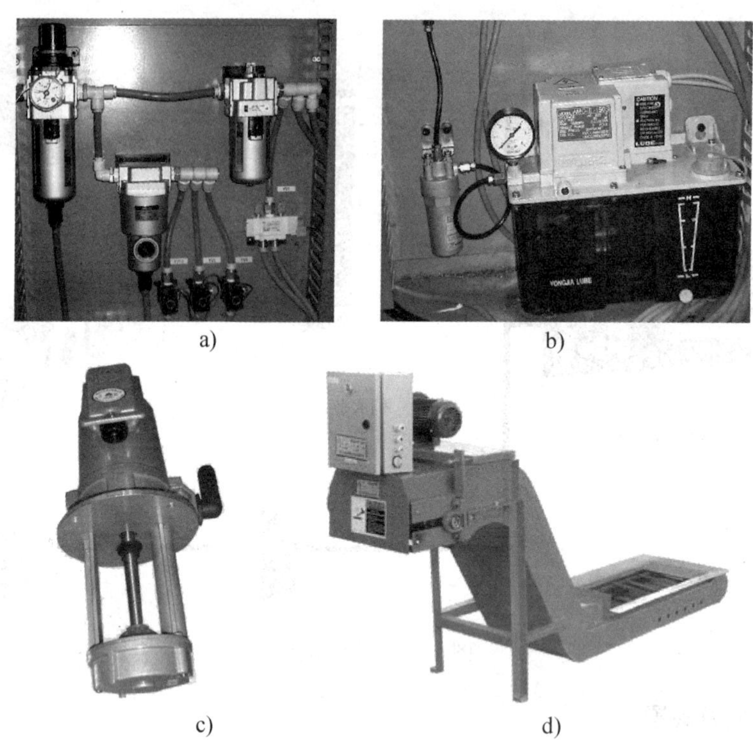

a)　b)　c)　d)

图 1—10　常用的辅助装置

a）气动装置　b）润滑装置　c）冷却装置　d）排屑装置

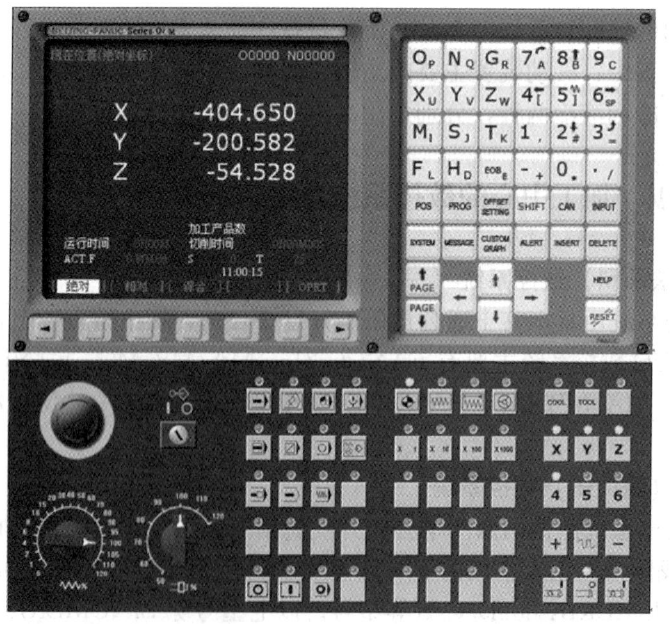

图 1—11　FANUC 0i - MA 数控系统机床面板

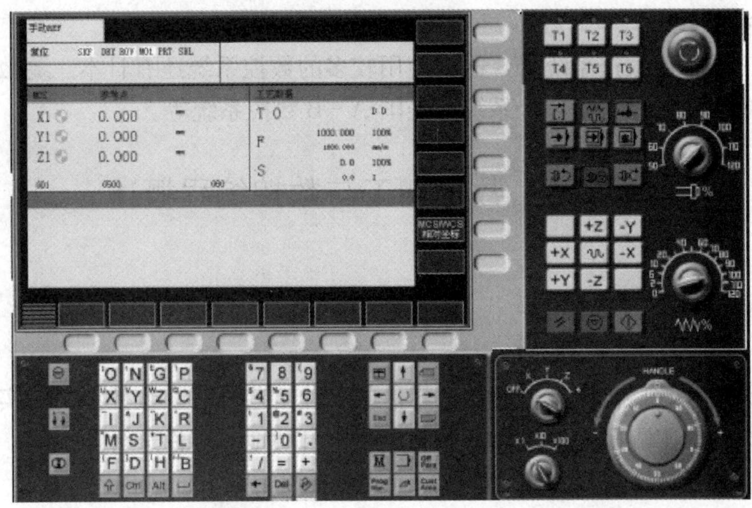

图 1—12 SIEMENS SINUMERIK 802D 数控系统机床面板

3. 国产数控系统

自 20 世纪 80 年代初期开始，我国数控系统的生产与研制得到了飞速发展，并逐步形成了航天数控集团、华中数控、蓝天数控等以生产普及型数控系统为主的国有企业，以及北京—法那科、西门子数控（南京）有限公司等合资企业。目前，常用于铣床的国产数控系统有北京凯恩地数控系统，如 KND100M 等；华中数控系统，如 HNC - 21M 等（图 1—13）；北京航天数控系统，如 CASNUC 2100 等。

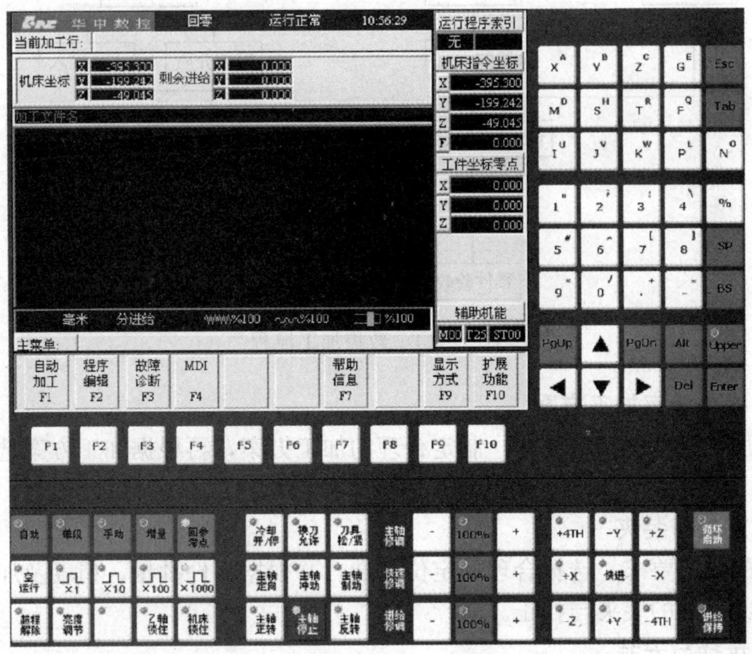

图 1—13 华中 HNC - 21M 数控系统机床面板

4. 其他数控系统

除了以上三类主流数控系统外，国内使用较多的数控系统还有日本三菱数控系统、法国施耐德数控系统、西班牙法格数控系统和美国 A－B 数控系统等。

第二节　数控加工与数控编程概述

一、数控加工

数控加工是指在数控机床上自动加工零件的一种工艺方法。数控加工的实质是数控机床按照事先编制好的加工程序并通过数字控制过程，自动地对零件进行加工。

一般来说，数控加工流程（图 1—14）主要包括以下几方面的内容。

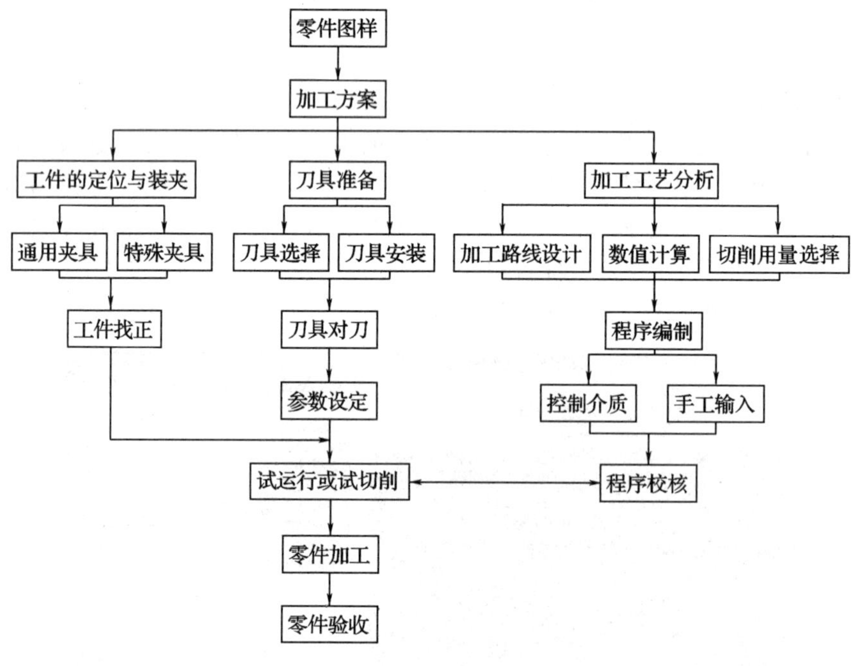

图 1—14　数控加工流程

1. 分析图样，确定加工方案

分析所要加工零件的技术要求，制定合理的加工方案，再根据加工方案选择合适的数控加工机床。

2. 工件的定位与装夹

根据零件的加工要求，选择合理的定位基准，并根据零件批量、精度及加工成本选择合适的夹具，完成工件的装夹与找正。

3. 刀具的选择与安装

根据零件的加工工艺性与结构工艺性，选择合适的刀具材料与刀具种类，完成刀具的安装与对刀，并将对刀所得参数正确设定在数控系统中。

4. 分析加工工艺

根据零件加工要求和加工方案，设计合理的数控加工路线，进行必要的数值计算，选择加工工步所需的恰当的切削用量，从而做好编程前的工艺准备。

5. 编制数控加工程序与校核

根据零件的加工要求进行编程，将这些程序通过控制介质或手动方式输入机床数控系统，并在系统中对程序进行初步校核。

6. 试切削、试运行

对所输入的程序进行试运行，并进行首件试切削。试切削一方面用来对加工程序进行最后的校验，另一方面用来校验工件的加工精度。

7. 数控加工

当试切的首件经检验合格并确认加工程序正确无误后，便可进入数控加工阶段。

8. 工件的验收与质量误差分析

工件入库前，先进行工件的检验，并通过质量分析，找出误差产生的原因，得出纠正误差的方法。

二、数控铣床/加工中心的加工对象

根据数控铣床/加工中心的特点，适合在数控铣床/加工中心上加工的零件主要有以下几类。

1. 平面类零件

加工面平行或垂直于水平面，或加工面与水平面的夹角为定值的零件为平面类零件（图1—15）。这类零件的特点是各个加工面是平面或可以展开成平面。平面类零件是数控铣削加工中最简单的一类零件，一般只需用三坐标数控铣床的两坐标联动就可以把它们加工出来。

2. 变斜角类零件

加工面与水平面的夹角连续变化的零件称为变斜角类零件（图1—16）。变斜角类零件的变斜角加工面不能展开为平面，但在加工中，加工面与铣刀圆周的瞬时接触为线接触。变斜角类零件最好采用四坐标数控铣床、五坐标数控铣床摆角加工。若没有上述机床，也可采用三坐标数控铣床进行两轴半近似加工。

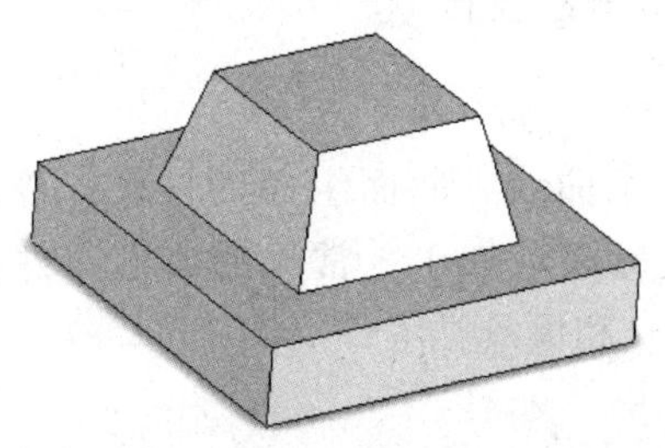

图1—15　平面类零件

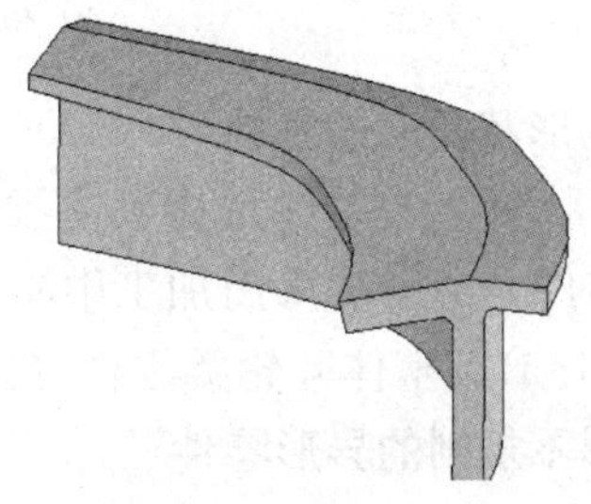

图1—16　变斜角类零件

3. 曲面类零件

加工面为空间曲面的零件称为曲面类零件（图 1—17）。曲面类零件不能展开为平面。加工时，铣刀与加工面始终为点接触，一般采用球头刀在三坐标数控铣床上进行精加工。

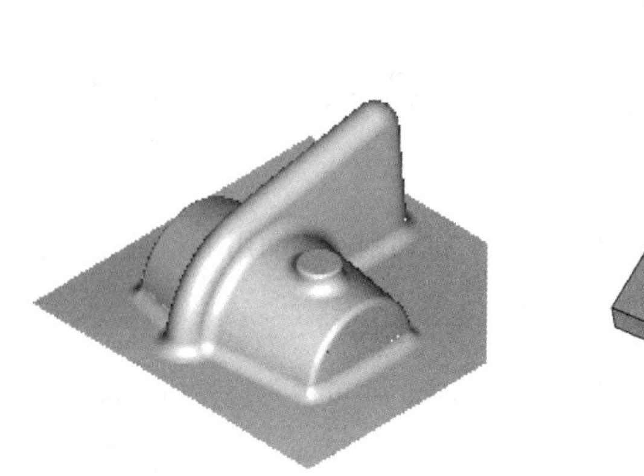

图 1—17　曲面类零件

4. 既有平面又有孔系的零件

既有平面又有孔系的零件主要是指箱体类零件（图 1—18a）、盘套类零件（图 1—18b）及板类零件。加工这类零件时，最好采用加工中心在一次安装中完成零件上平面的铣削及孔系的钻削、镗削、铰削、铣削与攻螺纹等多工步加工，以保证该类零件各加工表面间的相互位置精度。

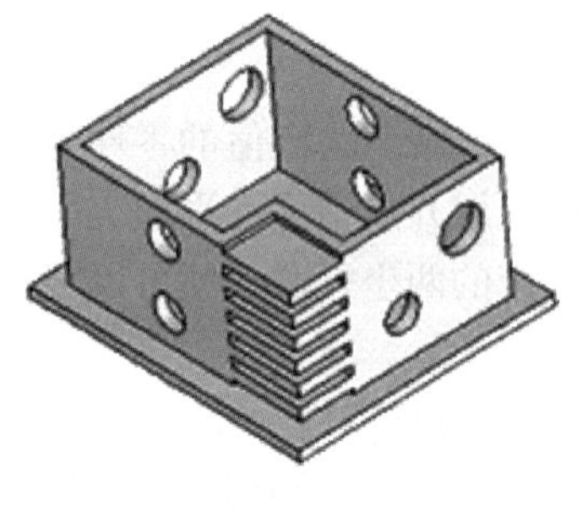

a)

b)

图 1—18　既有平面又有孔系的零件

a）箱体类零件　b）盘套类零件

5. 结构形状复杂的零件

结构形状复杂的零件是指其主要表面由复杂曲线、曲面组成的零件。普通机床难以加工这类零件，通常需采用加工中心进行多坐标联动加工。常见的典型零件有凸轮类零件（图 1—19a）、整体叶轮类零件（图 1—19b）和模具类零件（图 1—19c）。

6. 外形不规则的异形零件

异形零件（图 1—20）是指支架、拨叉类外形不规则的零件，大多采用点、线、面多工位混合加工。由于其外形不规则，在普通机床上只能采取工序分散的原则加工，使用的工装较多，生产周期较长。加工中心具有多工位点、线、面混合加工的特点，可以完成这类零件大部分甚至全部工序内容。

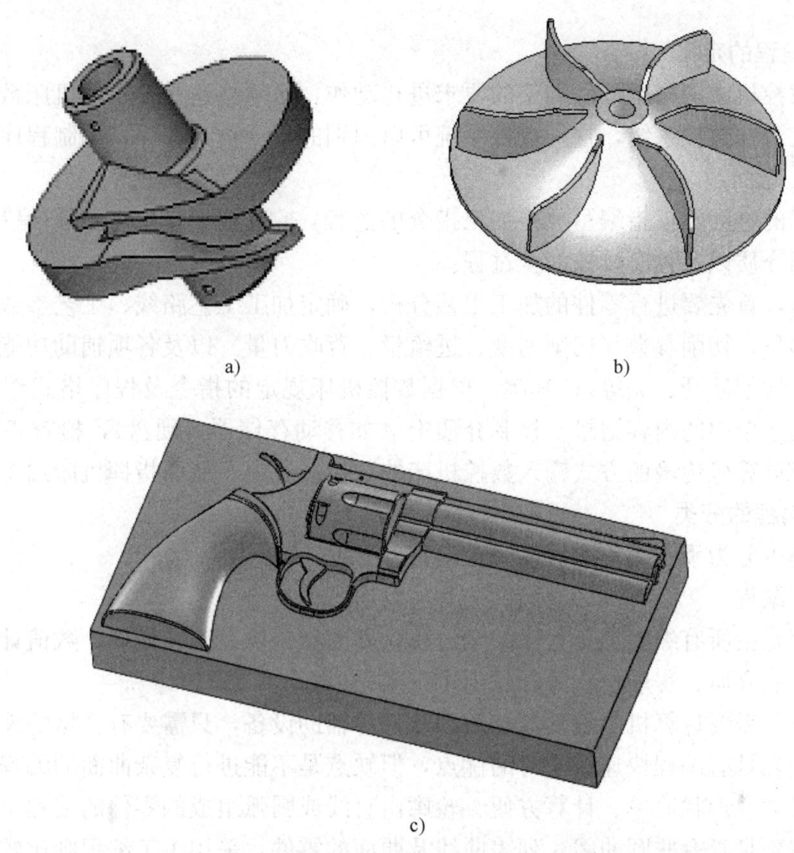

a) b) c)

图 1—19 结构形状复杂的零件

a）凸轮类零件 b）整体叶轮类零件 c）模具类零件

图 1—20 异形零件

7. 其他类零件

加工中心除常用于加工具有以上特征的零件外，还较适宜加工周期性投产的零件，加工精度要求较高的中小批量零件和新产品试制的零件等。

三、数控编程

1. 数控编程的定义

为了使数控机床能根据零件加工的要求进行动作，必须将这些要求以机床数控系统能识别的指令形式告知数控系统，这种数控系统可以识别的指令称为程序，编制程序的过程称为数控编程。

数控编程的过程不仅指编写数控加工指令的过程，它包括从零件分析到编写加工指令，直至制成控制介质以及程序校核的全过程。

在编程前，首先要进行零件的加工工艺分析，确定加工工艺路线、工艺参数，刀具的运动轨迹、位移量，切削参数（切削速度、进给量、背吃刀量）以及各项辅助功能（换刀，主轴正、反转，切削液开、关等）；其次，根据数控机床规定的指令及程序格式编写加工程序单；最后把程序单中的内容记录在控制介质上（如移动存储器、硬盘），检查正确无误后采用手工输入或计算机传输的方式输入数控机床的数控装置中，从而指挥机床加工零件。

2. 数控编程的分类

数控编程可分为手工编程和自动编程两种。

（1）手工编程

手工编程是指所有编制加工程序的全过程，即图样分析、工艺处理、数值计算、编写程序单、制作控制介质、程序校验等都是由手工来完成。

手工编程不需要计算机、编程器、编程软件等辅助设备，只需要有合格的编程人员即可完成。手工编程具有编程快速、及时的优点，但缺点是不能进行复杂曲面的编程。手工编程比较适合批量大、形状简单、计算方便、轮廓由直线或圆弧组成的零件的编程。对于形状复杂的零件，特别是具有非圆曲线、列表曲线及曲面的零件，采用手工编程则比较困难，最好采用自动编程的方法进行编程。

（2）自动编程

自动编程是指通过计算机自动编制数控加工程序的过程。

自动编程的优点是效率高，程序正确性好。自动编程由计算机替代人完成复杂的坐标计算和书写程序单的工作。它可以解决许多手工编程无法完成的复杂零件的编程难题，但缺点是必须具备自动编程系统或编程软件。

实现自动编程的方法主要有语言式自动编程和图形交互式自动编程两种。前者是通过高级语言的形式，表示出全部加工内容，计算机采用批处理方式，一次性处理、输出加工程序。后者是采用人机对话的处理方式，利用 CAD/CAM 软件生成加工程序。

CAD/CAM 软件编程与加工过程包括图样分析、工艺分析、三维造型、生成刀具轨迹、后置处理生成加工程序、程序校验、程序传输并进行加工。

自动编程软件种类很多，而且地区不同，使用的 CAD/CAM 软件也不尽相同。当前，我国常用的 CAD/CAM 软件有 UG、Pro/Engineer、CATIA、SolidWorks、MasterCAM、CIMATRON、CAXA 制造工程师等。

3. 手工编程的步骤

手工编程的步骤如图 1—21 所示，主要有以下几个方面的内容。

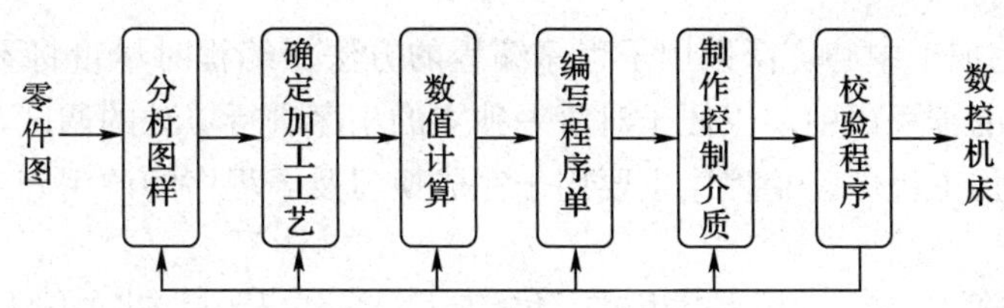

图 1—21　手工编程的步骤

(1) 分析图样

分析图样包括：分析零件轮廓，分析零件尺寸精度、形位精度、表面粗糙度、技术要求，分析零件材料、热处理等要求。

(2) 确定加工工艺

确定加工工艺包括：选择加工方案，确定加工路线，选择定位与夹紧方式，选择刀具，选择各项切削参数，选择对刀点、换刀点。

(3) 数值计算

数值计算包括：选择编程原点，对零件图样各基点进行正确的数学计算，为编写程序单做好准备。

(4) 编写程序单

根据数控机床规定的指令及程序格式编写加工程序单。

(5) 制作控制介质

简单的数控程序直接采用手工输入机床。当程序自动输入机床时，必须制作控制介质。现在大多数程序采用移动存储器、硬盘作为存储介质，采用计算机直接传输或通过网络来输入机床。目前老式的控制介质——穿孔纸带已基本停止使用了。

(6) 校验程序

程序必须经过校验后才能使用。一般采用机床空运行的方式进行校验，有图形显示卡的机床可直接在 CRT 显示屏上进行校验，还可采用计算机数控模拟进行校验。以上方式只能进行数控程序、机床动作的校验。如果要校验加工精度，则要进行首件试切。

4. 数控铣床/加工中心编程的特点

根据数控铣床/加工中心的特点，数控铣床/加工中心的编程具有如下特点。

(1) 为了方便编程中的数值计算，在数控铣床/加工中心的编程中广泛采用刀具半径补偿。

(2) 为适应数控铣床/加工中心的加工需要，对于常见的镗孔、钻孔切削加工动作，可以通过采用数控系统本身具备的固定循环功能来实现，以简化编程。

(3) 大多数数控铣床/加工中心都具备镜像加工、比例缩放等特殊编程指令以及极坐标编程指令，可以提高编程效率，简化程序。

（4）根据加工批量的大小，决定加工中心采用自动换刀还是手动换刀。对于单件或很小批量的工件加工，一般采用手动换刀，而对于批量大于 10 件且刀具更换频繁的工件加工，一般采用自动换刀。

（5）数控铣床/加工中心广泛采用子程序编程的方法。编程时尽量将不同工序内容的程序分别安排到不同的子程序中，以便于对每一独立的工序进行单独的调试，也便于因加工顺序不合理重新调整加工程序。主程序主要用于完成换刀及子程序的调用等工作。

第三节　数控铣床/加工中心编程基础知识

一、数控编程的坐标系

1. 机床坐标系

（1）机床坐标系的定义

在数控机床上加工零件时，机床的动作是由数控系统发出的指令来控制的。为了确定机床的运动方向和移动距离，就要在机床上建立一个坐标系，这个坐标系就称为机床坐标系（又称标准坐标系）。

（2）机床坐标系的规定

数控铣床的加工动作主要分为刀具的动作和工件的动作两部分。因此，在确定机床坐标系的方向时规定：永远假定刀具相对于静止的工件而运动。对于工件运动而不是刀具运动的机床，编程人员在编程过程中也按照刀具相对于工件运动来进行编程。

（3）机床坐标系的方向

在数控机床上，均将增大工件和刀具间距离的方向确定为机床坐标系的正方向。

数控机床的坐标系采用右手笛卡儿坐标系（图 1—22a）。图 1—22b 中拇指的方向为 X 轴的正方向，食指指向 Y 轴的正方向，中指指向 Z 轴的正方向。而图 1—22c 则规定了旋转轴 A、B、C 的旋转正方向。

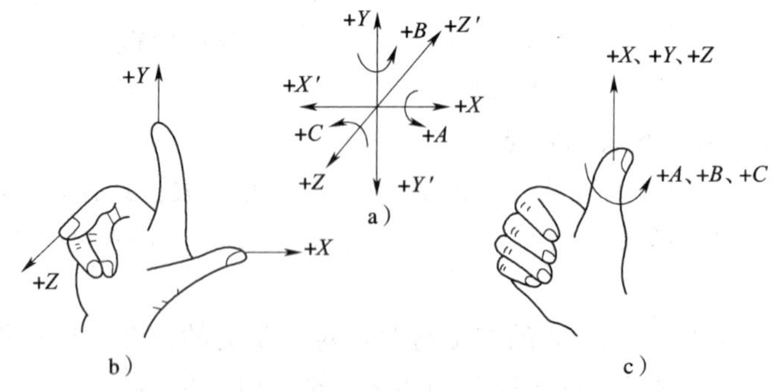

图 1—22　右手笛卡儿坐标系

a）坐标系　b）右手定 X、Y、Z 轴正方向　c）右手定旋转轴 A、B、C 正方向

1）Z 轴方向　Z 轴的运动由传递切削力的主轴所决定，不管哪种机床，与主轴轴线平行的坐标轴即 Z 轴。根据坐标系正方向的确定原则，在钻、镗、铣加工中，钻入或镗（铣）入工件的方向为 Z 轴的负方向。

2）X 轴方向　X 轴一般为水平方向，它垂直于 Z 轴且平行于工件的装夹平面。对于立式铣床，Z 轴是竖直的，站在工作台前，从刀具主轴向立柱看，水平向右的方向为 X 轴的正方向，如图 1—23 所示。对于卧式铣床，Z 轴是水平的，从主轴向工件看（即从机床背面向工件看），水平向右的方向为 X 轴的正方向，如图 1—24 所示。

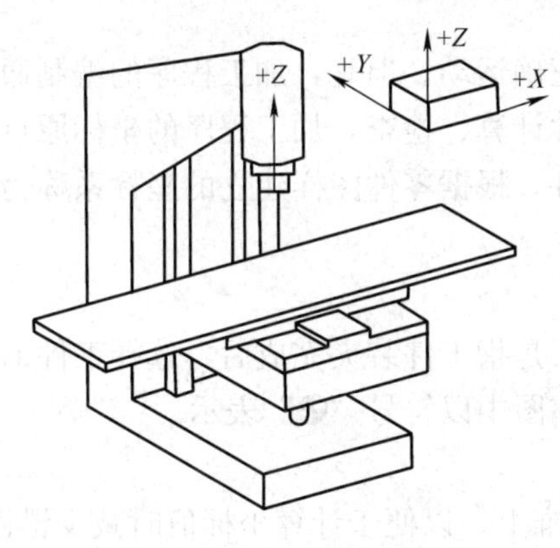

图 1—23　立式升降台铣床

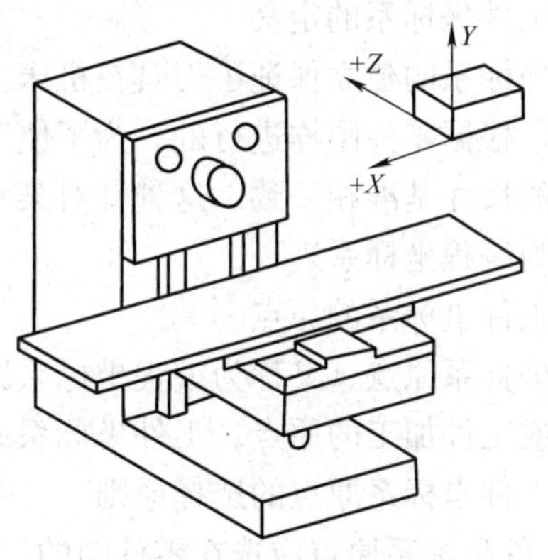

图 1—24　卧式升降台铣床

图 1—23

图 1—24

3）Y 轴方向。Y 轴垂直于 X 轴、Z 轴，根据右手笛卡儿坐标系来判别。

提示

确定坐标系各坐标轴时，总是先根据主轴来确定 Z 轴，再确定 X 轴，最后确定 Y 轴。

4）旋转轴方向　旋转轴用 A、B、C 表示，轴线平行或重合于 X、Y、Z 坐标轴，正方向是 X、Y、Z 坐标轴正方向上的右旋旋进方向。

（4）机床原点与机床参考点

1）机床原点　机床原点（又称为机床零点）是机床上设置的一个固定的点，即机床坐标系的原点。它在机床装配、调试时就已调整好，一般情况下不允许用户更改，因此它是一个固定的点。

机床原点是数控机床进行加工运动的基准参考点。数控铣床（加工中心）的机床原点一般设在刀具远离工件的极限点处，即坐标系正方向的极限点处，并由机械挡块来确定其具体的位置。

2）机床参考点　机床参考点是数控机床上一个特殊位置的点。通常，第一参考点一般位于靠近机床原点的位置，并由机械挡块来确定其具体的位置。机床参考点与机床原点的距离由系统参数设定，其值可以是零。如果其值为零，则表示机床参考点和机床原点重合。

对于大多数数控机床，开机第一步总是先使机床返回参考点（即所谓的机床“回零”）。

当机床处于参考点位置时，系统显示屏上显示的机床坐标系值就是系统中设定的参考点距离参数值。开机回参考点的目的是建立机床坐标系，即通过参考点当前的位置和系统参数中设定的参考点与机床原点的距离值来反推出机床原点位置。机床坐标系一经建立后，只要机床不断电，将永远保持不变，且不能通过编程来对它进行更改。

机床上除设立了第一参考点外，还可用参数来设定第二、第三、第四参考点。设立这些参考点的目的是建立一些固定的点，以便在该点数控机床执行换刀等特殊动作。

2. 工件坐标系

（1）工件坐标系的定义

机床坐标系的建立保证了刀具在机床上的正确运动。但是，加工程序的编制通常是针对某一工件，根据零件图样进行的。为了便于尺寸计算、检查，加工程序的坐标原点一般都与零件图样的尺寸基准相一致。这种针对某一工件，根据零件图样建立的坐标系称为工件坐标系（又称为编程坐标系）。

（2）工件坐标系的原点

工件坐标系原点（又称为编程坐标系原点）是指工件装夹完成后，选择工件上的某一点作为编程或工件加工的原点。工件坐标系原点在图中以符号“◕”表示。

（3）工件坐标系原点的选择原则

1）工件坐标系原点应选在零件图的尺寸基准上，以便于计算坐标值时减少错误。

2）工件坐标系原点应尽量选在精度较高的工件表面上，以提高被加工零件的加工精度。

3）*Z* 轴方向上的工件坐标系原点一般取在工件的上表面。

4）当工件对称时，一般以工件的对称中心作为 *XY* 平面的原点，如图 1—25a 所示。

5）当工件不对称时，一般取工件中的一个垂直交角处作为工件原点，如图 1—25b 所示。

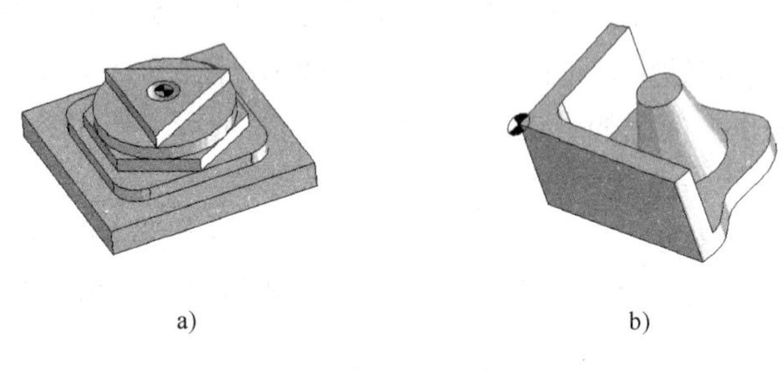

a)　　b)

图 1—25　工件坐标系原点的选择

二、数控加工程序的格式与组成

根据系统本身的特点与编程的需要，每一种数控系统都有一定的程序格式。不同数控系统的程序格式也不尽相同。因此，编程人员在按数控程序的常规格式进行编程的同时，还必须严格遵守系统说明书中规定的格式。

1. **程序的组成**

一个完整的程序由程序号、程序内容和程序结束标记三部分组成。

FANUC系统程序格式：

```
O0001;                                  程序号
N10 G90 G94 G17 G40 G80 G54;  ┐
N20 G91 G28 Z0;               │
N30 M06 T01;                  │
N40 G90 G00 X0 Y30.0;         ├        程序内容
N50 M03 S800;                 │
……                            │
N200 G91 G28 Z0;              ┘
N210 M30;                               程序结束标记
```

SIEMENS系统程序格式：

```
AA001.MPF;                              程序号
N10 G90 G94 G17 G71 G54;  ┐
N20 G74 Z0;               │
N30 T1D1 F100;            │
N40 G00 X60.0 Y-20.0;     ├            程序内容
N50 M03 S800;             │
……                        │
N200 G74 Z0;              ┘
N210 M02;                               程序结束标记
```

（1）程序号

每一个存储在零件存储器中的程序都需要指定一个程序号来加以区别，这种用于区别零件加工程序的代号称为程序号。程序号是加工程序的识别标记，因此同一机床中的程序号不能重复。

程序号写在程序的最前面，必须单独占一行。

FANUC系统程序号的书写格式为O××××。其中，O为地址，其后为四位数字，数值为0000～9999，在书写时数字前的零可以省略不写，如O0020可写成O20。另外，O0000及O8000以后的程序号有时在数控系统中有特殊的用途，因此在普通数控加工程序中应尽量避免使用。

SIEMENS系统中，程序号用字符“%”代替O，有时还可以直接用英文字母开头的多字符程序名（如LOAD1、AA123等）来代替程序号，数字前的零不能省略。

（2）程序内容

程序内容是整个程序的核心，由许多程序段组成。每个程序段由一个或多个指令构成。它表示数控机床的全部动作。

在数控铣床与加工中心的程序中，子程序的调用也作为主程序内容的一部分。主程序只完成换刀、改变转速、工件定位等动作，其余加工动作都由子程序来完成。

（3）程序结束标记

程序结束通过 M 指令来实现，它必须写在程序的最后。

可以作为程序结束标记的 M 指令有 M02 和 M30，它们代表零件加工主程序的结束。为了保证最后程序段的正常执行，通常要求 M02（M30）必须单独占一行。

此外，子程序结束有专用的结束标记，FANUC 系统中用 M99 来表示子程序结束后返回主程序。而在 SIEMENS 系统中则通常用 M17、M02 或字符“RET”作为子程序的结束标记。

2. 程序段的组成

程序段是程序的基本组成部分。每个程序段由若干个数据字构成，而数据字又由表示地址的英文字母、特殊符号和数字构成，如 X30、G90 等。

程序段格式是指一个程序段中字母、符号、数字的排列、书写方式和顺序。通常情况下，程序段格式有字—地址程序段格式、使用分隔符的程序段格式、固定程序段格式三种。后两种程序段格式除在线切割机床中的 3B 指令或 4B 指令中还能见到外，目前已很少使用。因此，这里主要介绍字—地址程序段格式。

字—地址程序段格式如下：

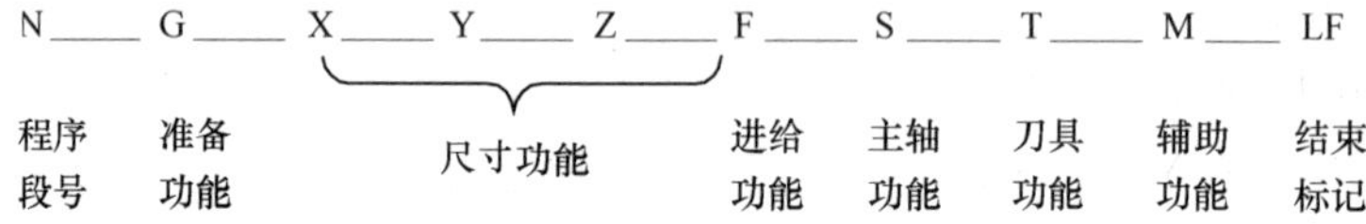

例 N50 G01 X30.0 Y30.0 Z30.0 F100 S800 T01 M03;

（1）程序段号

程序段号由地址符“N”开头，其后为若干位数字。

在大部分系统中，程序段号仅作为跳转或程序检索的目标位置指示。因此，它的大小及次序可以颠倒，也可以省略。程序段在存储器内以输入的先后顺序排列，而程序的执行是严格按信息在存储器内的先后顺序一段一段地执行，也就是说执行的先后次序与程序段号无关。但是，当程序段号省略时，该程序段将不能作为跳转或程序检索的目标程序段。

程序段号也可以由数控系统自动生成，程序段号的递增量可以通过机床参数进行设置，一般可设定增量值为 10。

（2）程序段内容

程序段的中间部分是程序段的内容，程序段内容应具备六个基本要素，即准备功能字、尺寸功能字、进给功能字、主轴功能字、刀具功能字、辅助功能字。但是，并不是所有程序段都必须包含所有功能字，有时一个程序段内可仅包含其中一个或几个功能字。

例 如图 1—26 所示，为了使刀具从 P_1 点移到 P_2 点，必须在程序段中明确以下几点：

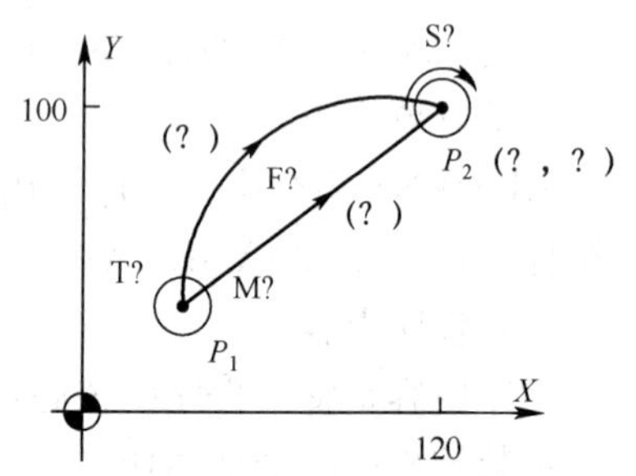

图 1—26 程序段的内容

1）移动的目标是哪里？

2）沿什么样的轨迹移动？

3）移动速度是多少？

4）刀具的切削速度是多少？

5）选择哪一把刀具？

6）机床还需要哪些辅助动作？

如图 1—26 所示，直线刀具轨迹的程序段可写成如下格式：

N10 G90 G01 X120.0 Y100.0 F100 S300 T01 M03；

如果在该程序段前已指定了刀具功能、转速功能、辅助功能，则该程序段可写成：

N10 G01 X120.0 Y100.0 F100；

（3）程序段结束

程序段以结束标记“CR”（或“LF”）结束，实际使用时常用符号“；”或“*”表示“CR”（或“LF”）。

（4）程序段的跳跃

有时，在程序段的前面有“/”符号。该符号称为斜杠跳跃符号，则该程序段称为可跳跃程序段。

例 /N10 G00 X100.0；

这样的程序段可以由操作人员对程序段的执行情况进行控制。当操作机床使系统的跳过程序段信号生效时，程序执行时将跳过这些程序段；当跳过程序段信号无效时，程序段照常执行，此时该程序段和不加“/”符号的程序段相同。

（5）程序段注释

为了方便检查、阅读数控程序，在许多数控系统中允许对程序进行注释。注释可以作为对操作人员的提示显示在屏幕上，但是它对机床动作没有丝毫影响。

程序段注释应放在程序段的最后，不允许将注释插在地址和数字之间。FANUC 系统的程序段注释用“（ ）”括起来，SIEMENS 系统的程序段注释则跟在“；”之后。本书为了便于读者阅读，一律用“；”表示程序段结束，而用“（ ）”表示程序段注释。

例 O0001；　　　　　　　　（程序号）

G21 G17 G40 G49 G80 G90；

T01 M06；　　　　　　　　（换刀指令）

……

第四节　数控机床的有关功能及规则

一、数控系统功能

数控系统常用的系统功能有准备功能、辅助功能、其他功能三种。这些功能是编制数控程序的基础。

1. 准备功能

准备功能（又称为G功能或G指令）是用于使数控机床做好某些准备动作的指令。它由地址G和后面的两位数字组成，从G00～G99共100种，如G01、G41等。目前，随着数控系统功能的不断完善，有的系统已采用三位数的功能指令，如SIEMENS系统中的G450、G451等。

虽然G指令从G00～G99共有100种，但并不是每种指令都有实际意义。实际上，有些G指令在国际标准（ISO）或我国现行标准中并没有指定其功能，这些指令主要用于将来修改标准时指定新功能。还有一些指令即使在修改标准时也永不指定其功能，可由机床设计者根据需要定义其功能，但必须在机床的出厂说明书中予以说明。

2. 辅助功能

辅助功能（又称为M功能或M指令）由地址M和后面的两位数字组成，从M00～M99共有100种。

辅助功能是主要控制机床或系统的开、关等辅助动作的功能指令，如开、停冷却泵，主轴正、反转，程序的结束等。

同样，由于数控系统以及机床生产厂家的不同，其M指令的功能也不尽相同，甚至有些M指令与ISO标准指令的含义也不相同。因此，一方面需要对这些数控指令进行标准化；另一方面，在进行数控编程时，一定要按照机床说明书的规定进行。

在同一程序段中，既有M指令又有其他指令时，M指令与其他指令执行的先后次序由机床系统参数设定。因此，为保证程序以正确的次序执行，有很多M指令，如M30、M02、M98等最好以单独的程序段编写。

3. 其他功能

（1）坐标功能

坐标功能（又称为尺寸功能）用来设定机床各坐标的位移量。它一般将地址字X、Y、Z、U、V、W、P、Q、R用于指定直线坐标，地址字A、B、C、D、E用于指定角度坐标，地址字I、J、K用于指定圆心坐标等；在地址字后紧跟“＋”或“－”号和一串数字分别表示坐标方向和具体数值，如X100.0、A＋30.0、I－10.0等。

（2）刀具功能

刀具功能（又称为T功能）是指系统进行选刀或换刀的功能指令。刀具功能用地址字T及后缀的数字来表示。常用刀具功能指定方法有T4位数法和T2位数法。

1）T4位数法。T4位数法可以同时指定刀具和选择刀具补偿，4位数的前两位数用于指定刀具号，后两位数用于指定刀具补偿存储器号。刀具号与刀具补偿存储器号不一定要相同。目前，大多数数控车床采用T4位数法。

例　“T0101；”表示选用1号刀具及选用1号刀具补偿存储器中的补偿值；

“T0102；”表示选用1号刀具及选用2号刀具补偿存储器中的补偿值。

2）T2位数法。T2位数法仅能指定刀具号。刀具补偿存储器号则由其他代码（如D或H代码）进行选择。同样，刀具号与刀具补偿存储器号不一定要相同。目前，绝大多数加工中心采用T2位数法。

例 “T15 D01;”表示选用 15 号刀具及选用 1 号刀具补偿存储器中的补偿值。

(3) 进给功能

用来指定刀具相对于工件运动速度的功能称为进给功能。它由地址字 F 和后面的数字组成。根据加工的需要，进给功能分每分钟进给和每转进给两种。

1) 每分钟进给。直线运动的单位为毫米/分 (mm/min)；如果主轴是回转轴，则其单位为度/分 (°/min)。每分钟进给通过准备功能字 G94 (FANUC 0 - TD 车床用 G98) 来指定，其值为大于零的常数。

例 “G94 G01 X20.0 F100;”中 F100 表示进给速度为 100 mm/min。

2) 每转进给。在加工螺纹、镗孔过程中，常使用每转进给来指定进给速度，其单位为毫米/转 (mm/r)，通过准备功能字 G95 来指定。

例 “G95 G01 X20.0 F0.2;”中 F0.2 表示进给速度为 0.2 mm/r。

在编程时，进给速度不允许用负值表示，一般也不允许用 F0 来控制进给停止。但在实际操作过程中，可通过机床操作面板上的“进给倍率”开关来对进给速度值进行修正。因此，通过“进给倍率”开关可以控制进给速度的值为 0。机床开始与结束进给过程中的加速、减速运动则由数控系统来自动实现，编程时无须考虑。

程序中的进给速度：对于直线插补，其为机床各坐标轴的合成速度，如图 1—27a 所示；对于圆弧插补，其为圆弧切线方向的速度，如图 1—27b 所示。

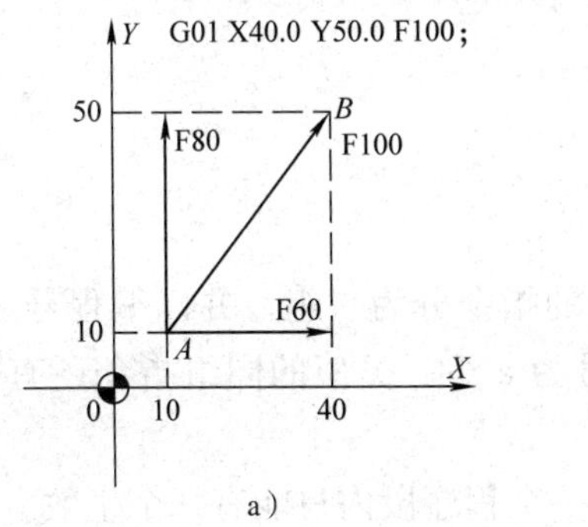

a)

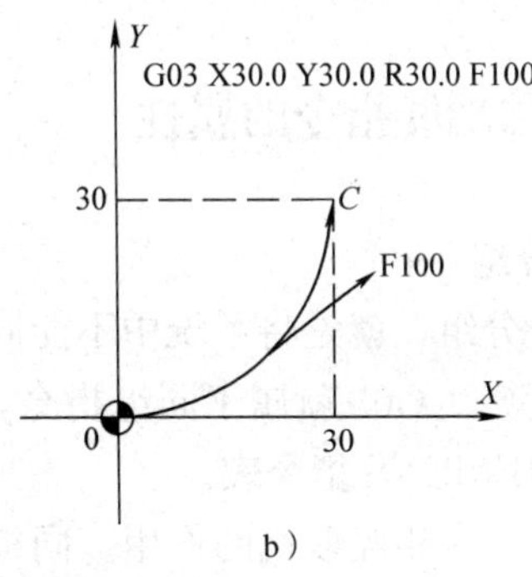

b)

图 1—27 进给速度的合成

a) 直线插补进给速度 b) 圆弧插补进给速度

(4) 主轴功能

用来控制主轴转速的功能称为主轴功能 (又称为 S 功能)。它由地址字 S 和后面的数字组成。根据加工的需要，主轴的转速分为转速和线速度两种。

1) 转速。转速的单位是转/分 (r/min)，用准备功能字 G97 来指定。其值为大于 0 的常数。

例 “G97 S1000;”表示主轴转速为 1 000 r/min。

2) 线速度。有时，在加工过程中为了保证工件表面的加工质量，转速常用线速度来指定，线速度的单位为米/分 (m/min)，用准备功能字 G96 来指定。采用线速度进行编程时，为防止转速过高引起事故，有很多系统都设有最高转速限定指令。

例 “G96 S100;”表示主轴线速度为 100 m/min。

线速度与转速之间可以进行换算，其关系如图 1—28 所示。

$$v=\frac{\pi dn}{1\ 000}$$

$$n=\frac{1\ 000v}{\pi d}$$

式中 v——切削线速度，m/min；

d——刀具直径，mm；

n——主轴转速，r/min。

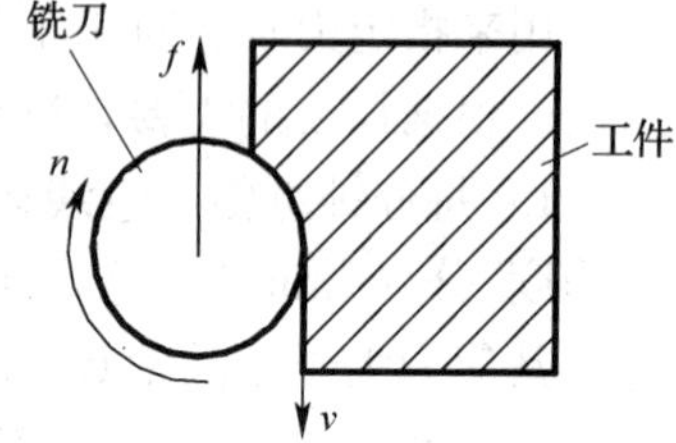

图 1—28 线速度与转速的关系

在编程时，主轴转速不允许用负值来表示，但允许用 S0 使转速为零。在实际操作过程中，可通过机床操作面板上的“主轴倍率”开关来对主轴转速值进行修正，一般其调整范围为 50%～120%。

3）主轴的启停。在程序中，主轴的正转、反转、停转由辅助功能字 M03、M04、M05 进行控制。其中，M03 表示主轴正转，M04 表示主轴反转，M05 表示主轴停转（从主轴尾向刀具方向看，主轴顺时针旋转为正转）。

例 “G97 M03 S300;”表示主轴正转，转速为 300 r/min。

“M05;”表示主轴停转。

二、常用功能指令的属性

1. 指令分组

所谓指令分组，就是将系统中不能同时执行的指令分为一组，并以编程号区别。例如，G00、G01、G02、G03 就属于同组指令，其编号为 a 组。类似的同组指令还有很多，详见 FANUC 与 SIEMENS 指令表。

同组指令具有相互取代的作用。同组指令在一个程序段内只能有一个生效。当在同一程序段内出现两个或两个以上的同组指令时，一般以最后输入的指令为准，有的机床还会出现机床系统报警。因此，在编程过程中要避免将同组指令编入同一程序段内，以免引起混淆。对于不同组的指令，在同一程序段内可以进行不同的组合。

例 1 G90 G94 G40 G80 G17 G21 G54;

该程序段是规范的程序段，所有指令均为不同组指令。

例 2 G01 G02 X30.0 Y30.0 R30.0 F100;

该程序段是不规范的程序段，其中 G01 与 G02 是同组指令。

2. 模态指令

模态指令（又称为续效指令）表示该指令在一个程序段中一经指定，在接下来的程序段中一直持续有效，直到出现同组的另一个指令时该指令才失效，如常用的 F、S、T 指令。与其相对应的是仅在编入的程序段内才有效的指令，称为非模态指令（又称为非续效指令），如G指令中的G04指令，M指令中的M00、M06指令等。

模态指令的使用避免了在程序中出现大量的重复指令，使程序变得清晰明了。同样，如果尺寸功能字在前后程序段中出现重复，则该尺寸功能字也可以省略。

例 G01 X20.0 Y20.0 F150；

G01 X30.0 Y20.0 F150；

G02 X30.0 Y-20.0 R20.0 F100；

上例中有下划线的指令可以省略。因此，以上程序可写成如下形式：

G01 X20.0 Y20.0 F150；

X30.0；

G02 Y-20.0 R20.0 F100；

模态指令与非模态指令的具体规定：通常情况下，绝大部分的G指令与所有的F、S、T指令均为模态指令，M指令的情况比较复杂，可查阅有关系统的出厂说明书。

3. 开机默认指令

为了避免编程人员出现指令遗漏，数控系统从每一组的指令中选取一个作为开机默认指令。该指令在开机或系统复位时可以自动生效，因而在程序中允许不再编写。

常见的开机默认指令有G01、G17、G40、G49、G54、G80、G90、G94、G97等。当程序中没有G96或G97指令时，指令“M03 S200；”指定的正转转速是200 r/min。

三、坐标功能指令的规则

1. 绝对坐标与增量坐标

(1) 绝对坐标（G90）

图1—29a

ISO代码中，绝对坐标用G90来表示。程序中坐标功能字后面的坐标是以原点作为基准表示刀具终点的绝对坐标。

例 如图1—29所示，用G90编程的程序段分别为：

图1—29a1

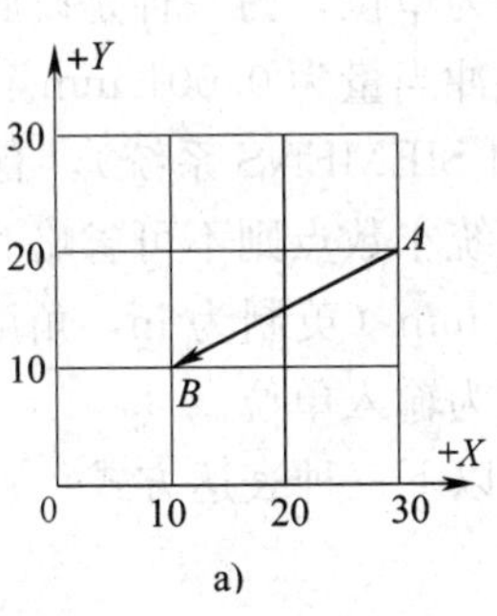

a)

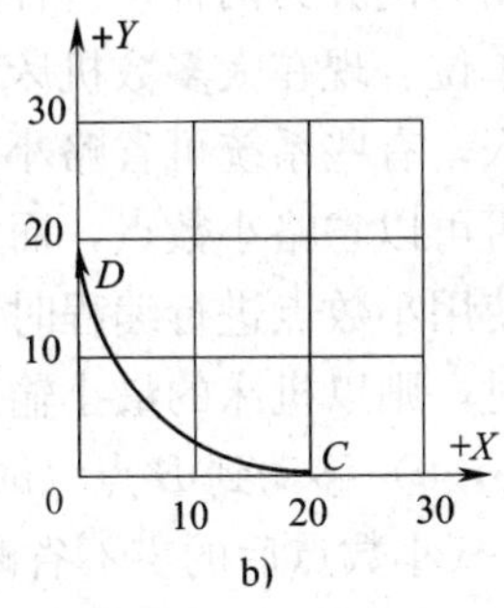

b)

图1—29b

图1—29 绝对坐标与增量坐标

图1—29b1

AB：G90 G01 X10.0 Y10.0 F100；

CD：G02 X0 Y20.0 R20.0 F100； （G90为开机默认指令，编程时可省略）

（2）增量坐标（G91）

ISO代码中，增量坐标用G91来表示。程序中坐标功能字后面的坐标是以刀具起点作为基准表示刀具终点相对于刀具起点坐标值的增量。

例 如图1—29所示，用G91编程的程序段分别为：

AB：G91 G01 X－20.0 Y－10.0 F100；

CD：G91 G02 X－20.0 Y20.0 R20.0 F100；

G90与G91属于同组模态指令，在程序中可根据需要随时进行变换。在实际编程中，要根据具体的零件及零件的标注来确定采用G90还是G91进行编程。

（3）SIEMENS系统中的绝对坐标与增量坐标

在SIEMENS系统中，除采用G90和G91分别表示绝对坐标和增量坐标外，有些系统（如SINUMERIK 802D、810D等）还可用符号“AC”和“IC”通过赋值的形式来表示绝对坐标和增量坐标，该符号可与G90和G91混合使用。其格式如下：

＝AC（ ）　　（绝对坐标，赋值必须要有一个等于符号，数值写在括号中）

＝IC（ ）　　（增量坐标）

例 图1—29中的轨迹*AB*与*CD*，采用混合编程的程序段分别为：

AB：G90 G01 X10 Y＝IC（－10）F100；

CD：G91 G02 X－20 Y＝AC（20）CR＝20 F100；

2. 公制与英制编程

坐标功能字是使用公制还是英制，多数系统用准备功能字来选择。例如，FANUC系统采用G21/G20来进行公制/英制的切换，而SIEMENS系统和A－B系统则采用G71/G70来进行公制/英制的切换。

例 “G91 G20 G01 X20.0；（或G91 G70 G01 X20.0；）”表示刀具向*X*轴正方向移动20 in。“G91 G21 G01 X50.0；（或G91 G71 G01 X50.0；）”则表示刀具向*X*轴正方向移动50 mm。

公制/英制切换对旋转轴无效，旋转轴的单位总是度（°）。

3. 小数点编程

数字单位以公制为例分为两种，一种是以毫米为单位，另一种是以脉冲当量（即机床的最小输入单位）为单位。现在大多数机床常用的脉冲当量为0.001 mm。

对于数字的输入，有些系统可省略小数点（如SIEMENS系统），有些系统则可以通过系统参数来设定是否可以省略小数点，而大部分系统小数点则不可省略。对于不可省略小数点编程的系统，当使用小数点进行编程时，数字以mm（英制为in，角度为°）为输入单位；当不用小数点编程时，则以机床的最小输入单位作为输入单位。

例 从*A*点（0，0）移动到*B*点（50，0）有以下三种表达方式：

X50.0　　（小数点后的零不省略）

X50.　　（小数点后的零可省略）

X50000　　（脉冲当量为0.001 mm）

以上三组数值均表示坐标值为50 mm，50.0与50 000从数学角度上看两者相差了1 000倍。因此，在进行数控编程时，不管哪种系统，为保证程序的正确性，最好不要省略小数点。

此外，脉冲当量为 0.001 mm 的系统采用小数点编程时，其小数点后的位数超过四位时，数控系统按四舍五入处理。例如，当输入 X50.1234 时，经系统处理后的数值为 X50.123。

图 1—30 G17

4. 平面选择指令（G17/G18/G19）

如图 1—30 所示，当机床坐标系及工件坐标系确定后，相应地就确定了三个坐标平面，即 *XY* 平面、*ZX* 平面和 *YZ* 平面，可分别用 G 代码 G17、G18、G19 表示。

图 1—30 G18

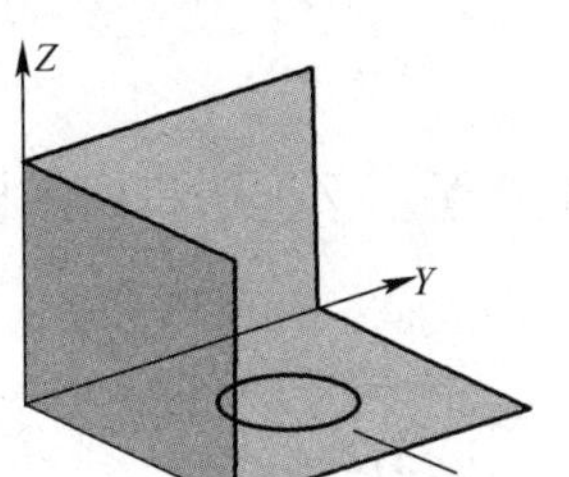

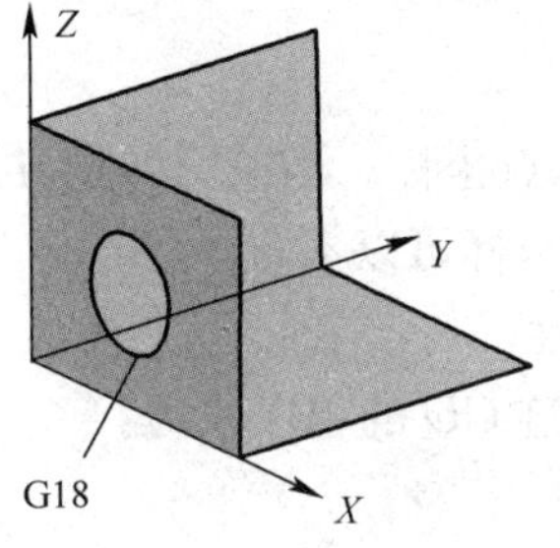

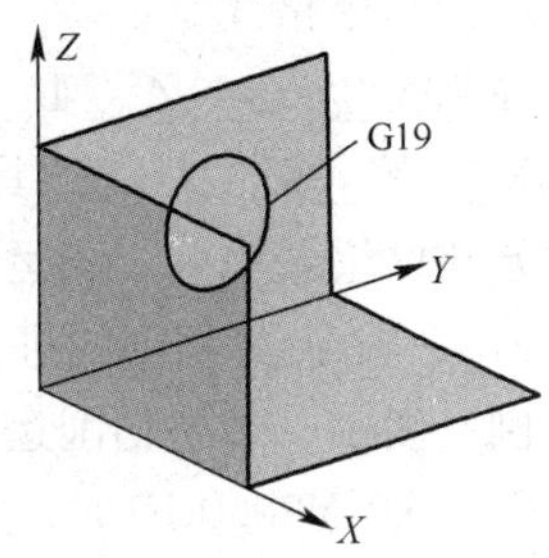

图 1—30 平面选择指令

图 1—30 G19

G17：*XY* 平面。

G18：*ZX* 平面。

G19：*YZ* 平面。

第五节 数控铣床/加工中心编程的常用功能指令

一、与插补相关的功能指令

1. 快速点定位指令（G00）

（1）指令格式

G00 X_ Y_ Z_；

X_ Y_ Z_——刀具目标点坐标。当使用增量方式时，X_ Y_ Z_为目标点相对于起始点的增量坐标，不运动的坐标可以不写。

例 G00 X30.0 Y10.0；

（2）指令说明

G00 不用指定移动速度，其移动速度由机床系统参数设定。在实际操作时，G00 移动速度可以通过机床面板上的按钮“F0”“F25”“F50”和“F100”进行调节。

快速移动的轨迹通常为折线形轨迹。

例 如图 1—31 所示，图中快速移动轨迹 *OA* 和 *AD* 的程序段为：

OA G00 X30.0 Y10.0；

AD G00 X0 Y30.0；

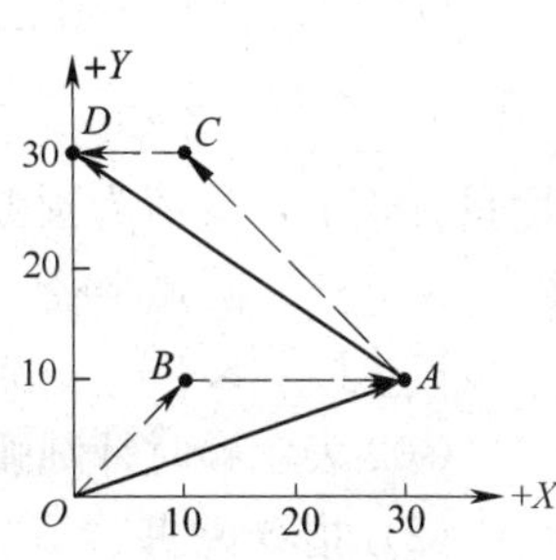

图 1—31 G00 轨迹

图 1—31

对于 *OA* 程序段，刀具在移动过程中先在 *X* 轴和 *Y* 轴方向移动相同的增量，即图中的 *OB* 轨迹，然后再从 *B* 点移动至 *A* 点。同样，对于 *AD* 程序段，则由轨迹 *AC* 和 *CD* 组成。

由于 G00 的轨迹通常为折线形轨迹，因此要特别注意采用 G00 方式进刀、退刀时刀具相对于工件、夹具所处的位置，以避免在进刀、退刀过程中刀具与工件、夹具等发生碰撞。

2. 直线插补指令（G01）

（1）指令格式

G01 X __ Y __ Z __ F __；

X __ Y __ Z __——刀具目标点坐标。当使用增量方式时，X __ Y __ Z __为目标点相对于起始点的增量坐标，不运动的坐标可以不写。

F __——刀具切削的进给速度。

例　图 1—32 中切削运动轨迹 *CD* 的程序段为：

G01 X0 Y20.0 F100；

图 1—32

（2）指令说明

G01 指令是直线运动指令，它命令刀具在两坐标或三坐标轴间以插补联动的方式按指定的进给速度做任意斜率的直线运动。因此，执行 G01 指令的刀具轨迹是直线形轨迹，是连接起点和终点的一条直线。

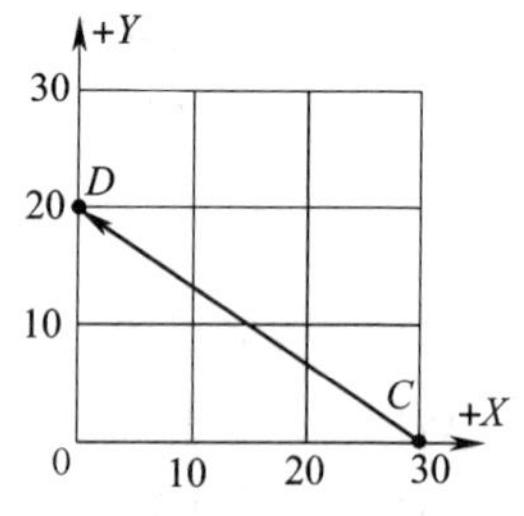

图 1—32　G01 轨迹

在 G01 程序段中必须含有 F 指令。如果在 G01 程序段中没有 F 指令，而在 G01 程序段前也没有指定 F 指令，则机床不运动，有的系统还会出现系统报警。

3. 圆弧插补指令（G02/G03）

（1）指令格式

$$G17\begin{Bmatrix}G02\\G03\end{Bmatrix}X\_\ Y\_\begin{Bmatrix}R\_\\I\_\ J\_\end{Bmatrix}F\_;$$

$$G18\begin{Bmatrix}G02\\G03\end{Bmatrix}X\_\ Z\_\begin{Bmatrix}R\_\\I\_\ K\_\end{Bmatrix}F\_;$$

$$G19\begin{Bmatrix}G02\\G03\end{Bmatrix}Y\_\ Z\_\begin{Bmatrix}R\_\\J\_\ K\_\end{Bmatrix}F\_;$$

X __ Y __ Z __——圆弧的终点坐标值。其值可以是绝对坐标，也可以是增量坐标。在增量方式下，其值为圆弧终点坐标相对于圆弧起点坐标的增量值。

R __——圆弧半径。在 SIEMENS 系统中，圆弧半径用符号“CR=”表示。

I __ J __ K __——圆弧的圆心相对其起点分别在 *X*、*Y*、*Z* 轴上的增量值。

G02 表示顺时针圆弧插补，G03 表示逆时针圆弧插补。

（2）指令说明

如图 1—33 所示，圆弧插补顺逆方向的判断方法是沿圆弧所在平面（如 *XY* 平面）的另一根轴（Z 轴）的正方向向负方向看，顺时针方向为顺时针圆弧，逆时针方向为逆时针圆弧。

在判断 I _ J _ K _时，一定要注意该值为矢量值。如图 1—34 所示，圆弧在编程时的 I _ J _均为负值。

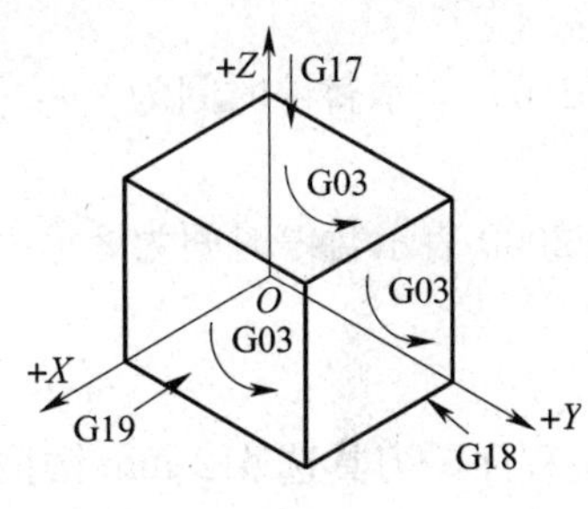

图 1—33 圆弧的顺逆判断

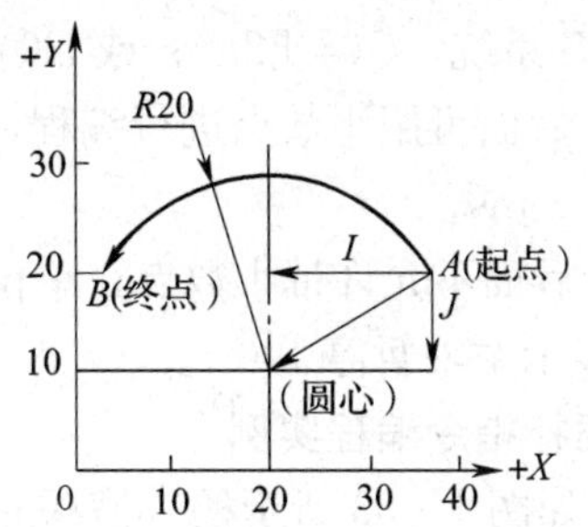

图 1—34 圆弧编程中的 I、J 值

图 1—33

图 1—34

例 如图 1—35 所示轨迹 AB，用圆弧插补指令编写的程序段如下：

AB1 G03 X2.68 Y20.0 R20.0；

或 G03 X2.68 Y20.0 I－17.32 J－10.0；

AB2 G02 X2.68 Y20.0 R20.0；

或 G02 X2.68 Y20.0 I－17.32 J10.0；

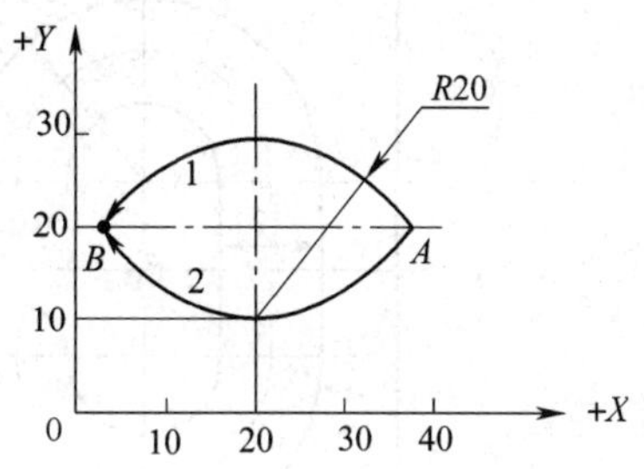

图 1—35 R 及 I、J 取值举例

圆弧半径 R _有正值与负值之分。当圆弧圆心角小于或等于 180°（图 1—36 中的圆弧 AB1）时，程序中的 R _用正值表示。当圆弧圆心角大于 180°并小于 360°（图 1—36 中的圆弧 AB2）时，R _用负值表示。需要注意的是，该指令格式不能用于整圆插补的编程，整圆插补需用 I、J、K 方式编程。

例 如图 1—36 中轨迹 AB，用 R 指令格式编写的程序段如下：

AB1 G03 X30.0 Y－40.0 R50.0 F100；

AB2 G03 X30.0 Y－40.0 R－50.0 F100；

例 如图 1—37 所示，以 C 点为起点和终点的整圆加工程序段如下：

G03 X50.0 Y0 I－50.0 J0；

或简写成 G03 I－50.0；

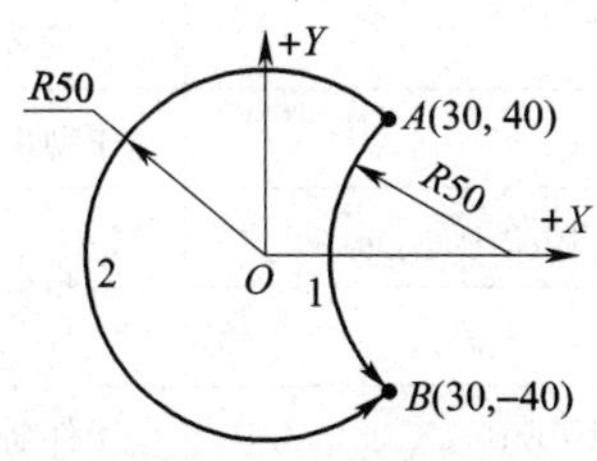

图 1—36 R 值正负的判别

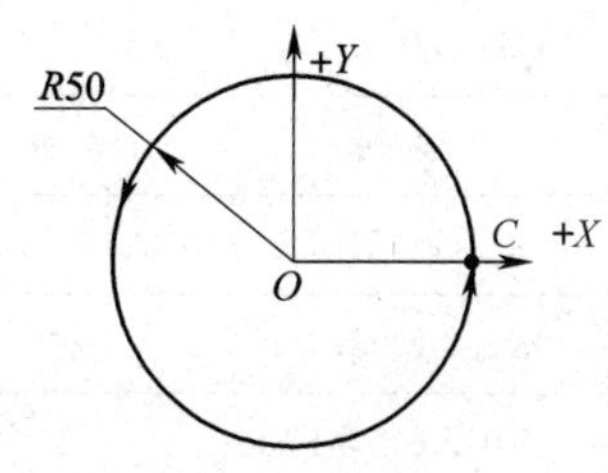

图 1—37 整圆加工

图 1—36

图 1—37

4. 暂停功能（G04）

暂停指令 G04 可使刀具在短时间内无进给加工或机床空运转，从而使加工表面的表面粗糙度值降低。因此，G04 指令一般用于镗平面、锪孔等光整加工。其指令格式为：

FANUC 系统　G04 X2.0；或 G04 P2000；

SIEMENS 系统　G04 F2.0；或 G04 S100；

地址符 X 后面可用小数点进行编程，如 X2.0（F2.0）表示暂停时间为 2 s，而 X2 则表示暂停时间为 2 ms。

地址符 P 后面不允许带小数点，单位为 ms，如 P2000 表示暂停时间为 2 s。

S100 则表示主轴暂停 100 r。

5. 常用插补指令编程实例

例　编写如图 1—38 所示槽（槽深 6 mm）的加工程序。刀具选 ϕ12 mm 键槽铣刀。

图 1—38

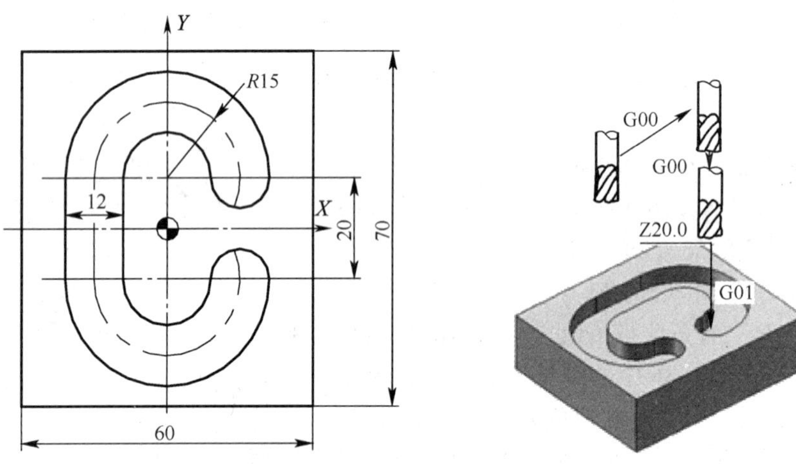

图 1—38　直线插补指令与圆弧插补指令编程实例

其加工程序见表 1—1。

表 1—1　　**加 工 程 序**

程序段号	FANUC 0i 系统程序	SINUMERIK 802D 系统程序	程序说明
	O0021；	AA21.MPF；	程序号
N10	G90 G94 G21 G40 G17 G54；	G90 G94 G71 G40 G17 G54；	程序初始化
N20	G91 G28 Z0；	G74 Z0；	刀具 Z 向回参考点
N30	M03 S600；	M03 S600；	主轴正转
N40	G90 G00 X15.0 Y10.0；	G00 X15.0 Y10.0；	刀具定位
N50	Z20.0 M08；	Z20.0 M08；	
N60	G01 Z-6.0 F100；	G01 Z-6.0 F100；	工件加工
N70	G03 X-15.0 Y10.0 R15.0；	G03 X-15.0 Y10.0 CR=15.0；	加工上方圆弧槽

续表

程序段号	FANUC 0i 系统程序	SINUMERIK 802D 系统程序	程序说明
N80	G01 Y-10.0;	G01 Y-10.0;	加工直线槽
N90	G03 X15.0 Y-10.0 R15.0;	G03 X15.0 Y-10.0 CR=15.0;	加工下方圆弧槽
N100	G00 Z50.0;	G00 Z50.0;	刀具退出
N110	M05;	M05;	主轴停转
N120	M30;	M02;	程序结束

二、与坐标系相关的功能指令

1. 工件坐标系零点偏移及取消指令（G54～G59、G53）

（1）指令格式

G54/G55/G56/G57/G58/G59；（程序中设定工件坐标系）

G53；（程序中取消工件坐标系设定，即选择机床坐标系）

（2）指令说明

工件坐标系原点通常通过零点偏移的方法来进行设定。其设定过程：选择装夹后工件的编程坐标系原点，找出该点在机床坐标系中的绝对坐标值（图 1—39），将这些值通过机床操作面板输入机床偏置存储器参数（参数有 G54～G59，共计 6 个）中，从而将机床坐标系原点偏移至工件坐标系原点。找出工件坐标系在机床坐标系中位置的过程称为对刀（又称为工件坐标系的零点偏移）。

设定工件坐标系的实质就是在编程与加工之前让数控系统知道工件坐标系在机床坐标系中的具体位置。工件坐标系通过这种方法设定后，只要不对其进行修改、删除操作，它将永久保存。即使机床关机，该坐标系也将保留。

一般通过对刀操作及对机床面板的操作，输入不同的零点偏移数值，可以设定G54～G59，共 6 个不同的工件坐标系。在编程及加工过程中可以通过 G54～G59 指令来对不同的工件坐标系进行选择。

例 如图 1—40 所示各坐标点，编写刀具刀位点在 *O* 点、*A* 点、*B* 点和 *C* 点间快速移动的程序。

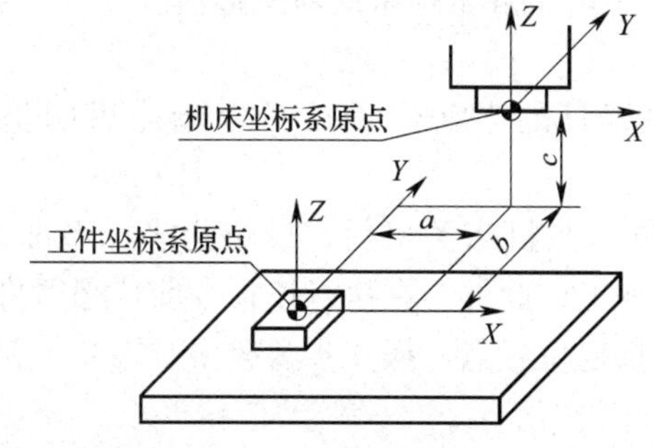

图 1—39 设定工件坐标系零点偏移

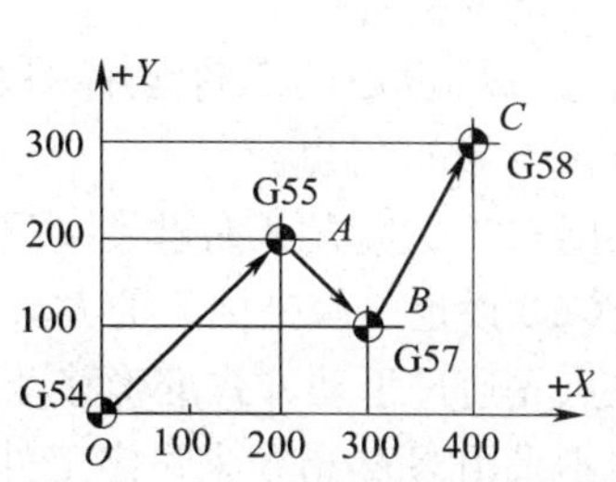

图 1—40 零点偏移指令编程

图 1—39

图 1—40

采用这种方式来确定坐标点的位置时，数控系统机床偏置存储器中设定的值如图1—41所示，其加工程序如下：

```
WORK COORDINATES                 O0001 N0000
(G54)
NO.DATA                     NO.DATA
00      X 0.000             02      X -321.223
(EXT)   Y 0.000             (G55)   Y -134.445
        Z 0.000                     Z -308.379

01      X -521.223          03      X 0.000
(G54)   Y -334.445          (G56)   Y 0.000
        Z -308.379                  Z 0.000

[OFFSET]  [SETING]  [WORK]  [        ]  [OPRT]
```

```
WORK COORDINATES                 O0001 N0000
(G54)
NO.DATA                     NO.DATA
04      X -221.223          06      X 0.000
(G57)   Y -234.445          (G59)   Y 0.000
        Z -308.379                  Z 0.000

05      X -121.223
(G58)   Y -34.445
        Z -308.379

[OFFSET]  [SETING]  [WORK]  [        ]  [OPRT]
```

图1—41　机床偏置存储器中设定的值

G90；　　　　　　（绝对坐标编程）
G54 G00 X0 Y0；　（选择G54坐标系，快速定位到该坐标系 *XY* 平面原点）
G55 G00 X0 Y0；　（选择G55坐标系，快速定位到该坐标系 *XY* 平面原点）
G57 G00 X0 Y0；　（选择G57坐标系，快速定位到该坐标系 *XY* 平面原点）
G58 G00 X0 Y0；　（选择G58坐标系，快速定位到该坐标系 *XY* 平面原点）
M30；　　　　　　（程序结束）

想一想

机床偏置存储器中G54～G59的数值之间有没有联系？为什么？

2. 工件坐标系设定指令（G92）

（1）指令格式

工件坐标系除了用G54～G59指令来进行选择与设定外，还可以通过工件坐标系设定指令G92来进行设定。指令格式为：

G92 X__ Y__ Z__；

X__ Y__ Z__——刀具当前位置相对于新设定的工件坐标系的新坐标值。

（2）指令说明

通过G92设定的工件坐标系位置实际上由刀具的当前位置及G92指令后的坐标值（图1—42）反推得出。

采用G92设定的工件坐标系不具有记忆功能。当机床关机后，设定的坐标系即消失。因此，G92设定工件坐标系的方法通常用于单件加工。此外，在执行该指令前，必须将刀具的刀位点先通过手动方式准确移动到新坐标系的指定位置点，操作步骤较多。因此，新的系统大多不采用G92指令来设定工件坐标系。

在执行G92程序段时，*X*、*Y*、*Z* 轴均不移动，但CRT显示器上的坐标发生变化。

例 图1—42中，将工件坐标系原点设为O点的G92指令为：

G92 X150.0 Y100.0 Z100.0；

3. 返回参考点指令

除可采用手动回参考点的操作外，机床回参考点还可以通过编程指令来自动实现。

(1) FANUC系统中常见的与返回参考点相关的编程指令主要有G27、G28、G29三种，这三种指令均为非模态指令。

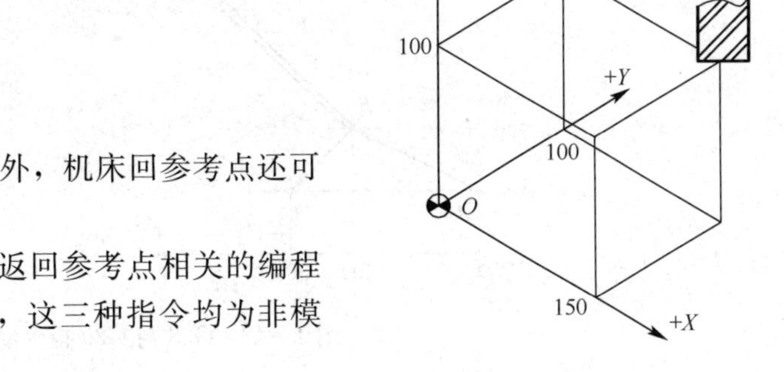

图1—42 G92指令设定工件坐标系

1) 返回参考点校验指令（G27）

①指令格式。G27 X_ Y_ Z_；

X_ Y_ Z_——参考点在工件坐标系中的坐标值。

②指令说明。返回参考点校验指令G27用于检查刀具是否正确返回到程序中指定的参考点位置。执行该指令时，如果刀具通过快速定位指令G00正确定位到参考点上，则对应轴的返回参考点指示灯亮；否则，将产生机床系统报警。

2) 自动返回参考点指令（G28）

①指令格式。G28 X_ Y_ Z_；

X_ Y_ Z_——返回过程中经过的中间点。其坐标值可以用增量值，也可以用绝对值，但须用G91或G90来指定。

②指令说明。执行返回参考点指令G28时，刀具以快速点定位方式经中间点返回到参考点。中间点的位置由该指令的X_ Y_ Z_决定。返回参考点过程中设定中间点的目的是防止刀具在返回参考点过程中与工件或夹具发生干涉。

3) 自动从参考点返回指令（G29） 执行这条指令时，刀具从参考点出发，经过一个中间点到达这个指令X_ Y_ Z_坐标值所指定的位置。G29中间点的坐标与前面G28所指定的中间点坐标为同一坐标值，因此，这条指令只能出现在G28指令的后面。

①指令格式。G29 X_ Y_ Z_；

X_ Y_ Z_——从参考点返回后刀具所到达的终点坐标。可用G91/G90来决定该值是增量值还是绝对值。如果是增量值，则该值指刀具终点相对于G28中间点的增量值。

②指令说明。由于在编写G29指令时有种种限制，而且在选择G28指令后，这条指令并不是必需的。因此，建议用G00指令来代替G29指令。

例 如图1—43所示，刀具回参考点前已定位至A点，取B点为中间点，R点为参考点，C点为执行G29指令到达的终点。其指令如下：

```
G91 G28 X200.0 Y100.0 Z0.0;      (增量坐标方式经中间点返回参考点)
M06 T01;                         (换刀)
G29 X100.0 Y-100.0 Z0.0;         (从参考点经中间点返回)
```

图 1—43

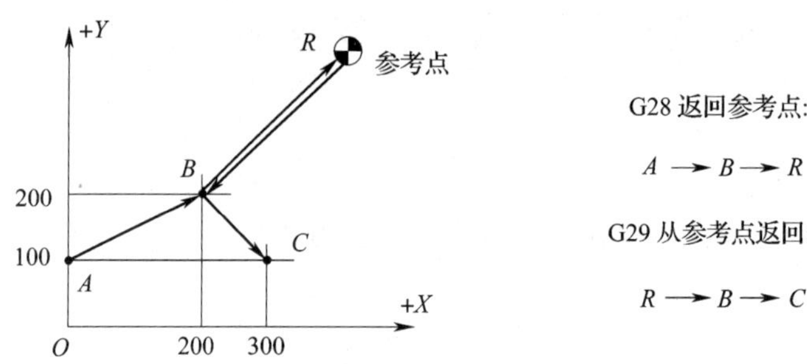

图 1—43 G28 与 G29 指令动作

或

G90 G28 X200.0 Y200.0 Z0.0；　　（绝对坐标方式经中间点返回参考点）

M06 T01；

G29 X300.0 Y100.0 Z0.0；

以上程序的执行过程为首先执行 G28 指令，刀具从 A 点出发，以快速点定位方式经中间点 B 返回参考点 R；返回参考点后执行换刀动作；再执行 G29 指令，从参考点 R 点出发，以快速点定位方式经中间点 B 定位到 C 点。

（2）SIEMENS 系统的返回参考点指令格式为：

G74 X0 Y0 Z0；

X0 Y0 Z0 是指令中的固定格式。该值并不是指返回过程中经过的中间点坐标，该值必须为零，如果书写其他数字则没有实际意义。

另外，SIEMENS 系统还使用返回固定点指令 G75 使主轴返回某个固定点。例如，返回换刀点的指令格式为：

G75 X0 Y0 Z0；

三、常用 M 功能指令

不同的机床生产厂家对有些 M 代码定义了不同的功能，但有部分 M 代码在所有机床上都具有相同的意义。具有相同意义的常用 M 指令见表 1—2。

表 1—2　　常用 M 指令

序号	代码	功能	序号	代码	功能
1	M00	程序暂停	7	M30	程序结束
2	M01	程序选择停止	8	M06	刀具交换
3	M02	程序结束	9	M08	切削液开
4	M03	主轴正转	10	M09	切削液关
5	M04	主轴反转	11	M98	调用子程序
6	M05	主轴停转	12	M99	返回主程序

1. 程序暂停指令（M00）

执行 M00 指令后，机床所有动作均被切断，以便进行某种手动操作（如精度的检测等）；重新按下“循环启动”按钮后，再继续执行 M00 指令后的程序。该指令常用于粗加工与精加工之间精度检测时的暂停。

2. 程序选择停止指令（M01）

M01 的执行过程和 M00 类似。不同的是只有按下机床控制面板上的“选择停止”开关后，M01 指令才有效；否则，机床继续执行后面的程序。该指令常用于检查工件某些关键尺寸时。

3. 程序结束指令（M02）

M02 指令执行后，表示本加工程序内所有内容均已完成，但是程序结束后，机床显示屏上的执行光标不返回程序开始段。

4. 程序结束指令（M30）

目前，M30 指令广泛用作程序结束指令，其执行过程和 M02 相似。不同之处在于当程序内容结束后，随即关闭主轴、切削液等所有机床动作，机床显示屏上的执行光标返回程序开始段，为加工下一个工件做好准备。

5. 主轴功能指令（M03/M04/M05）

M03 用于主轴顺时针方向旋转（简称正转），M04 用于主轴逆时针方向旋转（简称反转），M05 用于主轴停转。

6. 切削液开、关指令（M08/M09）

切削液开用 M08 表示，切削液关用 M09 表示。

7. 子程序调用指令

在 FANUC 系统中，M98 规定为子程序调用指令，调用子程序结束后返回其主程序时用 M99 指令。在 SIEMENS 系统中，规定用 M17、M02 指令或符号“RET”作为子程序结束指令。

四、程序开始与结束

不同数控机床的程序开始部分和结束部分的内容都是相对固定的，包括一些机床信息，如程序初始化、换刀、工件原点设定、快速点定位、主轴启动、切削液开启等功能。因此，程序开始部分和程序结束部分可编写成相对固定的格式，从而减少编程的重复工作量。

FANUC 系统和 SIEMENS 系统的程序开始部分与结束部分见表 1—3。

表 1—3 程序开始部分与结束部分

程序段号	FANUC 0i 系统程序	SINUMERIK 802D 系统程序	程序说明
	O0001;	AA01. MPF;	程序号
N10	G90 G94 G21 G40 G17 G54;	G90 G94 G71 G40 G17 G54;	程序初始化
N20	G91 G28 Z0;	G74 Z0;	刀具返回 Z 向参考点
N30	M03 S__;	M03 S__;	主轴正转

续表

程序段号	FANUC 0i 系统程序	SINUMERIK 802D 系统程序	程序说明
N40	G90 G00 X __ Y __ M08；	G00 X __ Y __ M08；	刀具定位
N50	Z __；	Z __；	
…	……	……	工件加工
N150	G00 Z __； （或 G91 G28 Z0；）	G00 Z __； （或 G74 Z0；）	刀具退出
N160	M05；	M05；	主轴停转
N170	M30；	M02；	程序结束

注：N10～N50 为程序开始部分，N150～N170 为程序结束部分。

第六节　基础编程综合实例

一、绘制刀具轨迹

例　根据表 1—4 中的加工程序，在 *XY* 坐标平面内绘制刀位点的运动轨迹。

表 1—4　　**加工程序**

FANUC 0i 系统程序	SINUMERIK 802D 系统程序	程序说明
O0011；	AA11. MPF；	程序号
G90 G94 G21 G40 G17 G54；	G90 G94 G71 G40 G17 G54；	程序初始化
G91 G28 Z0；	G74 Z0；	刀具返回 *Z* 向参考点
M03 S2000；	M03 S2000；	主轴正转，2 000 r/min
G90 G00 X0 Y10. 0 M08；	G00 X0 Y10. 0 M08；	刀具定位
Z20. 0；	Z20. 0；	
G01 Z-1. 0 F40；	G01 Z-1. 0 F40；	刀具 *Z* 向下刀
G02 X17. 66 Y3. 57 R-10. 0 F100；	G02 X17. 66 Y3. 57 CR=-10. 0 F100；	加工中间心形图案
G01 X0 Y17. 47；	G01 X0 Y17. 47；	
X-17. 66 Y3. 57；	X-17. 66 Y3. 57；	
G02 X0 Y10. 0 R-10. 0 F100；	G02 X0 Y10. 0 CR=-10. 0 F100；	
G00 Z3. 0；	G00 Z3. 0；	加工字母“I”
X-50. 0 Y15. 0；	X-50. 0 Y15. 0；	
G01 Z-1. 0 F40；	G01 Z-1. 0 F40；	
G01 X-30. 0 F100；	G01 X-30. 0 F100；	

续表

FANUC 0i 系统程序	SINUMERIK 802D 系统程序	程序说明
G00 Z3.0；	G00 Z3.0；	加工字母“I”
X-40.0 Y15.0；	X-40.0 Y15.0；	
G01 Z-1.0 F40；	G01 Z-1.0 F40；	
Y-15.0 F100；	X-15.0 F100；	
G00 Z3.0；	G00 Z3.0；	
X-50.0 Y-15.0；	X-50.0 Y-15.0；	
G01 Z-1.0 F40；	G01 Z-1.0 F40；	
G01 X-30.0 F100；	G01 X-30.0 F100；	
G00 Z3.0；	G00 Z3.0；	加工字母“U”
X30.0 Y15.0；	X30.0 Y15.0；	
G01 Z-1.0 F40；	G01 Z-1.0 F40；	
Y-5.0 F100；	Y-5.0 F100；	
G03 X50.0 R10.0；	G03 X50.0 CR=10.0；	
G01 Y15.0；	G01 Y15.0；	
G91 G28 Z0 M09；	G74 Z0 M09；	刀具返回 Z 向参考点
M05；	M05；	主轴停转
M30；	M02；	程序结束

在 XY 平面内，刀位点的运动轨迹如图 1—44 所示。

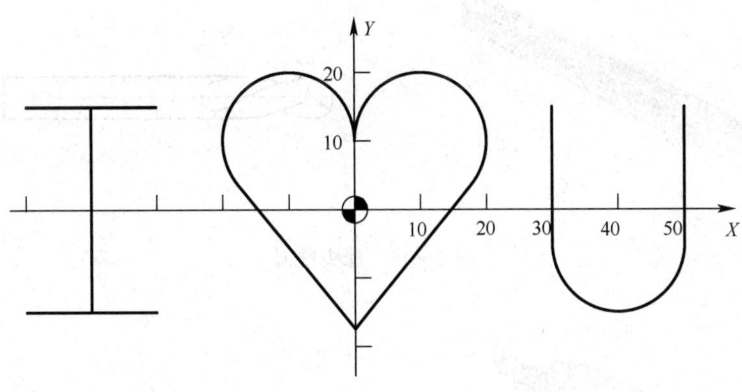

图 1—44

图 1—44　刀位点的运动轨迹

二、铣削圆弧槽

例　加工如图 1—45 所示圆弧槽，槽深为 1 mm，毛坯为 100 mm×100 mm×15 mm 的铝件，编写其数控铣削加工程序。

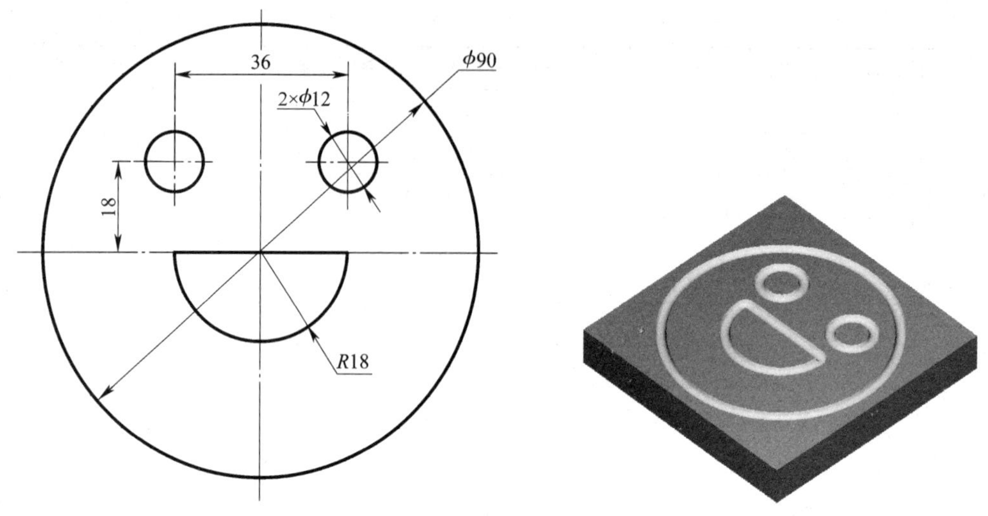

图 1—45 圆弧槽铣削编程实例

1. 加工准备

(1) 选择数控机床

选用 FANUC 0i（或 SIEMENS SINUMERIK 802D）系统 XK7650 型数控铣床。

(2) 选择刀具

选择如图 1—46 所示的球头铣刀（刀具材料为硬质合金，球头半径为 *SR*2 mm)，或如图 1—47 所示的中心钻加工圆弧槽。

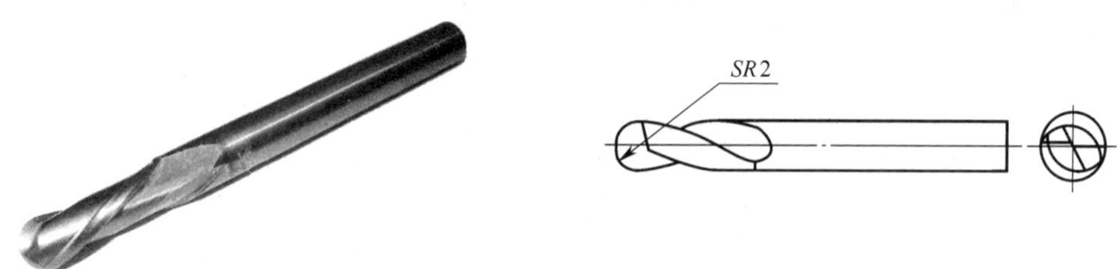

图 1—46 球头铣刀

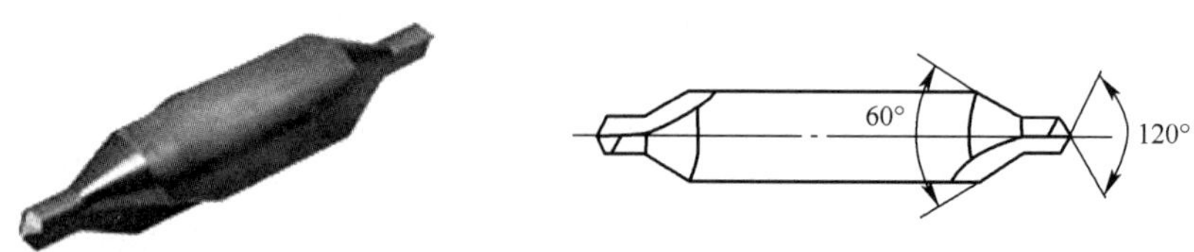

图 1—47 中心钻

(3) 选择切削用量

加工圆弧槽时的切削用量推荐值如下：主轴转速 n=3 000 r/min；*XY* 平面内进给时进

给速度取 v_f＝100 mm/min，Z 向进给时进给速度取 v_f＝40 mm/min；背吃刀量的取值等于槽深，取 a_p＝1 mm。

2. 设计加工路线

（1）设计加工步骤

采用先 Z 向切深，再在 XY 平面内铣削加工图案的方式，零件各部位的加工次序如图 1—48 所示。其加工步骤如下：

1）采用精密平口钳装夹毛坯。装夹时须进行精确的校正。

2）正确选择刀具并进行安装。

3）采用手工方式输入加工程序，采用数控系统的绘图功能进行加工程序的校验。

4）采用单步方式完成零件的数控加工。

5）自检零件。

6）进行机床的维护与保养。

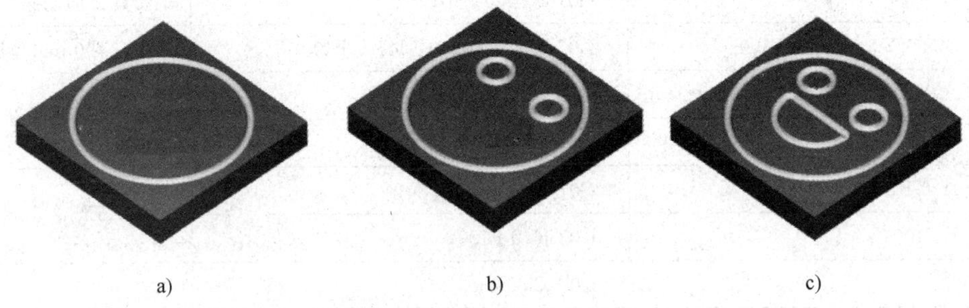

图 1—48　各部位的加工次序

a）铣大圆　b）铣两个小圆　c）铣中间半圆

（2）确定基点坐标

如图 1—49 所示，编程过程中使用的各基点坐标：1 点（－45.0，0）、2 点（－24.0，18.0）、3 点（12.0，18.0）、4 点（－18.0，0）、5 点（18.0，0）。

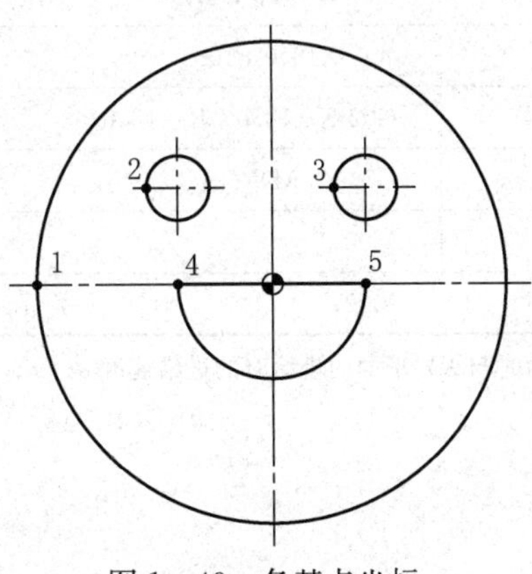

图 1—49　各基点坐标

3. 编制加工程序

以毛坯上表面中心作为编程原点，编程时注意整圆的编程方法。圆弧槽铣削编程实例的参考程序见表 1—5。

表 1—5　　圆弧槽铣削编程实例的参考程序

FANUC 0i 系统程序	SINUMERIK 802D 系统程序	程序说明
O0012;	AA12. MPF;	程序号
G90 G94 G21 G40 G17 G54;	G90 G94 G71 G40 G17 G54;	程序初始化
G91 G28 Z0;	G74 Z0;	刀具返回 Z 向参考点
M03 S3000;	M03 S3000;	主轴正转，3 000 r/min
G90 G00 X-45.0 Y0.0 M08;	G00 X-45.0 Y0 M08;	刀具定位
Z20.0;	Z20.0;	
G01 Z-1.0 F40;	G01 Z-1.0 F40;	刀具 Z 向切深
G02 X-45.0 Y0.0 I45.0 F100;	G02 X-45.0 Y0.0 I45.0 F100;	加工 ϕ90 mm 整圆
G00 Z5.0;	G00 Z5.0;	刀具退刀后重新定位
X-24.0 Y18.0;	X-24.0 Y18.0;	
G01 Z-1.0 F40;	G01 Z-1.0 F40;	加工左侧 ϕ12 mm 整圆
G02 I6.0 F100;	G02 I6.0 F100;	
G00 Z5.0;	G00 Z5.0;	刀具重新定位
X12.0 Y18.0;	X12.0 Y18.0;	
G01 Z-1.0 F40;	G01 Z-1.0 F40;	加工右侧 ϕ12 mm 整圆
G02 I6.0 F100;	G02 I6.0 F100;	
G00 Z5.0;	G00 Z5.0;	刀具重新定位
X-18.0 Y0;	X-18.0 Y0;	
G01 Z-1.0 F40;	G01 Z-1.0 F40;	加工中间半圆轮廓
X18.0 F100;	X18.0 F100;	
G02 X-18.0 R18.0;	G02 X-18.0 CR=18.0;	
G91 G28 Z0 M09;	G74 Z0 M09;	刀具返回 Z 向参考点
M05;	M05;	主轴停转
M30;	M02;	程序结束

注：编程过程中注意变换 Z 向进给时与 XY 平面内进给时的进给速度。

三、铣削台阶

例　加工如图 1—50 所示的台阶零件，编写其数控铣削加工程序。

1. **加工准备**

（1）分析零件图样

本任务加工的尺寸精度要求不高，均为自由公差，应对零件进行精确的装夹与校正。零件加工表面的表面粗糙度要求为 $Ra3.2\ \mu m$。

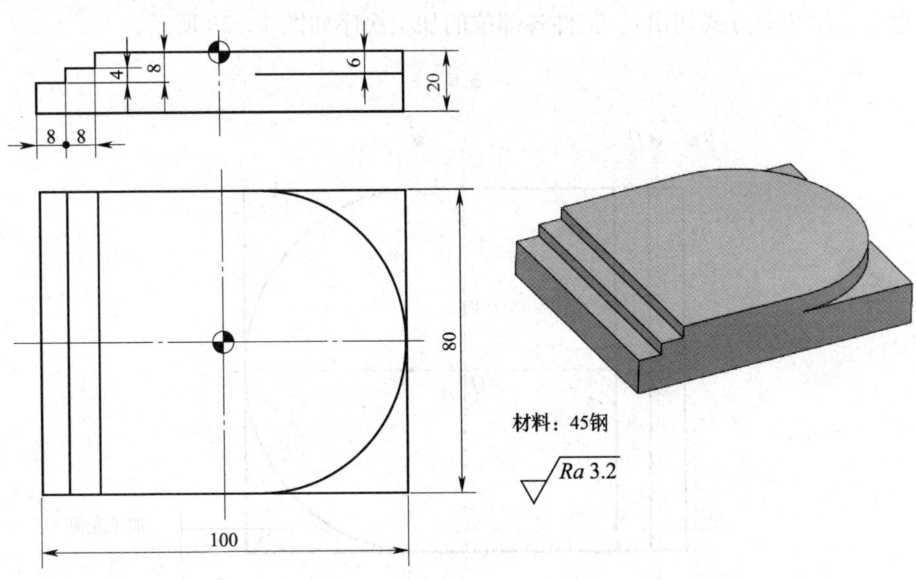

图 1—50　台阶零件铣削编程实例

（2）选择数控机床

选用 FANUC 0i（或 SIEMENS SINUMERIK 802D）系统 XK7650 型数控铣床。

（3）选择刀具、切削用量

选择如图 1—51 所示的 $\phi20$ mm 立铣刀（刀具材料为高速钢）进行加工。切削用量推荐值如下：主轴转速 $n=600$ r/min，进给速度 $v_f=100$ mm/min，背吃刀量 $a_p=8$ mm。

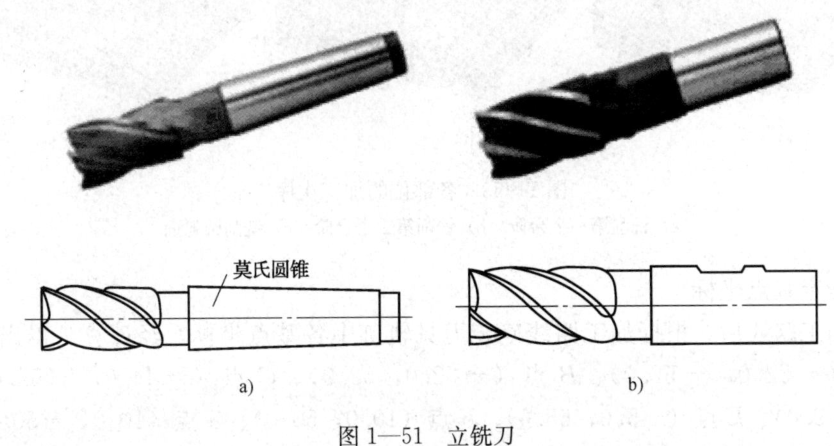

图 1—51　立铣刀

a）锥柄铣刀　b）直柄铣刀

2. 设计加工路线

（1）设计刀具加工轨迹

刀具中心在 XY 平面内的轨迹如图 1—52 所示。当铣削台阶时，刀具从 A 点→B 点，然后 Z 向抬刀并返回 C 点；再 Z 向落刀至加工高度，从 C 点→D 点。加工圆弧面时，为防止刀具法向进刀造成加工刀痕，采用圆弧过渡方式切入和圆弧过渡方式切出（根据本例的实际情况，也可采用法向方式切出）。工件各部位的加工次序如图 1—53 所示。

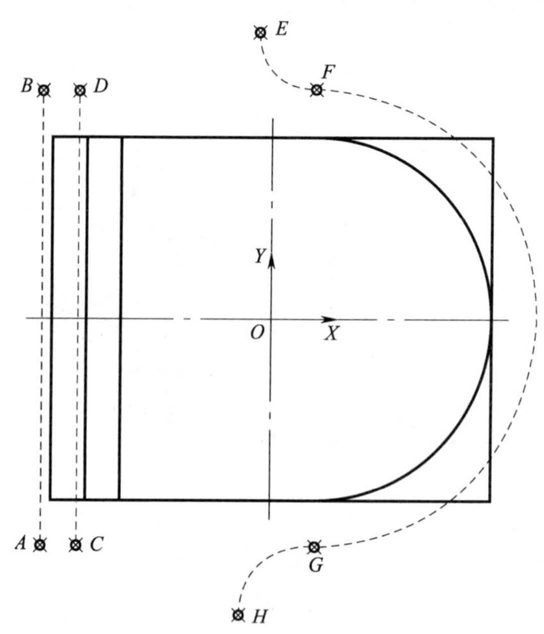

图 1—52　刀具中心在 XY 平面内的轨迹

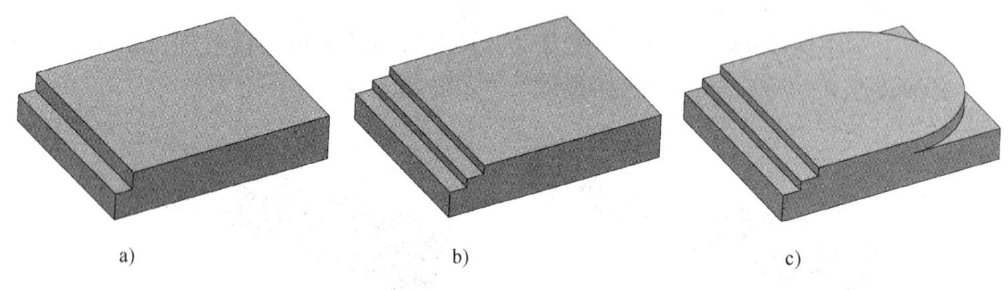

图 1—53　各部位的加工次序

a）铣削第一个台阶　b）铣削第二个台阶　c）铣削圆弧面

（2）确定基点坐标

确定加工路线后，根据加工路线确定刀具轨迹中各基点坐标，经计算，得出各基点坐标：A 点（－52.0，－52.0）、B 点（－52.0，52.0）、C 点（－44.0，－52.0）、D 点（－44.0，52.0）、E 点（－5.0，65.0）、F 点（10.0，50.0）、G 点（10.0，－50.0）、H 点（－5.0，－65.0）。

3. 编制加工程序

选择工件上表面的对称中心作为工件编程原点。台阶零件铣削编程实例的参考程序见表1—6。

表1—6　　台阶零件铣削编程实例的参考程序

FANUC 0i 系统程序	SINUMERIK 802D 系统程序	程序说明
O0013；	AA13. MPF；	程序号
G90 G94 G21 G40 G17 G54；	G90 G94 G71 G40 G17 G54；	程序初始化
G91 G28 Z0；	G74 Z0；	Z 向回参考点
M03 S600；	M03 S600；	主轴正转
G90 G00 X－52.0 Y－52.0；	G00 X－52.0 Y－52.0；	刀具在 XY 平面中快速定位
Z20.0 M08；	Z20.0 M08；	刀具 Z 向快速定位，切削液开
G01 Z－8.0 F100；	G01 Z－8.0 F100；	第一个台阶的切削深度位置
Y52.0；	Y52.0；	A→B，延长线上切出
G00 Z3.0；	G00 Z3.0；	刀具抬起
X－44.0 Y－52.0；	X－44.0 Y－52.0；	快速定位至 C 点
G01 Z－4.0；	G01 Z－4.0；	第二个台阶的切削深度位置
Y52.0；	Y52.0；	C→D
G00 Z3.0；	G00 Z3.0；	刀具抬起
X－5.0 Y65.0；	X－5.0 Y65.0；	快速定位至 E 点
G01 Z－6.0；	G01 Z－6.0；	圆弧台阶的切削深度位置
G03 X10.0 Y50.0 R15.0；	G03 X10.0 Y50.0 CR＝15.0；	圆弧切入
G02 Y－50.0 R50.0；	G02 Y－50.0 CR＝50.0；	铣削圆弧台阶
G03 X－5.0 Y－65.0 R15.0；	G03 X－5.0 Y－65.0 CR＝15.0；	圆弧切出
G00 Z100.0 M09；	G00 Z100.0 M09；	刀具 Z 向快速抬刀，切削液关
M05；	M05；	主轴停转
M30；	M02；	程序结束

注：本例中省略了程序段号的输入，程序段号由手工输入时自动生成。

第七节　刀具补偿功能的编程方法

一、刀具补偿功能

1. 刀位点的概念

在数控编程过程中，为了编程人员编程方便，通常将数控刀具假想成一个点，该点称为刀位点或刀尖点。因此，刀位点既是表示刀具特征的点，也是对刀和加工的基准点。常用数控刀具的刀位点如图 1—54 所示，车刀与镗刀的刀位点通常指刀具的刀尖，钻头的刀位点通常指钻尖，球头铣刀的刀位点指球头中心，铰刀和端面铣刀的刀位点指刀具底面的中心。

图 1—54

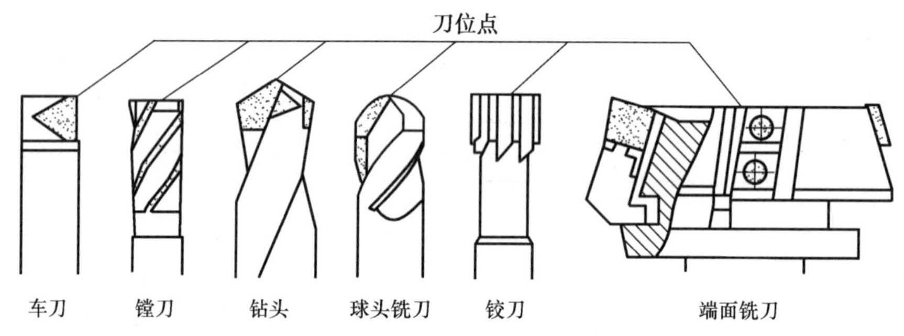

图 1—54　常用数控刀具的刀位点

2. 刀具补偿功能的概念

数控编程过程中，一般不考虑刀具的长度与半径，而只考虑刀位点与编程轨迹重合。但在实际加工过程中，由于刀具半径与刀具长度各不相同，在加工中势必造成很大的加工误差。因此，实际加工时必须通过刀具补偿指令，使数控机床根据实际使用的刀具尺寸，自动调整各坐标轴的移动量，确保实际加工轮廓和编程轨迹完全一致。数控机床的这种根据实际刀具尺寸自动改变坐标轴位置，使实际加工轮廓和编程轨迹完全一致的功能，称为刀具补偿功能。

数控铣床的刀具补偿功能分成刀具长度补偿功能和刀具半径补偿功能两种。

二、刀具长度补偿功能

1. 刀具长度补偿指令（G43、G44、G49）

刀具长度补偿指令是用来补偿假定的刀具长度与实际的刀具长度之间差值的指令。系统规定所有轴都可采用刀具长度补偿，但同时规定刀具长度补偿只能加在一个轴上。若要对补偿轴进行切换，必须先取消前面轴的刀具长度补偿。

(1) 指令格式

G43 H __;　　　　　　(刀具长度补偿“+”)

G44 H __;　　　　　　(刀具长度补偿“-”)

G49;或 H00;　　　　　(取消刀具长度补偿)

H __用于指令偏置存储器的偏置号。在地址 H 所对应的偏置存储器中存入相应的偏置值。执行刀具长度补偿指令时,系统首先根据偏移方向指令将指令要求的移动量与偏置存储器中的偏置值进行相应的“+”(G43)或“-”(G44)运算,计算出刀具的实际移动值,然后指令刀具做相应的运动。

(2) 指令说明

G43、G44 为模态指令,可以在程序中保持连续有效。G43、G44 的撤销可以使用 G49 指令或选择 H00(刀具偏置值 H00 规定为 0)。

在实际编程中,为避免产生混淆,通常采用 G43 而非 G44 的指令格式进行刀具长度补偿的编程。

(3) 编程实例

例 如图 1—55 所示,采用 G43 指令进行编程,计算刀具从当前位置移动至工件表面的实际移动量。已知:假定的刀具长度为 0,则 H01 中的偏置值为 20.0,H02 中的偏置值为 60.0,H03 中的偏置值为 40.0。

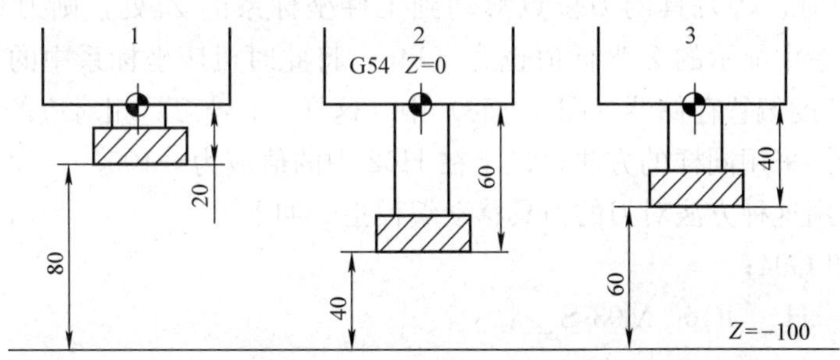

图 1—55 刀具长度补偿值

刀具 1:

G43 G01 Z-100.0 H01 F100;

刀具的实际移动量=-100+20=-80,刀具向下移 80 mm。

刀具 2:

G43 G01 Z-100.0 H02 F100;

刀具的实际移动量=-100+60=-40,刀具向下移 40 mm。

刀具 3:

刀具 3 如果采用 G44 编程,则输入 H03 中的偏置值应为-40.0,则其编程指令及对应的刀具实际移动量如下:

G44 G01 Z-100.0 H03 F100;

刀具的实际移动量=-100-(-40)=-60,刀具向下移 60 mm。

2. 刀具长度补偿的应用

（1）将 Z 向对刀值设为刀具长度

在立式加工中心上，刀具长度补偿常被辅助用于工件坐标系零点偏置的设定。即用 G54 设定工件坐标系时，仅在 X、Y 向偏移坐标原点的位置，而 Z 向不偏移，Z 向刀位点与工件坐标系 Z_0 平面之间的差值全部通过刀具长度补偿值来解决。

如图 1—56 所示，假设用一把标准刀具进行对刀，该刀具的长度等于机床坐标系原点与工件坐标系原点之间的距离值。对刀后采用 G54 设定工件坐标系，则 Z 向偏置值设定为如图 1—57 所示的“0”。

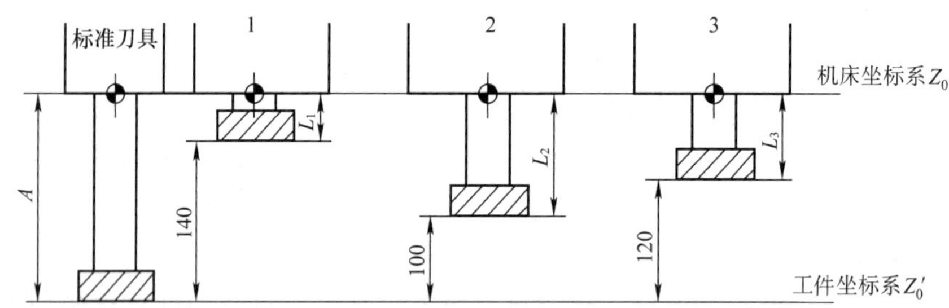

图 1—56　刀具长度补偿的应用

1 号刀具对刀时，将刀具的刀位点移动到工件坐标系的 Z_0' 处，则刀具 Z 向移动量为 －140，机床坐标系中显示的 Z 坐标值也为 －140，将此时机床坐标系中的 Z 坐标值直接输入相对应的刀具长度偏置存储器（图 1—58）中。这样，1 号刀具相对应的偏置存储器 H01 中的值为 －140.0。采用同样的方法，设定在 H02 中的值应为 －100.0，设定在 H03 中的值应为 －120.0。采用这种方法对刀的刀具移动编程指令如下：

G90 G54 G49 G94；

G43 G00 Z__ H__ F100 M03 S__；

……

G49 G91 G28 Z0；

……

```
WORK  COORDINATES                 O0001  N0000
 (G54)
 NO.DATA                      NO.DATA
 00        X 0.000            02        X 0.000
 (EXT)     Y 0.000            (G55)     X 0.000
           Z 0.000                      Z 0.000

 01        X -234.567         03        X 0.000
 (G54)     Y -123.456         (G56)     Y 0.000
           Z 0.000                      Z 0.000

[OFFSET]  [SETING]  [WORK]  [    ]  [OPRT]
```

图 1—57　G54 工件坐标系参数设定

```
WORK  COORDINATES                 O0001  N0000
OFFSET
NO.  GEOM(H)  WEAR(H)  GEOM(D)  WEAR(D)
001  -140.0   0.000    0.000    0.000
002  -100.0   0.000    0.000    0.000
003  -120.0   0.000    0.000    0.000
004  0.000    0.000    0.000    0.000
005  0.000    0.000    0.000    0.000
006  0.000    0.000    0.000    0.000
007  0.000    0.000    0.000    0.000
008  0.000    0.000    0.000    0.000

[OFFSET]  [SETING]  [WORK]  [    ]  [OPRT]
```

图 1—58　刀具长度补偿参数设定

提示

采用以上方法加工时，显示的 Z 坐标始终为机床坐标系中的 Z 坐标，而非工件坐标系中的 Z 坐标，也就无法直观了解刀具当前的加工深度。

(2) 机外对刀后的设定

当采用机外对刀时，通常选择其中的一把刀具作为标准刀具，也可将所选择的标准刀具的长度设为0，直接将图1—56中测得的机床坐标系 A 值（通常为负值）输入G54偏置存储器的 Z 坐标值中，而将不同的刀具长度（图1—56中的 L_1、L_2 和 L_3）输入对应的刀具长度补偿存储器中。

另外，还可以把1号刀具作为标准刀具，1号刀具对刀后在G54偏置存储器中设定的 Z 坐标值为－140.0。设定在刀具长度偏置存储器中的值依次为：H01＝0，H02＝40，H03＝20。

三、刀具半径补偿功能

1. 刀具半径补偿定义

在编制轮廓切削加工程序的场合，一般以工件的轮廓尺寸为刀具轨迹进行编程，而实际的刀具运动轨迹则与工件轮廓有一个偏移量（即刀具半径），如图1—59所示。数控系统的这种编程功能称为刀具半径补偿功能。

通过运用刀具半径补偿功能来编程，可以达到简化编程的目的。

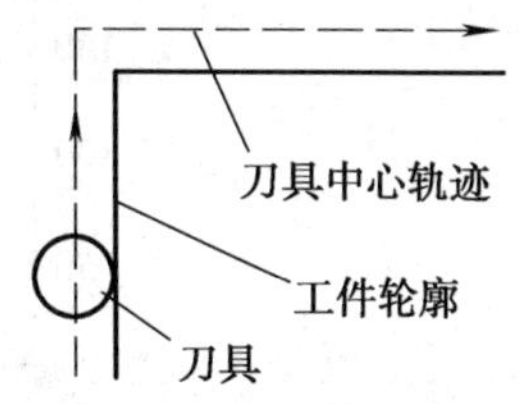

图1—59　刀具半径补偿功能

图1—59

2. 刀具半径补偿指令（G40、G41、G42）

(1) 指令格式

G41 G01 X＿ Y＿ F＿ D＿；

G42 G01 X＿ Y＿ F＿ D＿；

G40；

D＿——用于存放刀具半径补偿值的偏置存储器号。

G41为刀具半径左补偿指令，G42为刀具半径右补偿指令，G40为取消刀具半径补偿指令。

(2) 指令说明

G41指令与G42指令的刀具半径补偿偏置方向的判断方法是处在垂直于补偿平面的另一根轴的正方向，沿刀具的移动方向看，当刀具处在切削轮廓左侧时，称为刀具半径左补偿；当刀具处在切削轮廓的右侧时，称为刀具半径右补偿，如图1—60所示。

地址D所对应的偏置存储器中存入的偏置值通常指刀具半径值。和刀具长度补偿一样，刀具号与刀具偏置存储器号可以相同，也可以不同。一般情况下，为防止出错，最好采用相同的刀具号与刀具偏置存储器号。

图 1—60 G41

图 1—60 G42

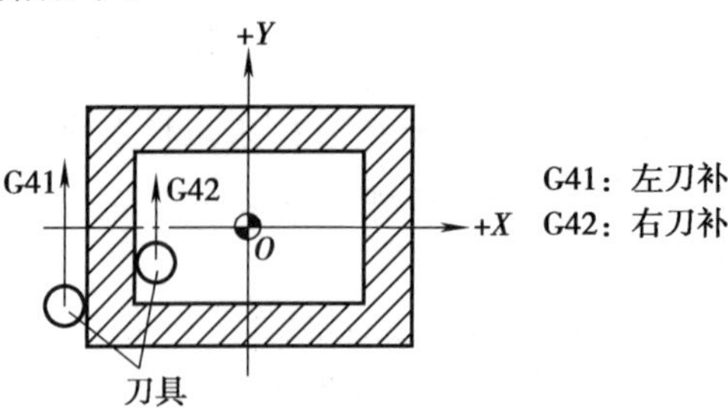

图 1—60　刀具半径补偿偏置方向的判别

G41、G42 为模态指令，可以在程序中保持连续有效。G41、G42 的撤销可以使用 G40。

（3）刀具半径补偿过程

刀具半径补偿的过程如图 1—61 所示，共分三步，即刀补建立、刀补进行和刀补取消。

图 1—61

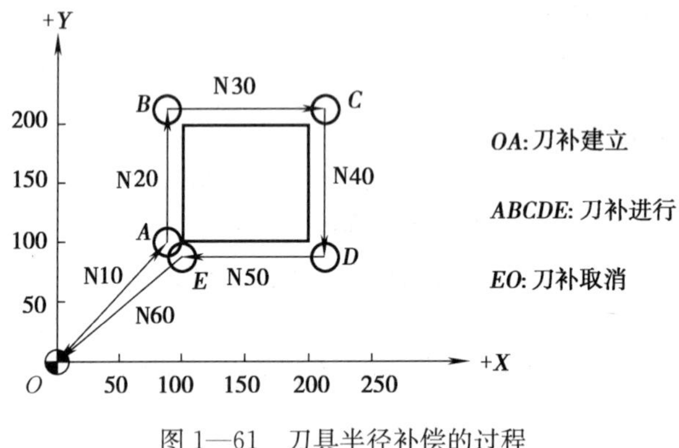

图 1—61　刀具半径补偿的过程

O0010;
……
N10 G41 G01 X100. 0 Y100. 0 D01;　　（刀补建立）
N20　Y200. 0;
N30　X200. 0;
N40　Y100. 0 ;　　（刀补进行）
N50　X100. 0 ;
N60 G40 G00 X0 Y0;　　（刀补取消）
……

1）刀补建立。刀补的建立指刀具从起点接近工件时，刀具中心从与编程轨迹重合过渡到与编程轨迹偏离一个偏置量的过程。该过程的实现必须有 G00 或 G01 功能才有效。

刀具补偿过程通过 N10 程序段建立。当执行 N10 程序段时，机床刀具的坐标位置由以下方法确定：将包含G41语句的下边两个程序段（N20、N30）预读，连接在补偿平面内最近两移动语句的终点坐标（图1—61中的AB连线），其连线的垂直方向为偏置方向，根据G41或G42来确定偏向哪一边，偏置的大小由偏置号D01地址中的数值决定。经补偿后，刀具中心位于图中A点处，即坐标点（100-刀具半径，100）处。

2）刀补进行。在G41或G42程序段后，程序进入补偿模式。此时，刀具中心与编程轨迹始终相距一个偏置量，直至刀补取消。

在补偿模式下，数控系统要预读两段程序，找出当前程序段刀位点轨迹与下个程序段刀位点轨迹的交点，以确保机床把下一个工件轮廓向外补偿一个偏置量，如图1—61中的B点、C点等。

3）刀补取消。刀具离开工件，刀具中心轨迹过渡到与编程轨迹重合的过程称为刀补取消，如图1—61中的EO段。

刀补的取消用G40或D00来执行。要特别注意的是，G40必须与G41或G42成对使用。

（4）刀具半径补偿注意事项

在刀具半径补偿过程中要注意以下几个方面的问题：

1）刀具半径补偿模式的建立与取消程序段只在G00或G01移动指令模式下才有效。当然，现在有部分系统也支持G02、G03模式，但为防止出现差错，在刀具半径补偿建立与取消程序段最好不使用G02、G03指令。

2）为保证刀补建立与刀补取消时刀具与工件的安全，通常采用G01移动方式来建立或取消刀补。如果采用G00移动方式来建立或取消刀补，则要采取“先建立刀补，再下刀”和“先退刀，再取消刀补”的编程方法。

3）为了便于计算坐标，采用切线切入方式或法线切入方式来建立或取消刀补。对于不便于沿工件轮廓线切线或法线切入、切出时，可根据情况增加一个圆弧辅助程序段。

4）为了防止在刀具半径补偿建立与取消过程中刀具产生“过切”现象（图1—62a中的OM和图1—62b中的AM），刀具半径补偿建立与取消程序段的起始位置与终点位置最好与补偿方向在同一侧（图1—62a中的OA和图1—62b中的AN）。

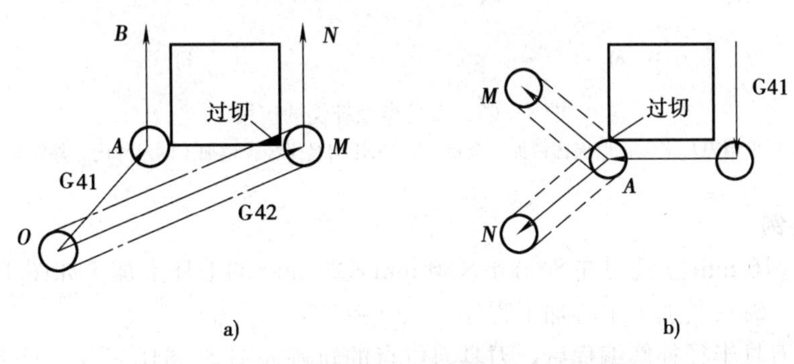

图1—62　刀补建立与取消时的起始与终点位置

a）建立刀补进刀　b）取消刀补退刀

图1—62a

图1—62b

5）在刀具补偿模式下，一般不允许存在连续两段以上的非补偿平面内移动指令，否则刀具也会出现“过切”等问题。

非补偿平面移动指令通常指只有 G、M、S、F、T 代码的程序段（如“G90;”“M05;”等）、程序暂停程序段（如“G04 X10.0;”等）及 G17（G18、G19）平面内的 Z（Y、X）轴移动指令等。

（5）刀具半径补偿的应用

刀具半径补偿功能除了使编程人员直接按轮廓编程，简化了编程工作外，在实际加工中还有许多其他方面的应用。

例　采用同一段程序，对零件进行粗加工、精加工。

如图 1—63a 所示，编程时按实际轮廓 $ABCD$ 编程，在粗加工时，将偏置量设为 $D=R+\Delta$，其中 R 为刀具的半径，Δ 为精加工余量。这样，在粗加工完成后，形成的工件轮廓的加工尺寸要比实际轮廓 $ABCD$ 每边都大 Δ。在精加工时，将偏置量设为 $D=R$。这样，零件加工完成后，即得到实际加工轮廓 $ABCD$。同理，当工件加工后，如果测量尺寸比图样要求尺寸大时，也可用同样的办法进行修整。

例　采用同一程序段，加工同一公称直径的凹、凸成形面。

如图 1—63b 所示，对于同一公称直径的凹、凸成形面，内、外轮廓编写成同一程序，在加工外轮廓时，将偏置值设为 $+D$，刀具中心将沿轮廓的外侧切削；当加工内轮廓时，将偏置值设为 $-D$，这时刀具中心将沿轮廓的内侧切削。这种编程与加工方法在模具加工中运用较多。

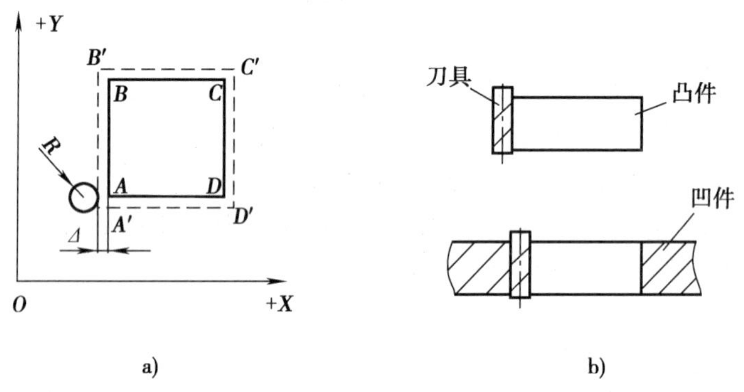

图 1—63　刀具半径补偿的应用

a）采用刀具半径补偿保留精加工余量　b）采用刀具半径补偿加工同尺寸内、外轮廓

3. 编程实例

例　选用 ϕ16 mm 立铣刀在 80 mm×80 mm×20 mm 的毛坯上加工如图 1—64a 所示的凸台外形轮廓，编写其加工中心加工程序。

工件采用刀具半径补偿编程后，刀具刀位点的轨迹如图 1—64b 所示。凸台零件的刀具半径补偿编程实例参考程序见表 1—7。

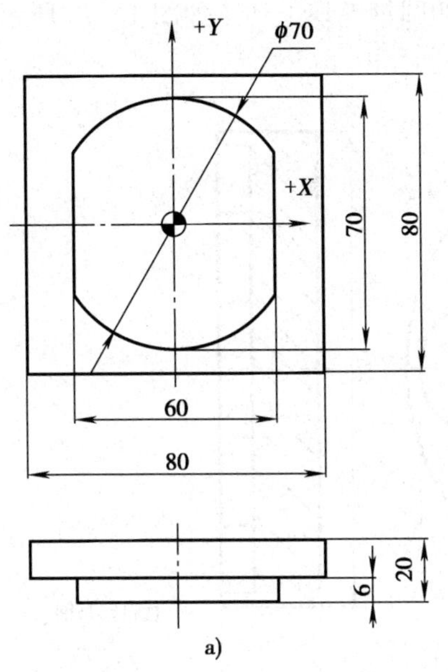

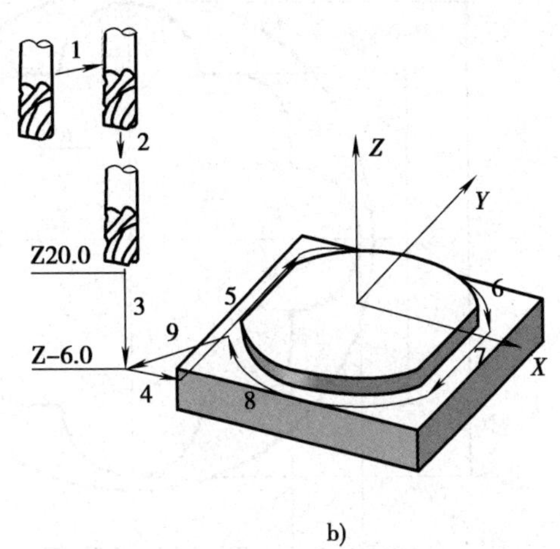

图 1—64

图 1—64　凸台零件的刀具半径补偿编程实例

a）零件图　b）刀位点轨迹

表 1—7　　凸台零件的刀具半径补偿编程实例参考程序

FANUC 0i 系统程序	SINUMERIK 802D 系统程序	程序说明
O0014；	AA14. MPF；	轮廓加工程序
G90 G94 G21 G40 G17 G54；	G90 G94 G71 G40 G17 G54；	程序初始化
G91 G28 Z0；	G74 Z0；	刀具返回 Z 向参考点
M03 S600；	M03 S600； T1D1；	主轴正转，600 r/min
G90 G00 X－50.0 Y－50.0 M08；	G00 X－50.0 Y－50.0 M08；	刀具定位，轨迹 1
Z20.0；	Z20.0；	轨迹 2
G01 Z－6.0 F100；	G01 Z－6.0 F100；	刀具 Z 向下刀，轨迹 3
G41 G01 X－30.0 D01；	G41 G01 X－30.0；	建立刀补，轨迹 4
Y18.03；	Y18.03；	轨迹 5
G02 X30.0 R35.0；	G02 X30.0 CR＝35.0；	轨迹 6
G01 Y－18.03；	G01 Y－18.03；	轨迹 7
G02 X－50.0 R35.0；	G02 X－50.0 CR＝35.0；	轨迹 8
G40 G01 X－30.0 Y－50.0；	G40 G01 X－30.0 Y－50.0；	取消刀补，轨迹 9
G91 G28 Z0 M09；	G74 Z0 M09；	刀具返回 Z 向参考点
M05；	M05；	主轴停转
M30；	M02；	程序结束

例　选用 $\phi16$ mm 立铣刀在 $\phi70$ mm×20 mm 的圆钢毛坯上加工如图 1—65 所示的内轮廓，编写其数控铣削加工程序。

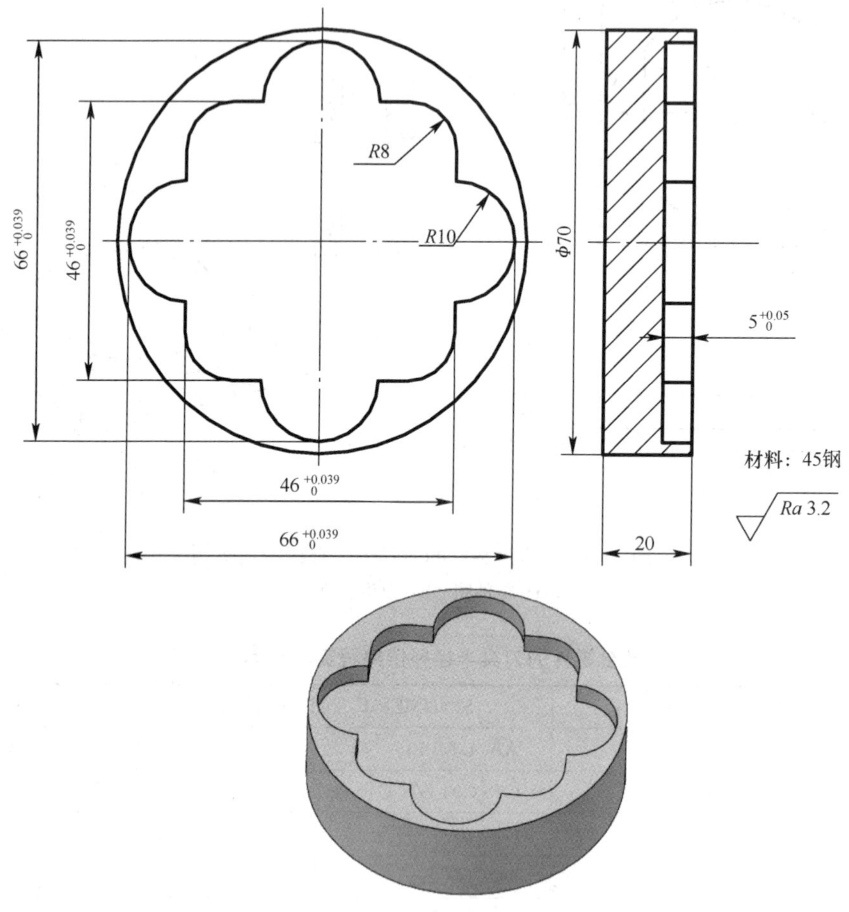

图 1—65　凹槽零件的刀具半径补偿编程实例

选择如图 1—66 所示的 $\phi16$ mm 键槽铣刀（刀具材料为高速钢）进行加工。切削用量推荐值如下：主轴转速 n=600 r/min，进给速度 v_f=100 mm/min，背吃刀量 a_p=5 mm。选用三爪自定心卡盘对毛坯进行装夹与校正。凹槽零件的刀具半径补偿编程实例参考程序见表 1—8。

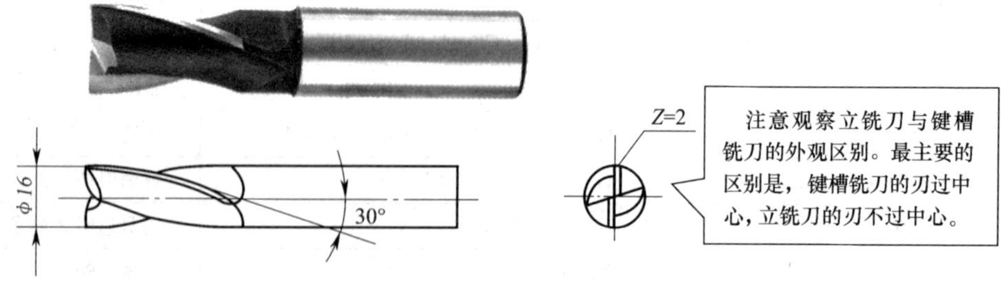

图 1—66

图 1—66　键槽铣刀

表 1—8　　凹槽零件的刀具半径补偿编程实例参考程序

FANUC 0i系统程序	SINUMERIK 802D系统程序	程序说明
O0015;	AA15. MPF;	程序名
G90 G94 G21 G40 G17 G54;	G90 G94 G71 G40 G17 G54;	程序初始化
G91 G28 Z0;	G74 Z0;	刀具返回 Z 向参考点
M03 S600;	M03 S600;	主轴正转，600 r/min
	T1D1;	
G90 G00 X0 Y0;	G00 X0 Y0;	刀具定位
Z10.0 M08;	Z10.0 M08;	
G01 Z-5.0 F50;	G01 Z-5.0 F40;	刀具 Z 向下刀
G41 G01 X-23.0 D01 F100;	G41 G01 X-23.0 F100;	轮廓延长线上建立刀补
Y-15.0;	Y-15.0;	采用刀具半径补偿加工内轮廓
G03 X-15.0 Y-23.0 R8.0;	G03 X-15.0 Y-23.0 CR=8.0;	
G01 X-10.0;	G01 X-10.0;	
G03 X10.0 R10.0;	G03 X10.0 CR=10.0;	
G01 X15.0;	G01 X15.0;	
G03 X23.0 Y-15.0 R8.0;	G03 X23.0 Y-15.0 CR=8.0;	
G01 Y-10.0;	G01 Y-10.0;	
G03 Y10.0 R10.0;	G03 Y10.0 CR=10.0;	
G01 Y15.0;	G01 Y15.0;	
G03 X15.0 Y23.0 R8.0;	G03 X15.0 Y23.0 CR=8.0;	
G01 X10.0;	G01 X10.0;	
G03 X-10.0 R10.0;	G03 X-10.0 CR=10.0;	
G01 X-15.0;	G01 X-15.0;	
G03 X-23.0 Y15.0 R8.0;	G03 X-23.0 Y15.0 CR=8.0;	
G01 Y10.0;	G01 Y10.0;	
G03 Y-10.0R10.0;	G03 Y-10.0 CR=10.0;	
G40 G01 X0 Y0;	G40 G01 X0 Y0;	
G91 G28 Z0 M09;	G74 Z0 M09;	刀具返回 Z 向参考点
M05;	M05;	主轴停转
M30;	M02;	程序结束

第八节 加工中心的刀具交换功能

一、加工中心的刀库

刀库的作用是储备一定数量的刀具，通过机械手实现其与主轴上刀具的交换。在加工中心上使用的刀库主要有两种：一种是如图 1—67 所示的盘式刀库，另一种是如图 1—68 所示的链式刀库。

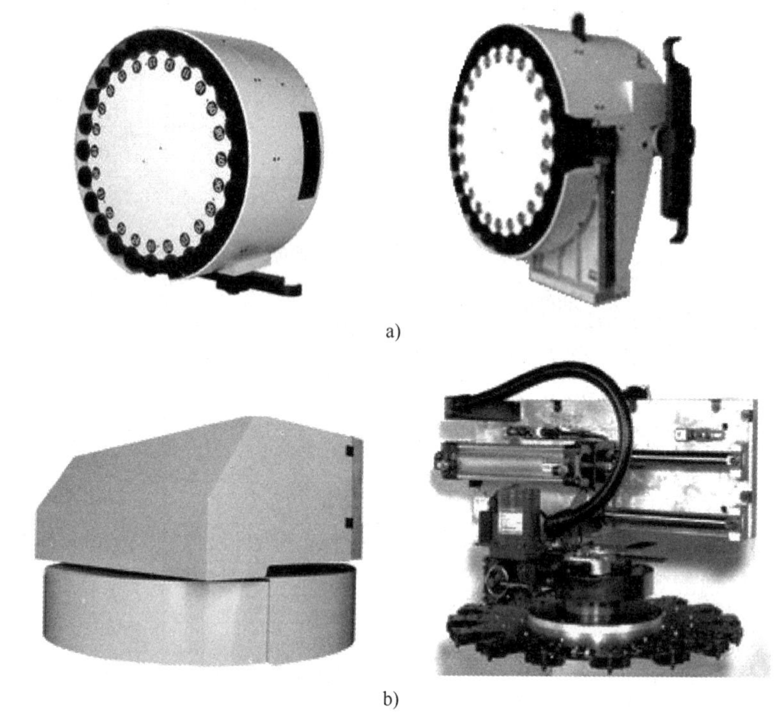

a)

b)

图 1—67 盘式刀库

a）卧式圆盘刀库 b）斗笠式圆盘刀库

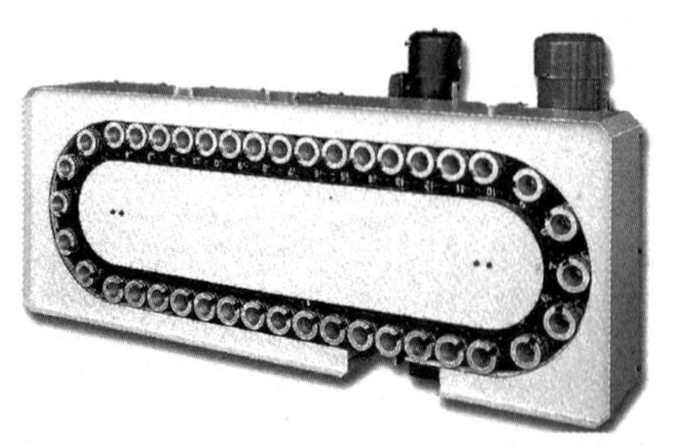

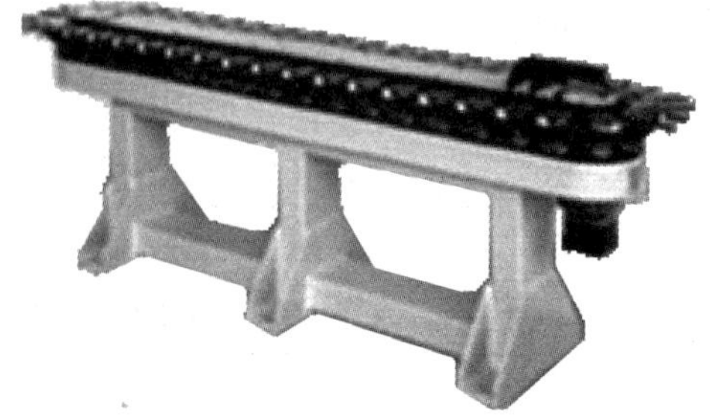

图 1—68 链式刀库

盘式刀库装刀容量相对较小，一般有 1～24 把刀具，主要适用于小型加工中心。链式刀库装刀容量大，一般有 1～100 把刀具，主要适用于大中型加工中心。

加工中心的换刀方式一般有两种，机械手换刀和主轴换刀（即不带机械手的换刀）。斗笠式圆盘刀库通常采用主轴换刀，而卧式圆盘刀库和链式刀库一般采用如图 1—69 所示的机械手换刀。

图 1—69　机械手换刀

二、加工中心的自动换刀

在零件的加工过程中，有时需要用到几种不同的刀具来加工同一种零件。这时，如果为单件生产或较小批量（通常指少于 10 件）生产，则采用手动换刀较为合适；如果为批量较大的生产，则采用加工中心自动换刀的方式较为合适。

1. 换刀动作

通常情况下，不同数控系统的加工中心，其换刀程序各不相同，但换刀的动作却基本相同，通常分刀具选择和刀具交换两个基本动作。

（1）刀具选择

刀具选择是将刀库上某个刀位的刀具转到换刀的位置，为下次换刀做好准备。指令格式为：

T __；

例　T01；

T13；

刀具选择指令可在任意程序段内执行。为了节省换刀时间，通常在加工过程中就同时执行 T 指令。

例　G01 X100.0 Y100.0 F100 T12；

执行该程序段时，主轴刀具在执行 G01 进给的同时，刀库中的刀具也转到换刀位置。

（2）刀具换刀前的准备

在执行换刀指令前，通常要做好以下几项换刀准备工作：

1）主轴回到换刀点。立式加工中心的换刀点在 XY 方向上是任意的。由于刀库的 Z 向高度是固定的，所以其 Z 向换刀点位置也是固定的，该换刀点通常位于靠近 Z 向机床原点的位置。为了在换刀前接近该换刀点，通常采用以下指令来实现：

G91 G28 Z0；　　（返回 Z 向参考点）

G49 G53 G00 Z0；（取消刀具长度补偿，并返回机床坐标系 Z 向原点）

2）主轴准停。在进行换刀前，必须实现主轴准停，以使主轴上的两个凸起对准刀柄的两个卡槽。FANUC 系统主轴准停通常通过指令“M19”来实现。

3）切削液关闭。换刀前通常用“M09”指令关闭切削液。

（3）刀具交换

刀具交换是指刀库中位于换刀位置的刀具与主轴上的刀具进行自动换刀的过程。指令格式为：

M06；

在 FANUC 系统中，M06 指令中不仅包括了刀具交换的过程，还包含了刀具换刀前的所有准备动作，即返回换刀点、切削液关闭、主轴准停。

2. 加工中心常用换刀程序

（1）带机械手的换刀程序

带机械手的换刀程序为：

T×× M06；

其中，T 指令在前，表示选择刀具；M06 指令在后，表示通过机械手执行主轴刀具与刀库刀具的交换。

例　……

G40 G01 X20.0 Y30.0；	（*XY* 平面内取消刀补）
G49 G53 G00 Z0；	（刀具返回机床坐标系 *Z* 向原点）
T05 M06；	（选择 5 号刀具，主轴准停，切削液关，刀具交换）
M03 S600 G54；	（开启主轴转速，选择工件坐标系）

……

在执行该程序时，刀具先在 *XY* 平面取消刀补；再执行返回 *Z* 向机床原点命令；主轴准停并 *Z* 向移动至换刀点；刀库转位寻刀，将 5 号刀具转到换刀位置；执行 M06 指令进行换刀。换刀结束后，如果要进行下一次加工，则开启机床转速。

（2）不带机械手的换刀程序

当加工中心的刀库为盘式刀库且不带有机械手时，其换刀程序为：

M06 T07；

 **提示**

该程序段中的 M06 指令在前，T 指令在后，且指令中的 M06 指令和 T 指令不可前后调换位置。如果调换位置，则在程序段执行过程中产生“程序出错”报警。

执行该程序时，先自动完成换刀前的准备动作，再执行 M06 指令，主轴上的刀具放入当前刀库中处于换刀位置的空刀位；然后刀库转位寻刀，将 7 号刀具转换到当前换刀位置，再次执行 M06 指令，将 7 号刀具装入主轴。因此，在这种方式下，每次换刀过程要执行两次刀具交换。

（3）子程序换刀

FANUC 系统中，为了方便编写换刀程序，防止自动换刀过程中出错，系统常自带换刀子程序，子程序号通常为 O8999。其程序内容如下：

O8999；	（立式加工中心换刀子程序）
M05 M09；	（主轴停转，切削液关）
G80；	（取消固定循环）
G91 G28 Z0；	（*Z* 向返回机床原点）

G49 M06；　　　　　　（取消刀长补偿，刀具交换）

M99；　　　　　　　　（返回主程序）

采用子程序换刀时，其主程序调用格式为：

T06 M98 P8999；

SIEMENS 系统换刀子程序号通常为 L6，其内容与上述子程序相类似。

三、换刀点

加工过程中需要换刀时，应规定换刀点。所谓换刀点，就是指刀架转位换刀时的位置。对于加工中心来说，由于机械手的位置是固定不变的，所以换刀点的位置是一个固定点。通常情况下，加工中心的换刀点取在靠近机床 Z 向原点的位置。但也有一些数控机床（如数控车床）的换刀点是任意点。

换刀点应设在工件与夹具的外面，以刀架转位过程中不碰工件和其他部位为准。

思考与练习

1. 数控铣床/加工中心适合加工哪些零件？
2. 什么是数控编程？数控编程有哪些步骤？
3. 数控编程分哪几类？各有什么特点？
4. 结合本地区的实际情况，谈谈数控自动化编程软件有哪些。
5. 数控程序由哪几部分组成？
6. 什么是数控程序段格式？写出一个完整的数控程序段，并说明各部分的组成。
7. 什么是代码分组？什么是模态代码？什么是开机默认代码？
8. 什么是机床坐标系？如何确定数控铣床机床坐标系坐标轴方向？如何建立机床坐标系？
9. 什么是工件坐标系？什么是工件坐标系原点？如何选择立式数控铣床的工件坐标系原点？
10. 选用 ϕ14 mm 的键槽铣刀加工如图 1—70 所示的环形槽，槽宽为 14 mm，编写立式数控铣削加工程序。

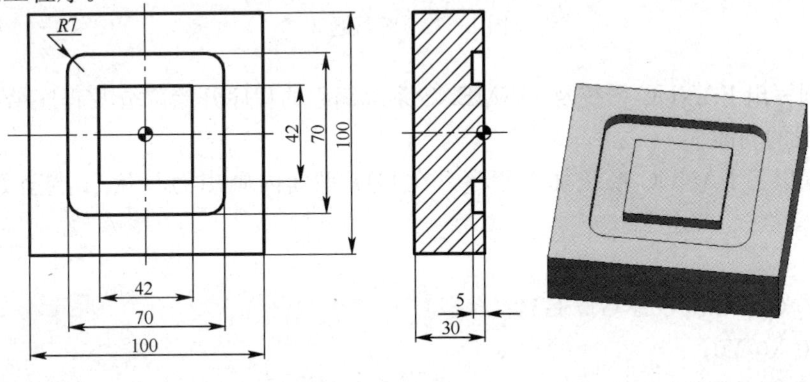

图 1—70　练习题 1

11. 写出圆弧加工指令的指令格式。如何判断 G02 与 G03？

12. 分别用 I、J 及 R 的编程方法编写图 1—71 中 A 到 B 的四段圆弧的程序。

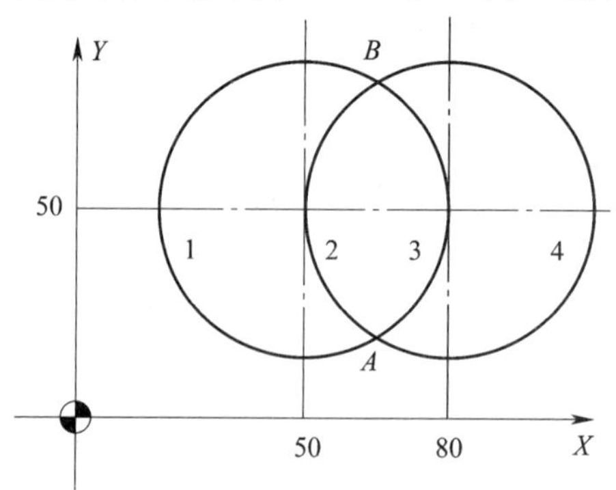

图 1—71　练习题 2

13. M00、M01、M02、M30 指令的作用是什么？它们有什么不同？

14. 什么叫刀具补偿功能？刀具补偿功能分为哪几种？

15. 刀具半径补偿的过程分哪几步？在进行刀具半径补偿过程中要注意哪些问题？

16. 加工如图 1—72 所示凸台的外轮廓（毛坯尺寸为 60 mm×60 mm×20 mm），编写其数控铣削加工程序。

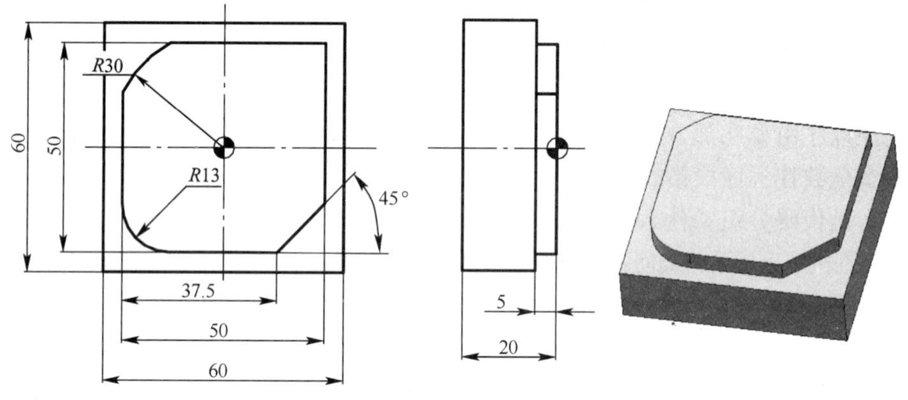

图 1—72　练习题 3

17. 分别写出 FANUC 系统及 SIEMENS 系统编程的程序开始部分及程序结束部分，并说明各程序段的功能。

18. 根据以下 FANUC 系统加工程序，在 G17 平面内画出刀具从 A 点至 F 点的加工轨迹。

O28；

N10 G90 G94 G40 G21 G17 G54；

N15 G00 X0 Y0；

N20 G43 G01 Z20.0 H01；

```
N25 M03 S600;
N30 G01 Z-10.0 F50;
N40 G42 G01 X10.0 Y20.0 D01;          (A点)
N50 G02 X30.0 I10.0 F100;             (B点)
N60 G03 X50.0 R10.0;                  (C点)
N70 G01 Y50.0;                        (D点)
N80 G03 X10.0 I-20.0;                 (E点)
N90 G01 Y10.0;                        (F点)
N100 G40 G00 X0 Y0;
N110 G49 G91 G28 Z0;
N120 M05;
N130 M30;
```

第二章

FANUC 系统的编程与操作

第一节 FANUC 系统功能简介

一、FANUC 数控系统介绍

FANUC 公司生产的数控系统主要有 FS3、FS6、FS0、FS10/11/12、FS15、FS16、FS18、FS21/210 等系列。目前我国主要使用的有 FS0、FS15、FS16、FS18、FS21/FS210 等系列。

1. FS0 系列

FS0 系列是一种面板装配式的数控系统，具有许多规格，如 FS0 - T、FS0 - TT、FS0 - M、FS0 - G、FS0 - F 等型号。T 型数控系统用于单主轴单刀架的数控车床，TT 型数控系统用于单主轴双刀架或双主轴双刀架的数控车床，M 型数控系统用于数控铣床或加工中心，G 型数控系统用于数控磨床，F 型数控系统是对话型数控系统。

2. FS10/11/12 系列

FS10/11/12 系列数控系统可用于各种机床，规格型号有 M 型、T 型、TT 型、F 型。

3. FS15 系列

FS15 系列是 FANUC 公司开发的 32 位数控系统，被称为人工智能数控系统。该系统按功能模块结构构成，可以根据不同的需要组合成最小功能模块系统至最大功能模块系统，控制轴数为 2～15 根，同时还有 PMC 的轴控制功能；可配备有 7、9、11、13 个槽的控制单元母板，在控制单元上插入各种印制电路板；采用了通信专用微处理器和 RS422 接口，并有远程缓冲功能。在硬件方面，FS15 系列为多微处理控制系统，采用了模块式多主总线结构，主 CPU 为 68020，同时还有一个子 CPU。所以，该系统适用于大型机床、复合机床的多轴控制和多系统控制。

4. FS16 系列

FS16 系列是在 FS15 系列之后开发的数控系统，其性能介于 FS15 系列和 FS0 系列之间。在显示方面，FS16 系列采用了彩色液晶显示等新技术。

5. FS21/FS210 系列

FS21/FS210 系列是 FANUC 公司推出的较新系统，该系统有 FS21 MA/MB、FS21

TA/TB、FS210 MA/MB 和 FS210 TA/TB 等型号。该系列的数控系统适用于中、小型数控机床。

二、FANUC 0i 系统功能介绍

FANUC 0i 系统为目前我国数控机床上采用较多的数控系统，主要用于数控铣床和加工中心，具有一定的代表性。其常用功能指令分为准备功能指令、辅助功能指令及其他功能指令三类。

1. 准备功能指令

FANUC 0i 系统准备功能指令见表 2—1。

表 2—1　　FANUC 0i 系统准备功能指令

G 代码	组别	功能	程序格式及说明
G00 ▲	01	快速点定位	G00 IP _；
G01		直线插补	G01 IP _ F _；
G02		顺时针圆弧插补	G02/G03 X _ Y _ R _ F _； G02/G03 X _ Y _ I _ J _ F _；
G03		逆时针圆弧插补	
G04	00	暂停	G04 X _； 或 G04 P _；
G05.1		预读处理控制	G05.1 Q1；(接通) G05.1 Q0；(取消)
G07.1		圆柱插补	G07.1 IP1；(有效) G07.1 IP0；(取消)
G08		预读处理控制	G08 P1；(接通) G08 P0；(取消)
G09		准确停止	G09 IP _；
G10		可编程数据输入	G10 L50；(参数输入方式)
G11		可编程数据输入取消	G11；
G15 ▲	17	极坐标取消	G15；
G16		极坐标指定	G16；
G17 ▲	02	选择 *XY* 平面	G17；
G18		选择 *ZX* 平面	G18；
G19		选择 *YZ* 平面	G19；
G20	06	英寸输入	G20；
G21		毫米输入	G21；
G22 ▲	04	存储行程检测接通	G22 X _ Y _ Z _ I _ J _ K _；
G23		存储行程检测断开	G23；

续表

G代码	组别	功能	程序格式及说明
G27	00	返回参考点检测	G27 IP _；（IP为指定的参考点）
G28		返回参考点	G28 IP _；（IP为经过的中间点）
G29		从参考点返回	G29 IP _；（IP为返回的目标点）
G30		返回第二、第三、第四参考点	G30 P3 IP _； 或G30 P4 IP _；
G31		跳转功能	G31 IP _；
G33	01	螺纹切削	G33 IP _ F _；（F为导程）
G37	00	自动刀具长度测量	G37 IP _；
G39		拐角偏置圆弧插补	G39； 或G39 I _ J _；
G40 ▲	07	刀具半径补偿取消	G40；
G41		刀具半径左补偿	G41 G01 IP _ D _；
G42		刀具半径右补偿	G42 G01 IP _ D _；
G40.1 ▲	18	法线方向控制取消	G40.1；
G41.1		左侧法线方向控制	G41.1；
G42.1		右侧法线方向控制	G42.1；
G43	08	正向刀具长度补偿	G43 G01 Z _ H _；
G44		负向刀具长度补偿	G44 G01 Z _ H _；
G45	00	刀具位置偏置加	G45 IP _ D _；
G46		刀具位置偏置减	G46 IP _ D _；
G47		刀具位置偏置加2倍	G47 IP _ D _；
G48		刀具位置偏置减2倍	G48 IP _ D _；
G49 ▲	08	刀具长度补偿取消	G49；
G50 ▲	11	比例缩放取消	G50；
G51		比例缩放有效	G51 IP _ P _； 或G51 IP _ I _ J _ K _；
G50.1	22	可编程镜像取消	G50.1 IP _；
G51.1 ▲		可编程镜像有效	G51.1 IP _；
G52	14	局部坐标系设定	G52 IP _；（IP以绝对值指定）
G53		选择机床坐标系	G53 IP _；
G54 ▲		选择工件坐标系1	G54；
G54.1		选择附加工件坐标系	G54.1 P*n*；（*n*取1～48）
G55		选择工件坐标系2	G55；
G56		选择工件坐标系3	G56；
G57		选择工件坐标系4	G57；

续表

G 代码	组别	功能	程序格式及说明
G58	14	选择工件坐标系 5	G58;
G59		选择工件坐标系 6	G59;
G60	00	单方向定位方式	G60 IP _;
G61	15	准确停止方式	G61;
G62		自动拐角倍率	G62;
G63		攻螺纹方式	G63;
G64 ▲		切削方式	G64;
G65	00	宏程序非模态调用	G65 P _ L _ <自变量指定>;
G66	12	宏程序模态调用	G66 P _ L _ <自变量指定>;
G67 ▲		宏程序模态调用取消	G67;
G68	16	坐标系旋转	G68 X _ Y _ R _;
G69 ▲		坐标系旋转取消	G69;
G73	09	深孔钻循环	G73 X _ Y _ Z _ R _ Q _ F _;
G74		左旋螺纹攻螺纹循环	G74 X _ Y _ Z _ R _ P _ F _;
G76		精镗孔循环	G76 X _ Y _ Z _ R _ Q _ P _ F _;
G80 ▲		固定循环取消	G80;
G81		钻孔、锪镗孔循环	G81 X _ Y _ Z _ R _;
G82		钻孔循环	G82 X _ Y _ Z _ R _ P _;
G83		深孔循环	G83 X _ Y _ Z _ R _ Q _ F _;
G84		攻螺纹循环	G84 X _ Y _ Z _ R _ P _ F _;
G85		镗孔循环	G85 X _ Y _ Z _ R _ F _;
G86		镗孔循环	G86 X _ Y _ Z _ R _ P _ F _;
G87		反镗孔循环	G87 X _ Y _ Z _ R _ Q _ F _;
G88		镗孔循环	G88 X _ Y _ Z _ R _ P _ F _;
G89		镗孔循环	G89 X _ Y _ Z _ R _ P _ F _;
G90 ▲	03	绝对值编程	G90 G01 X _ Y _ Z _ F _;
G91		增量值编程	G91 G01 X _ Y _ Z _ F _;
G92	00	设定工件坐标系	G92 IP _;
G92.1		工件坐标系预置	G92.1 X0 Y0 Z0;
G94 ▲	05	每分钟进给（mm/min）	G94;
G95		每转进给（mm/r）	G95;
G96	13	恒线速度（m/min）	G96 S _;
G97 ▲		每分钟转数（r/min）	G97 S _;
G98 ▲	10	固定循环返回初始点	G98 G81 X _ Y _ Z _ R _ F _;
G99		固定循环返回 *R* 点	G99 G81 X _ Y _ Z _ R _ F _;

关于准备功能的说明如下：

（1）当电源接通或复位时，数控系统进入清零状态。此时，开机默认代码在表中以符号“▲”表示。但此时，原来的 G21 或 G20 保持有效。

（2）除 G10 和 G11 以外的 00 组 G 代码都是非模态 G 代码。

（3）不同组的 G 代码在同一程序段中可以指令多个。如果在同一程序段中指令了多个同组的 G 代码，仅执行最后指令的 G 代码。

（4）如果在固定循环中指令了 01 组的 G 代码，则固定循环取消，该功能与指令 G80 相同。

2. 辅助功能指令

辅助功能指令以代码 M 表示。FANUC 0i 系统的辅助功能代码与通用的 M 代码相类似，参阅本书第一章。

3. 其他功能指令

常用的其他功能代码有刀具功能指令、转速功能指令、进给功能指令等，具体功能指令含义及用途参阅本书第一章。

第二节 轮廓铣削

一、轮廓加工过程中的切入与切出方式

1. *XY* 平面内的切入与切出方式

采用立铣刀侧刃铣削轮廓类零件时，为减少接刀痕迹，保证零件表面质量，铣刀的切入和切出点应选在零件轮廓曲线的延长线上（图 2—1 中 *A*→*B*→*C*→*D*→*E*→*F*），而不应沿法向直接切入零件。

如果在铣削轮廓过程中，无法采用在延长线上切入与切出的方式时，可采用如图 2—2 所示的过渡圆弧切入与切出方式。当实在无法实现切线方向切入与切出时，才采用法线方向切入和切出，但须将其切入点、切出点选在零件轮廓两个几何元素的交点处。

图 2—1

图 2—2

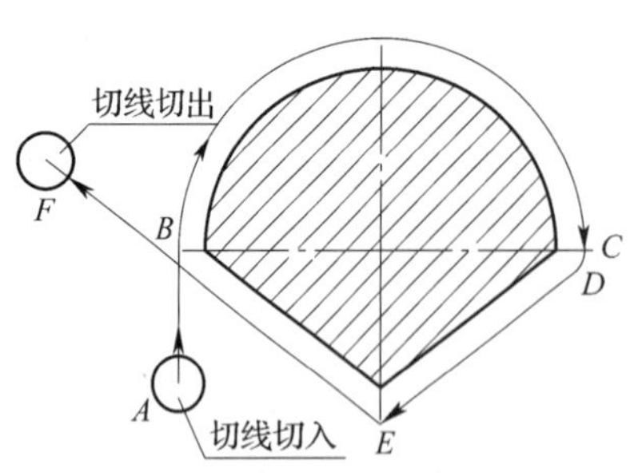

图 2—1 外轮廓切线切入、切出

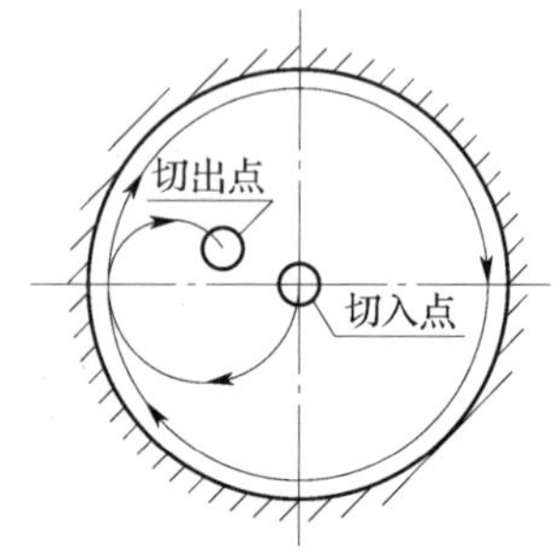

图 2—2 内轮廓切线切入、切出

2. Z 向进刀方式

与加工外轮廓相比，内轮廓加工过程中的主要问题是如何进行 Z 向切深进刀。通常，选择的刀具种类不同，其进刀方式也各不相同。在数控加工中，常用的内轮廓加工 Z 向进刀方式主要有以下几种。

(1) 垂直切深进刀

如图 2—3a 所示，采用垂直切深进刀时，须选择切削刃过中心的键槽铣刀或钻铣刀进行加工，而不能采用立铣刀进行加工（中心处没有切削刃)。另外，由于采用这种进刀方式切削时，刀具中心的切削线速度为零，因此，即使选用键槽铣刀进行加工，也应选择较低的切削进给速度，通常为 XY 平面内切削进给速度的一半。

(2) 钻工艺孔进刀

在内轮廓加工过程中，有时需用立铣刀来加工内型腔，以保证刀具的强度。由于立铣刀无法进行 Z 向垂直切深，此时可选用直径稍小的钻头先加工出工艺孔，如图 2—3b 所示，再用立铣刀进行 Z 向垂直切深进给。

(3) 三轴联动斜线进刀

采用立铣刀加工内轮廓时，还可直接用立铣刀采用三轴联动斜线进刀（图 2—3c）方式，从而避免刀具中心部分参加切削。但这种进刀方式无法实现 Z 向进给与加工轮廓的平滑过渡，容易产生加工痕迹。这种进刀方式的指令为：

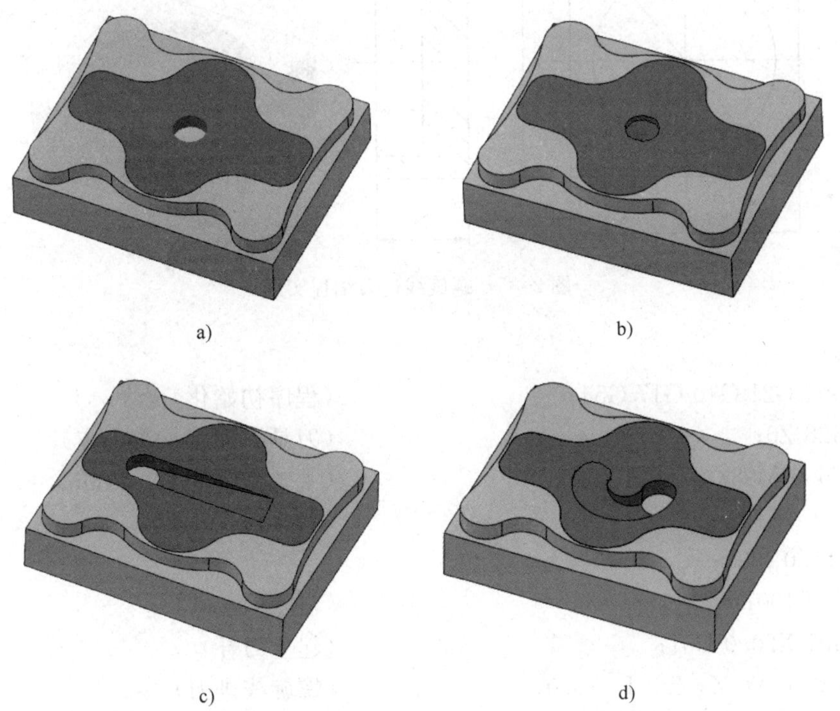

图 2—3　内型腔的 Z 向进刀方式

a) 垂直切深进刀　b) 钻工艺孔进刀　c) 三轴联动斜线进刀　d) 三轴联动螺旋线进刀

```
G01 X20.0 Y25.0 Z0;          (定位至起刀点)
    X-20.0 Z-8.0;            (斜线进刀)
```

(4) 三轴联动螺旋线进刀

采用三轴联动的另一种进刀方式是螺旋线进刀（图 2—3d）方式。这种进刀方式容易实现 Z 向进刀与加工轮廓的平滑过渡，不会产生加工过程中的刀具接痕。因此，在手工编程和自动编程的内轮廓铣削中广泛使用这种进刀方式。螺旋线进刀的刀具轨迹如图 2—4 所示，其指令格式为：

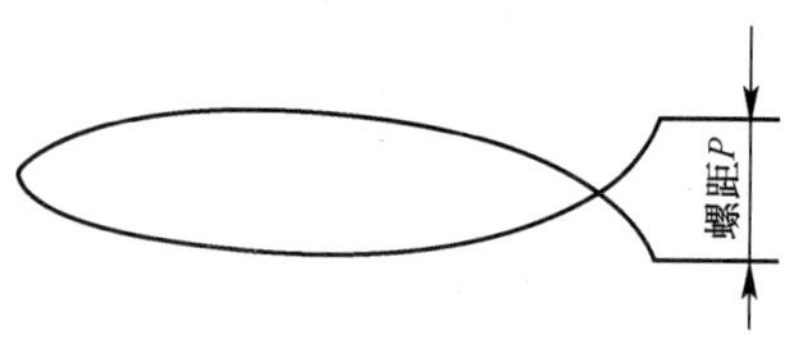

图 2—4 螺旋线进刀的刀具轨迹

G02/G03 X_ Y_ Z_ R_；　　（非整圆加工的螺旋线进刀指令）

G02/G03 X_ Y_ Z_ I_ J_ K_；　　（整圆加工的螺旋线进刀指令）

X_ Y_ Z_——螺旋线的终点坐标。

R_——螺旋线的半径。

I_ J_ K_——螺旋线起点到圆心的矢量值。

例 采用 ϕ16 mm 的立铣刀加工如图 2—5 所示的内孔，编写其加工程序。

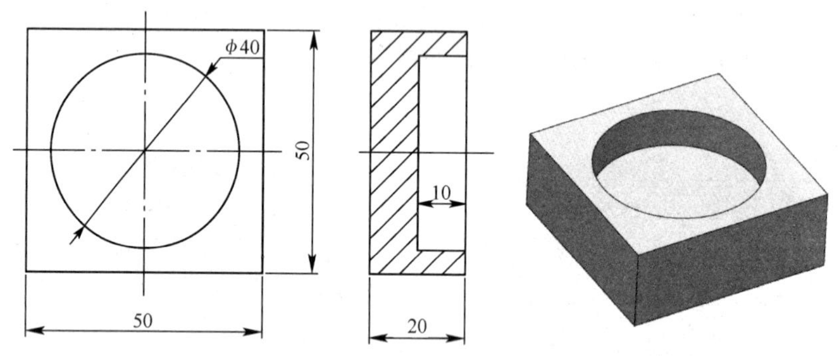

图 2—5 螺旋线进刀编程实例

```
O0045;
G90 G94 G21 G40 G17 G54;        (程序初始化)
G91 G28 Z0;                     (刀具返回 Z 向参考点)
M03 S600 M08;                   (主轴正转，600 r/min)
G90 G00 X0 Y0;                  (刀具定位)
    Z10.0 M08;
G01 Z0 F100;
G41 G01 X20.0 D01;              (建立刀补)
G03 X20.0 Y0 Z-5.0 I-20.0;      (螺旋线进刀)
G03 Z-10.0 I-20.0;
G03 I-20.0;
G40 G01 X-10.0 Y0;              (取消刀补，同时去除中间余量)
```

G91 G28 Z0 M09；　　　　（刀具返回 Z 向参考点）
M05；　　　　（主轴停转）
M30；　　　　（程序结束）

3. 凹槽切削方法选择

凹槽切削方法有三种，即行切法（图 2—6a）、环切法（图 2—6b）和先行切后环切法（图 2—6c）。三种方案中，图 2—6a 的方案最差，图 2—6c 的方案最好。

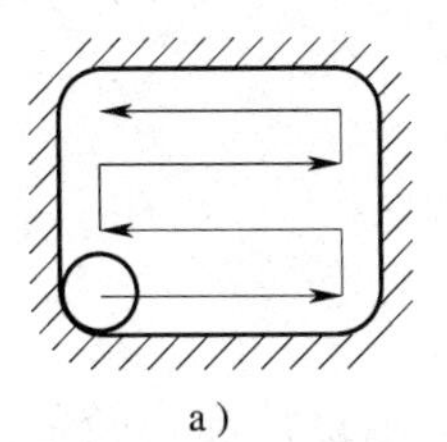
a）

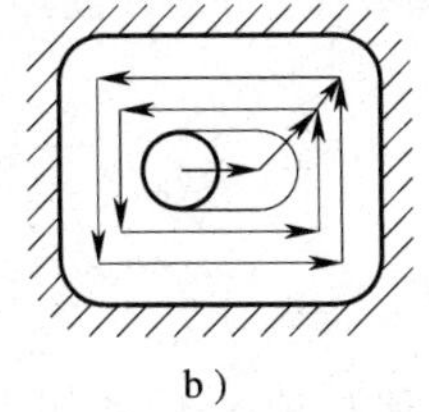
b）

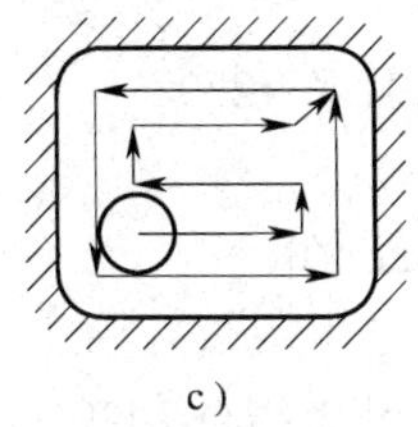
c）

图 2—6　凹槽切削方法
a）行切法　b）环切法　c）先行切后环切法

图 2—6a

图 2—6b

图 2—6c

二、子程序在轮廓加工过程中的运用

1. 子程序的概念

（1）子程序的定义

机床的加工程序可以分为主程序和子程序两种。主程序是指一个完整的零件加工程序，或是零件加工程序的主体部分。它和被加工零件或加工要求一一对应。

在编制加工程序中，有时会遇到一组程序段在一个程序中多次出现，或者在几个程序中都要使用的情况。这个典型的加工程序可以做成固定程序，并单独加以命名，这组程序段就称为子程序。

子程序一般都不可作为独立的加工程序使用，只能通过调用，实现加工中的局部动作。子程序执行结束后，能自动返回调用的主程序中。

（2）子程序的嵌套

为了进一步简化程序，可以让子程序调用另一个子程序，这一功能称为子程序的嵌套。

当主程序调用子程序时，该子程序被认为是一级子程序。系统不同，其子程序的嵌套级数也不相同。如图 2—7 所示，在 FANUC 0i 系统中，子程序可以嵌套 4 级。

2. 子程序的格式与调用

（1）子程序的格式

在 FANUC 系统中，子程序和主程序并无本质区别。子程序和主程序在程序号及程序内容方面基本相同，但结束标记不同。主程序用 M02 或 M30 表示主程序结束，而子程序则用 M99 表示子程序结束，并实现自动返回主程序的功能。子程序格式为：

O0100；

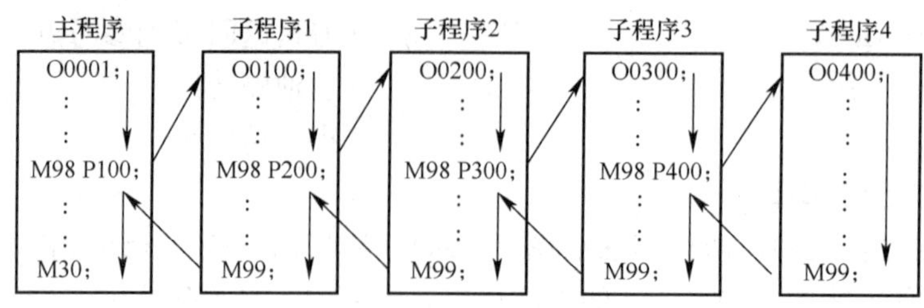

图 2—7 子程序嵌套

G91 G01 Z-2.0;

……

G91 G28 Z0;

M99;

子程序结束指令 M99 不一定要单独写成一行，如上面程序中最后两行写成“G91 G28 Z0 M99;”也是允许的。

（2）子程序的调用

在 FANUC 系统中，子程序的调用可通过辅助功能代码 M98 指令进行，且在调用格式中将子程序的程序号地址改为 P，其常用的子程序调用格式有两种。

格式一 M98 P×××× L××××；

例 M98 P100 L5；（调用子程序 O0100，5 次）

例 M98 P100； （调用子程序 O0100，1 次）

其中，地址 P 后面的四位数字为子程序号，地址 L 后面的数字表示重复调用的次数，子程序号及调用次数前的 0 可省略不写。如果只调用子程序一次，则地址 L 及其后的数字可省略。

格式二 M98 P××××××××；

例 M98 P50010；（调用子程序 O0010，5 次）

例 M98 P0510； （调用子程序 O0510，1 次）

地址 P 后面的八位数字中，前四位表示调用次数，后四位表示子程序号。采用此种调用格式时，调用次数前的 0 可以省略不写，但子程序号前的 0 不可省略。

子程序的执行过程为

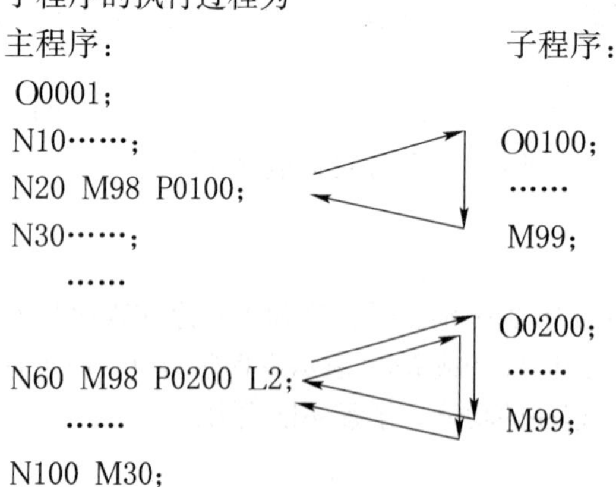

子程序：

O0100;

……

M99;

O0200;

……

M99;

3. 子程序的应用

（1）同平面内多个相同轮廓形状工件的加工

在一次装夹中若要完成多个相同轮廓形状工件的加工，则编程时只编写一个轮廓形状的加工程序，然后用主程序来调用子程序。

例 加工如图 2—8a 所示的两个相同的外形轮廓，采用子程序编程方式编写其数控铣削加工程序。

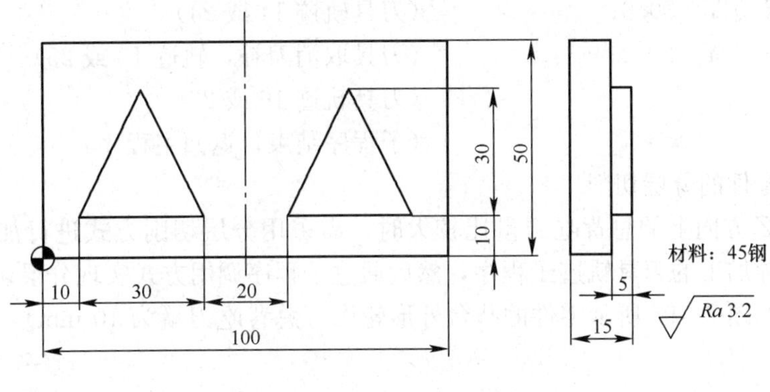

a)

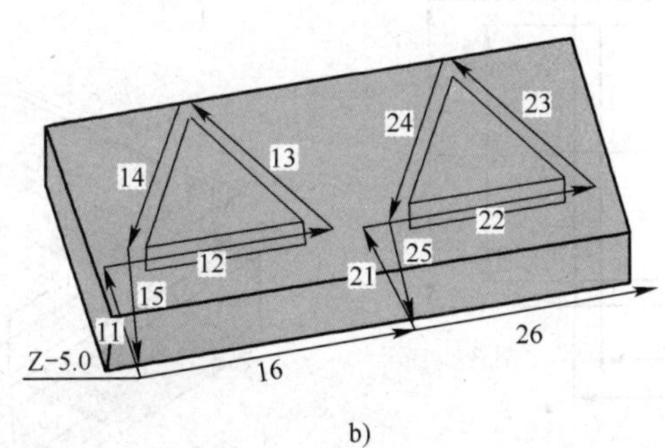

b)

图 2—8 同平面多轮廓子程序加工实例

a）平面图 b）刀具轨迹图

子程序采用增量方式进行编程，加工过程中的刀具轨迹如图 2—8b 所示，加工程序为：

```
O0028;                        (轮廓加工程序)
G90 G94 G21 G40 G17 G54;      (程序初始化)
G91 G28 Z0;                   (刀具返回 Z 向参考点)
M03 S600 M08;                 (主轴正转，600 r/min)
G90 G00 X0 Y-10.0;            (刀具定位)
    Z20.0 M08;
G01 Z-5.0 F100;               (刀具 Z 向进刀)
M98 P100 L2;                  (子程序调用两次)
```

```
G90 G00 Z50.0 M09;
M30;                              (程序结束)
O0100;                            (子程序)
G91 G42 G01 Y20.0 D01 F100;       (图 2—8b 中刀具轨迹 11 或 21)
    X40.0;                        (刀具轨迹 12 或 22)
    X-15.0 Y30.0;                 (刀具轨迹 13 或 23)
    X-15.0 Y-30.0;                (刀具轨迹 14 或 24)
G40 X-10.0 Y-20.0;                (刀具取消刀补，轨迹 15 或 25)
X50.0;                            (刀具轨迹 16 或 26)
M99;                              (子程序结束，返回主程序)
```

（2）实现零件的分层切削

当零件在 Z 方向上的总背吃刀量比较大时，需采用分层切削方式进行加工。实际编程时先编写该轮廓加工的刀具轨迹子程序，然后通过子程序调用方式实现分层切削。

例　加工如图 2—9a 所示零件的凸台外形轮廓（总背吃刀量为 10 mm），编写其数控铣削加工程序。

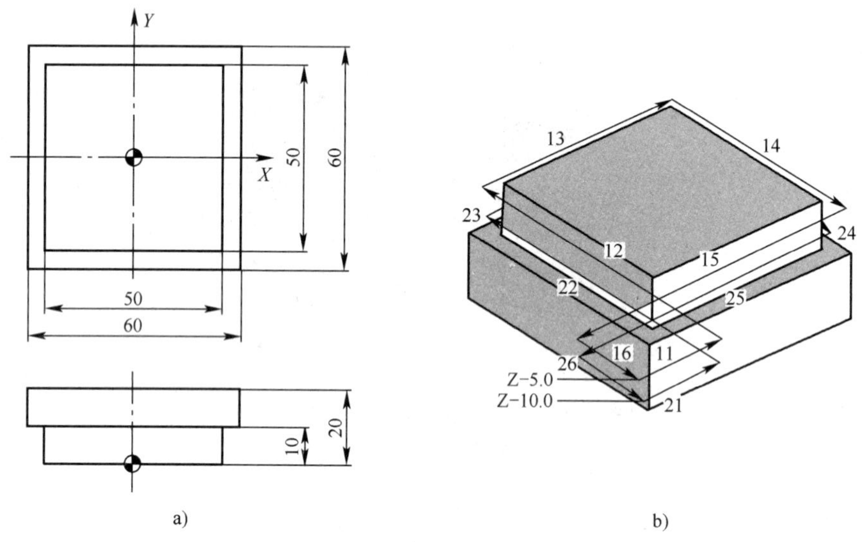

图 2—9　Z 向分层切削子程序编程实例

a）平面图　b）刀具轨迹图

Z 向采用分层切削，每次背吃刀量为 5 mm，子程序调用两次。加工过程中的刀具轨迹如图 2—9b 所示。加工程序为：

```
O0029;                            (轮廓加工程序)
G90 G94 G21 G40 G17 G54;          (程序初始化)
G91 G28 Z0;                       (刀具返回 Z 向参考点)
M03 S600;                         (主轴正转，600 r/min)
```

```
G90 G00 X-40.0 Y-40.0 M08;          (刀具定位)
    Z20.0;
G01 Z0 F100;                        (刀具 Z 向进刀)
M98 P100 L2;                        (子程序调用两次)
G00 Z50.0 M09;
M30;                                (程序结束)
O0100;                              (子程序)
G91 G01 Z-5.0;                      (增量向下移动 5 mm)
G90 G41 G01 X-25.0 D01 F100;        (图 2—9b 中刀具轨迹 11 或 21)
    Y25.0;                          (刀具轨迹 12 或 22)
    X25.0;                          (刀具轨迹 13 或 23)
    Y-25.0;                         (刀具轨迹 14 或 24)
    X-40.0;                         (刀具轨迹 15 或 25)
G40 Y-40.0;                         (取消刀补，轨迹 16 或 26)
M99;                                (子程序结束，返回主程序)
```

(3) 实现程序的优化

加工中心的程序往往包含许多独立的工序。为了优化加工顺序，通常可将每一个独立的工序编写成一个子程序，主程序中只有换刀和调用子程序的命令，从而实现优化程序的目的。

4. 使用子程序的注意事项

(1) 注意主程序、子程序间模式代码的变换

上例中，子程序的起始行用了 G91 模式，从而避免了重复执行子程序过程中刀具在同一深度进行加工。但需要注意及时进行 G90 与 G91 模式的变换。

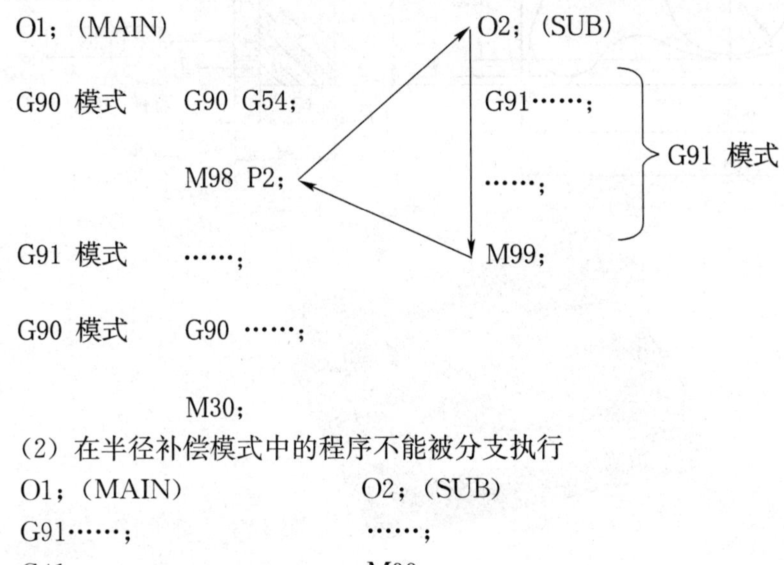

(2) 在半径补偿模式中的程序不能被分支执行

```
O1；(MAIN)          O2；(SUB)
G91……；             ……；
G41……；             M99；
```

M98 P2；

G40……；

M30；

在以上程序中，刀具半径补偿模式在主程序及子程序中被分支执行，在编程过程中应尽量避免编写这种形式的程序。有些系统中如果出现这种刀具半径补偿被分支执行的程序，在程序执行过程中可能出现系统报警。正确的书写格式如下：

O1；(MAIN)	O2；(SUB)
G91……；	G41……；
……；	……；
M98 P2；	G40……；
M30；	M99；

三、轮廓铣削编程实例

1. 内、外轮廓铣削编程实例

例 加工如图 2—10 所示的零件，编写其加工中心加工程序并进行加工。

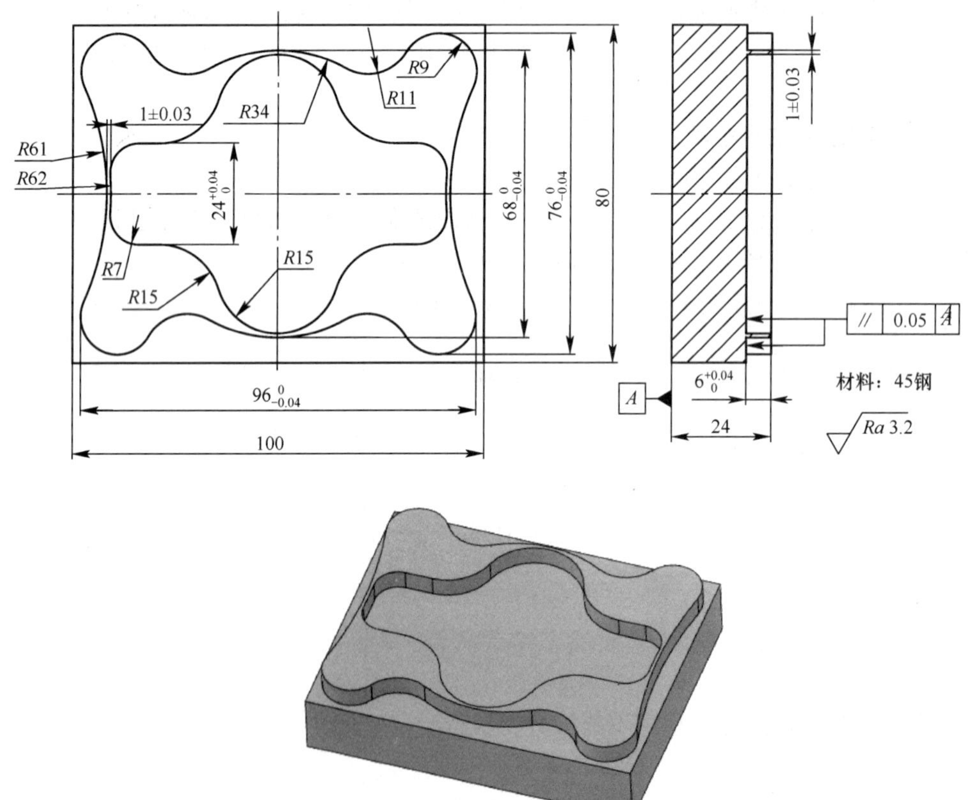

图 2—10 内、外轮廓铣削加工实例

（1）选择刀具及切削用量

选择 ϕ12 mm 的高速钢立铣刀加工内、外轮廓。切削用量推荐值如下：主轴转速 n=600 r/min，进给速度 v_f=100 mm/min，背吃刀量的取值等于型腔深度，取 a_p=6 mm。

（2）设计加工路线

外轮廓采用延长线上切入方式进刀，内轮廓加工时采用螺旋线方式 Z 向切入。刀具刀位点的轨迹如图 2—11 所示。采用 CAD 软件进行基点坐标分析，得出图 2—11 中部分基点坐标如下：

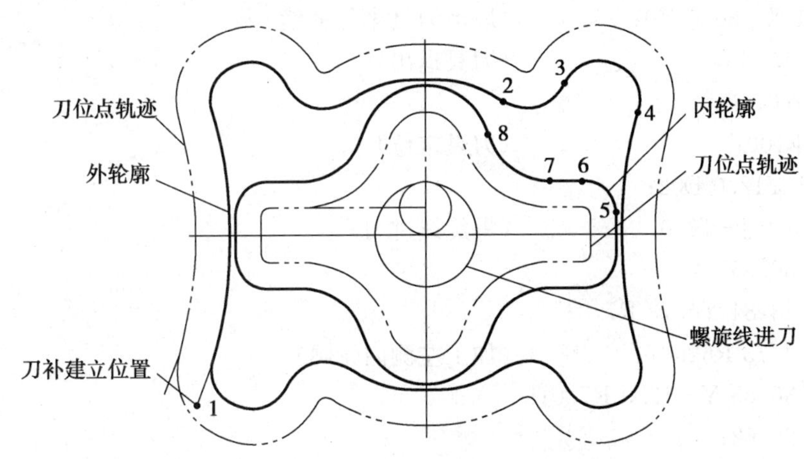

图 2—11　采用刀具半径补偿后的刀位点轨迹

1 点（−50，−35.40）	4 点（47.78，27.01）	7 点（28.62，12.0）
2 点（16.53，29.71）	5 点（43.84，4.73）	8 点（14.31，22.5）
3 点（31.29，33.64）	6 点（36.85，12.0）	

（3）编制加工程序

```
O0082;                          （程序号）
G90 G94 G21 G40 G17 G54;        （程序初始化）
G91 G28 Z0;                     （Z 向回参考点）
M03 S600 M08;                   （主轴正转，切削液开）
G90 G00 X-60.0 Y-50.0;          （刀具在 XY 平面中快速定位）
    Z20.0;                      （刀具 Z 向快速定位）
G01 Z-6.0 F100;                 （Z 向进给速度取 100 mm/min）
G41 G01 X-50.0 Y-35.40 D01;     （轮廓延长线上建立刀补）
G03 X-47.78 Y27.01 R61.0;
G02 X-31.29 Y33.64 R9.0;        （加工左侧外轮廓）
G03 X-16.53 Y29.71 R11.0;
G02 X16.53 R34.0;               （加工上方外轮廓）
G03 X31.29 Y33.64 R11.0;
```

```
G02 X47.78 Y27.01 R9.0;
G03 Y-27.01 R61.0;              (加工右侧外轮廓)
G02 X31.29 Y-33.64 R9.0;
G03 X16.53 Y-29.71 R11.0;
G02 X-16.53 R34.0;
G03 X-31.29 Y-33.64 R11.0;(加工下方外轮廓)
G02 X-47.78 Y-27.01 R9.0;
G40 G01 X-60.0 Y0;              (取消刀具半径补偿)
G00 Z5.0;                       (刀具退出)
G00 X0 Y0;
G01 Z0 F100;                    (刀具定位)
G41 G01 Y12.0 D02;
G03 Z-6.0 J-12.0;               (螺旋线进刀)
G01 X-36.85;
G03 X-43.84 Y4.73 R7.0;
G02 Y-4.73 R62.0;               (加工左侧内轮廓)
G03 X-36.85 Y-12.0 R7.0;
G01 X-28.62;
G02 X-14.31 Y-22.5 R15.0;
G03 X14.31 R15.0;               (加工下方内轮廓)
G02 X28.62 Y-12.0 R15.0;
G01 X36.85;
G03 X43.84 Y-4.73 R7.0;
G02 Y4.73 R62.0;                (加工右侧内轮廓)
G03 X36.85 Y12.0 R7.0;
G01 X28.62;
G02 X14.31 Y22.5  R15.0;
G03 X14.31 R15.0;               (加工上方内轮廓)
G02 X-28.62 Y12.0 R15.0;
G40 G01 X0 Y0;                  (取消半径补偿)
M05;                            (程序结束)
G91 G28 Z0;
M30;
```

2. 外轮廓铣削编程实例

例 选用 ϕ16 mm 立铣刀在 ϕ80 mm×40 mm 的圆钢毛坯上加工如图 2—12 所示的外形轮廓，编写其加工中心加工程序。

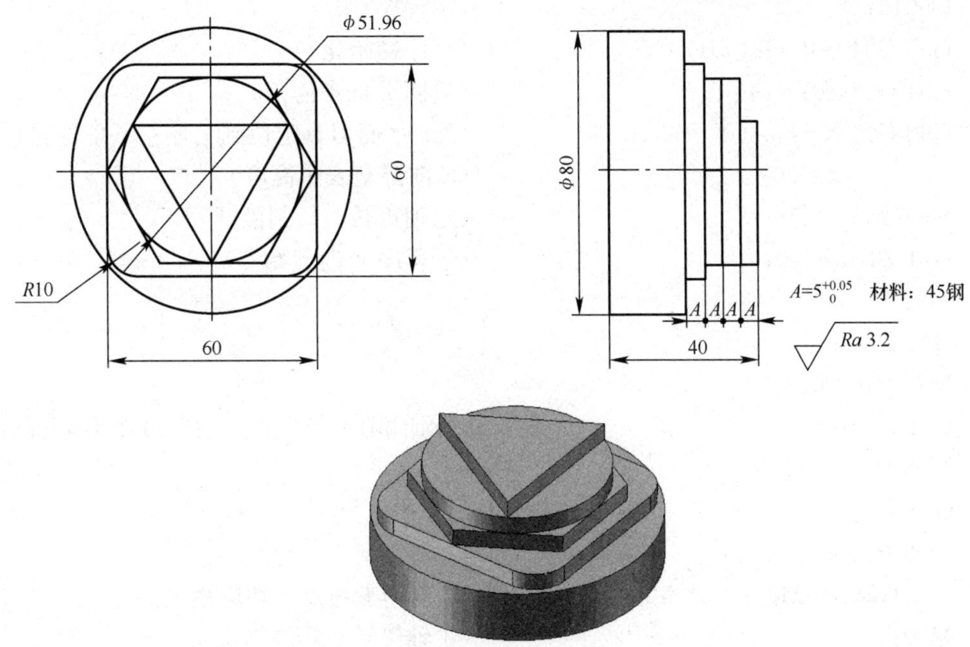

图 2—12 外轮廓铣削编程实例

（1）设计加工路线

上述工件可以用四个相对独立的程序来加工四个不同的轮廓。为了实现程序优化，可采用子程序进行编程。

由于轮廓 Z 向背吃刀量较大，因此，轮廓 Z 向采用子程序分层切削的方法进行，Z 向每次背吃刀量为 5 mm。四方形凸台总背吃刀量为 20 mm，Z 向分四层切削。六边形、圆形、三角形凸台的分层切削次数依次为 3 次、2 次和 1 次。

分层切削时，为了避免出现分层切削的接刀痕迹，可通过修改刀具半径补偿值留出精加工余量，等分层切削完成后，再在总深度方向进行一次精加工。精加工前，须对刀具半径补偿值、主程序中对子程序调用次数（改成 1 次）和子程序 Z 向背吃刀量（改成等于总背吃刀量）进行修改。

（2）计算基点坐标

如图 2—13 所示，利用三角函数进行计算，计算结果如下：

A（−15.0，−25.98） G（0，−25.98）

B（−30.0，0） H（−22.5，12.99）

C（−15.0，25.98） I（−22.5，12.99）

D（15.0，25.98） M（−5.0，−43.30）

E（30.0，0） N（−25.0，−25.98）

F（15.0，−25.98）

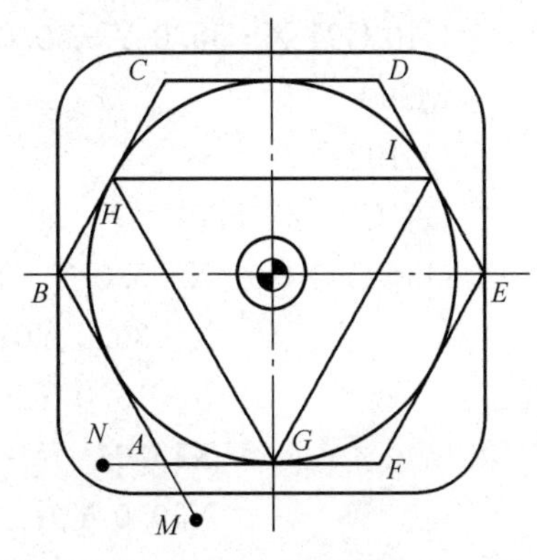

图 2—13 基点坐标

（3）编制加工程序

```
O0010；                          （主程序）
G90 G94 G40 G21 G17 G54；        （程序初始化）
G91 G28 Z0；                     （返回 Z 向参考点）
G90 G00 X-50.0 Y-50.0；          （XY 平面刀具定位到毛坯左下角外侧）
        Z30.0；                  （Z 向降至安全高度）
S600 M03 M08；                   （主轴正转，切削液开）
G01 Z0.0 F100；                  （子程序 Z 向起始点）
M98 P101 L4；
G01 Z0.0；
M98 P102 L3
G01 Z0.0；                       （分别调用 4 个子程序，加工 4 个不同的凸台轮廓）
M98 P103 L2；
G01 Z0.0；
M98 P104；
G91 G28 Z0 M09；                 （Z 向回参考点，切削液关）
M30；                            （主轴停转，程序结束）
O0101；                          （四方圆弧角凸台轮廓子程序）
G91 G01 Z-5.0；                  （Z 向分层切削，每次背吃刀量为 5 mm）
G90 G41 G01 X30.0 D01；          （刀补建在轮廓切线延长线上）
    Y20.0；
G02 X-20.0 Y30.0 R10.0；         （四方圆弧角凸台轮廓铣削）
G01 X20.0；
G02 X30.0 Y20.0 R10.0；
G01 Y-20.0；
G02 X20.0 Y-30.0 R10.0；
G01 X-20.0；
G02 X-30.0 Y-20.0 R10.0；
G40 G01 X-50.0 Y-50.0；          （取消刀具半径补偿）
M99；                            （子程序调用 4 次，返回主程序）
O0102；                          （六方凸台轮廓子程序）
G91G01 Z-5.0；                   （Z 向分层切削，每次背吃刀量为 5 mm）
G90 G41 G01 X-5.0 Y-43.30 D01；  （切线切入，图 2—13 中的 M 点）
            X-30.0 Y0；
            X-15.0 Y25.98；
            X15.0；              （六方凸台轮廓加工）
            X30.0 Y0；
            X15.0 Y-25.98；
```

```
        X-25.0;                       (切线切出，图 2—13 中的 N 点)
G40 G01 X-50.0 Y-50.0;                (取消刀具半径补偿)
M99;                                  (子程序调用 3 次，返回主程序)
O0103;                                (圆形凸台轮廓子程序)
G91 G01 Z-5.0;                        (Z 向分层切削，每次背吃刀量为 5 mm)
G90 G41 G01 X15.0 Y-25.98 D01;        (切线切入，图 2—13 中的 F 点)
        X0;
G02 X0 Y-25.98 I0 J25.98;             (圆形凸台轮廓加工，用 I__ J__编程)
    X-15.0;                           (切线切出，图 2—13 中的 A 点)
G40 G01 X-50.0 Y-50.0;                (取消刀具半径补偿)
M99;                                  (子程序调用 2 次，返回主程序)
O0104;                                (三角形凸台轮廓子程序)
G91 G01 Z-5.0;                        (Z 向分层切削，每次背吃刀量为 5 mm)
G90 G41 G01 X10.0 Y-43.30 D01;        (切线切入)
        X-22.50 Y12.99;               (三角形凸台轮廓加工)
        X22.5;
        X-10.0 Y-43.30;               (切线切出)
G40 G01 X-50.0 Y-50.0;                (取消刀具半径补偿)
M99;                                  (子程序调用 1 次，返回主程序)
```

 **提示**

刀具半径补偿通常建立在子程序中，且不能被分支。

第三节　FANUC 0i 系统孔加工固定循环功能

FANUC 0i 系统数控铣床/加工中心配备的固定循环功能主要用于孔加工，包括钻孔、镗孔、攻螺纹等。使用一个程序段可以完成一个孔加工的全部动作（钻孔进刀、退刀、孔底暂停等），如果孔加工的动作无须变更，则程序中所有模态数据可以不写，从而达到简化程序、减少编程工作量的目的。FANUC 0i 系统孔加工固定循环指令见表 2—2。

表 2—2　　FANUC 0i 系统孔加工固定循环指令

G 代码	进刀动作（-Z 方向）	孔底动作	退刀动作（+Z 方向）	用途
G73	间歇进给	—	快速进给	高速深孔加工循环
G74	切削进给	暂停、主轴正转	切削进给	左旋螺纹攻螺纹循环
G76	切削进给	主轴准停	快速进给	精镗

续表

G代码	进刀动作（-Z方向）	孔底动作	退刀动作（+Z方向）	用途
G80	—	—	—	取消固定循环
G81	切削进给	—	快速进给	钻孔
G82	切削进给	暂停	快速进给	锪孔、镗台阶孔
G83	间歇进给	—	快速进给	深孔加工循环
G84	切削进给	暂停、主轴反转	切削进给	右旋螺纹攻螺纹循环
G85	切削进给	—	切削进给	镗孔
G86	切削进给	主轴停	快速进给	镗孔
G87	切削进给	主轴正转	快速进给	反镗孔
G88	切削进给	暂停、主轴停转	手动	镗孔
G89	切削进给	暂停	切削进给	镗孔

一、孔加工固定循环概述

1. 孔加工固定循环的动作组成

孔加工固定循环动作如图2—14所示，通常由以下六个动作组成：

动作1（*AB*段）：快速在G17平面定位。

动作2（*BR*段）：*Z*向快速进给到*R*点。

动作3（*RZ*段）：*Z*向切削进给，进行孔加工。

动作4（*Z*点）：孔底部的动作。

动作5（*ZR*段）：*Z*向退刀。

动作6（*RB*段）：*Z*向快速回到起始位置。

2. 孔加工固定循环指令的基本格式（G73～G89）

孔加工固定循环指令的通用指令格式为：

G73～G89 X__ Y__ Z__ R__ Q__ P__ F__ K__；

X__ Y__——指定孔在*XY*平面内定位。

Z__——孔底平面的*Z*坐标位置。

R__——*R*点所在平面的*Z*坐标位置。

Q__——当间歇进给时，刀具每次加工深度。

P__——指定刀具在孔底的暂停时间，数字不加小数点，以ms为时间单位。

F__——孔加工切削进给时的进给速度。

K__——指定孔加工循环的次数。

图2—14

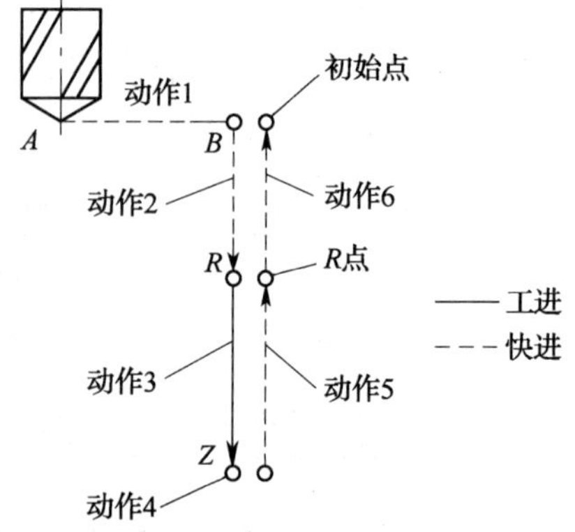

图2—14　孔加工固定循环动作

上述孔加工固定循环指令中的参数并不是每一种孔加工固定循环的编程都要全部用到。除参数 K 外，其他都是模态代码参数，只有在循环取消时才被清除。因此，指令一经指定，在后面的重复加工中不必重新指定。

取消孔加工固定循环采用 G80 指令。另外，如果在孔加工固定循环中出现 01 组的 G 代码，则孔加工固定循环也会自动取消。

3. 孔加工固定循环的平面

（1）初始平面

初始平面是为安全进刀而规定的一个平面。初始平面可以设定在任意一个安全高度上。当使用同一把刀具加工多个孔时，刀具在初始平面内的任意移动将不会与夹具、工件凸台等发生干涉。

（2）*R* 点平面

R 点平面又叫 *R* 参考平面。这个平面是刀具进刀时，自快进转为工进的高度平面，距工件表面的距离主要考虑到工件表面的尺寸变化，一般情况下取 2～5 mm（图 2—15）。

（3）孔底平面

加工不通孔时，孔底平面就是孔底的 *Z* 向高度。而加工通孔时，除要考虑孔底平面的位置外，还要考虑刀具超越量（图 2—15 中 *Z* 点），以保证所有孔深都加工到尺寸。

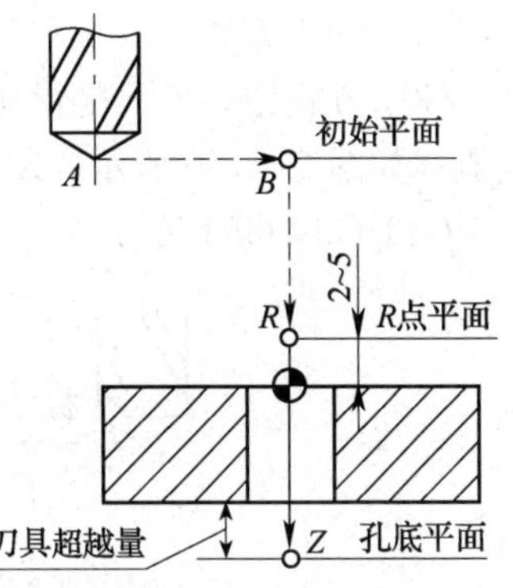

图 2—15　孔加工的平面

图 2—15

4. 刀具从孔底返回的方式

当刀具加工到孔底平面后，刀具从孔底平面以两种方式返回，即返回到初始平面和返回到 *R* 点平面，分别用指令 G98 与 G99 来指定。

（1）G98 方式

G98 表示刀具返回到初始平面，如图 2—16a 所示。一般采用固定循环加工孔系时不用返回到初始平面，只有在全部孔加工完成后或孔之间存在凸台或夹具等干涉件时，才回到初始平面。G98 指令格式为：

G98 G81 X＿ Y＿ Z＿ R＿ F＿ K＿；

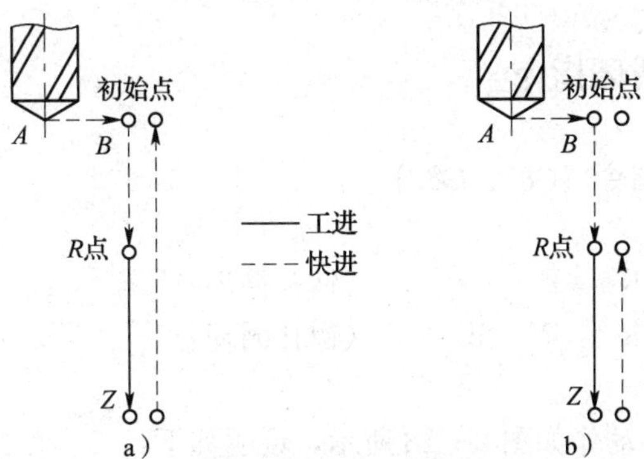

图 2—16　孔加工的返回方式

a）G98 方式　b）G99 方式

图 2—16a

图 2—16b

（2）G99 方式

G99 表示刀具返回到 R 点平面，如图 2—16b 所示。在没有凸台等干涉件的情况下，加工孔系时，为了节省孔系的加工时间，刀具一般返回到 R 点平面。G99 指令格式为：

G99 G81 X＿ Y＿ Z＿ R＿ F＿ K＿；

5. **孔加工固定循环中的绝对坐标与增量坐标**

孔加工固定循环中 R＿与 Z＿的指定与 G90/G91 方式的选择有关，而 Q＿与 G90/G91 方式无关。

（1）G90 方式

G90 方式中，R＿与 Z＿是指相对于工件坐标系的 Z 向坐标值，如图 2—17a 所示。此时，R＿一般为正值，而 Z＿一般为负值。

G90 G99 G83 X＿ Y＿Z－20.0 R5.0 Q5.0 F＿ K＿；

（2）G91 方式

G91 方式中，R＿是指从初始点到 R 点的矢量值，而 Z＿是指从 R 点到孔底平面的矢量值。如图 2—17b 所示，R＿与 Z＿（G87 例外）均为负值。

G91 G99 G83 X＿ Y＿Z－25.0 R－30.0 Q5.0 F＿ K＿；

图 2—17a

图 2—17b

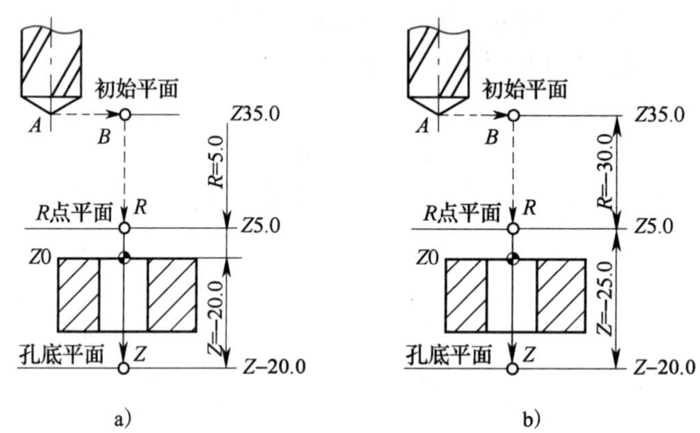

图 2—17　孔加工固定循环中的绝对坐标与增量坐标

a）G90 方式　b）G91 方式

二、孔加工固定循环指令

1. 钻孔与锪孔循环指令（G81、G82）

（1）指令格式

G81 X＿ Y＿ Z＿ R＿ F＿；　　　（钻孔循环）

G82 X＿ Y＿ Z＿ R＿ P＿ F＿；（锪孔循环）

（2）动作说明

钻孔循环与锪孔循环动作如图 2—18 所示，说明如下：

G81 指令用于正常钻孔，切削进给执行到孔底，然后刀具从孔底快速退回，如图 2—18a 所示。

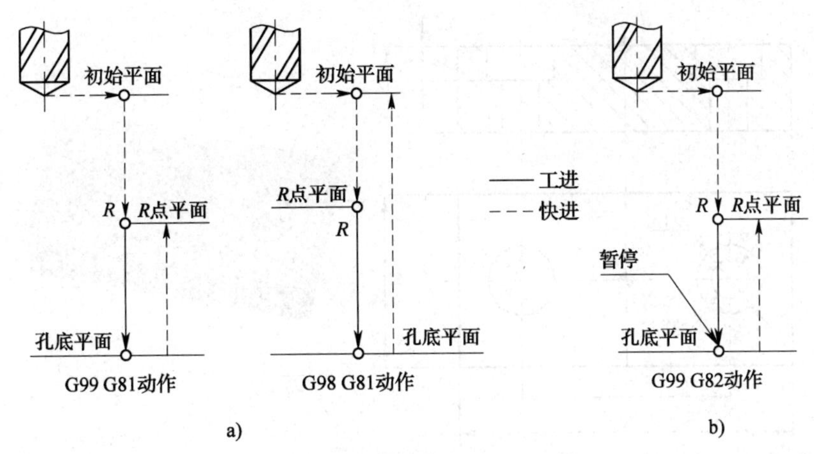

图 2—18 钻孔循环与锪孔循环动作
a）钻孔循环 b）锪孔循环

图 2—18a

图 2—18b

图 2—18c

G82 动作类似于 G81，只是在孔底增加了进给后的暂停动作，如图 2—18b 所示。因此，在不通孔加工中提高了孔底表面质量。该指令常用于锪孔或台阶孔加工。

（3）编程实例

例 加工如图 2—19 所示的孔，用 G81 或 G82 指令及 G90 方式进行编程。

```
O0002;
G90 G94 G40 G80 G21 G54;                    （程序初始化）
G91 G28 Z0;
T01 M06;                                    （换 1 号刀，φ9 mm 钻头）
G90 G00 X0 Y0;                              （G17 平面快速定位）
M03 S800;                                   （主轴正转）
G43 Z20.0 H01 M08;                          （Z 向快速定位到初始平面）
G99 G81 X25.0 Y0 Z-25.0 R5.0 F80;           （加工两个孔）
    X-25.0;
G80 G49 M09;                                （取消固定循环，取消刀具长度补偿）
G91 G28 Z0;
T02 M06;                                    （换 φ16 mm 立铣刀）
G90 G00 X0 Y0;
M03 S600;
G43 Z20.0 H02 M08;                          （Z 向快速定位到初始平面）
G99 G82 X25.0 Y0 Z-8.0 R5.0 P1000 F80;
        X-25.0;                             （加工两个孔，孔底暂停 1 s）
G80 G49 M09;                                （取消固定循环，取消刀具长度补偿）
G91 G28 Z0;
M30;
```

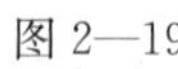
图 2—19

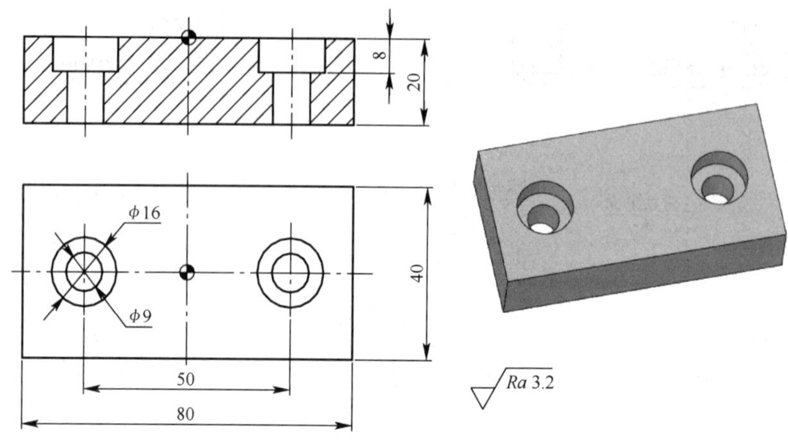

图 2—19　钻孔与锪孔编程实例

2. 钻深孔循环指令（G73、G83）

G73 和 G83 指令一般用于较深孔的加工，又称为啄式孔加工指令。

（1）指令格式

G73 X__ Y__ Z__ R__ Q__ F__；

G83 X__ Y__ Z__ R__ Q__ F__；

（2）动作说明

钻深孔循环动作如图 2—20 所示，说明如下：

图 2—20a

图 2—20b

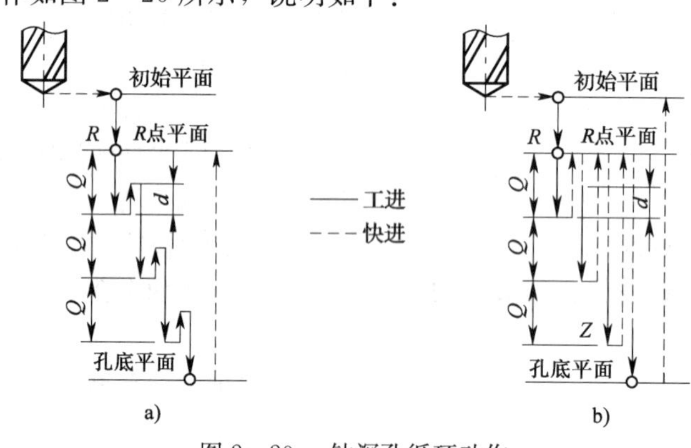

图 2—20　钻深孔循环动作

a）G99 G73 动作　b）G98 G83 动作

G73 指令通过 Z 轴方向的啄式进给可以较容易地实现断屑，如图 2—20a 所示。指令中的 Q 值是指每一次的背吃刀量（均为正值）。d 值由机床系统指定，无须编程操作人员指定。

G83 指令同样通过 Z 轴方向的啄式进给来实现断屑与排屑。但与 G73 指令不同的是，刀具间歇进给后快速回退到 R 点，再快速进给到 Z 向距上次切削孔底平面 d 处，从该点处快进变成工进，工进距离为 $Q+d$，如图 2—20b 所示。

（3）编程实例

例　加工如图 2—21 所示的深孔，用 G73 或 G83 指令及 G90 方式进行编程。

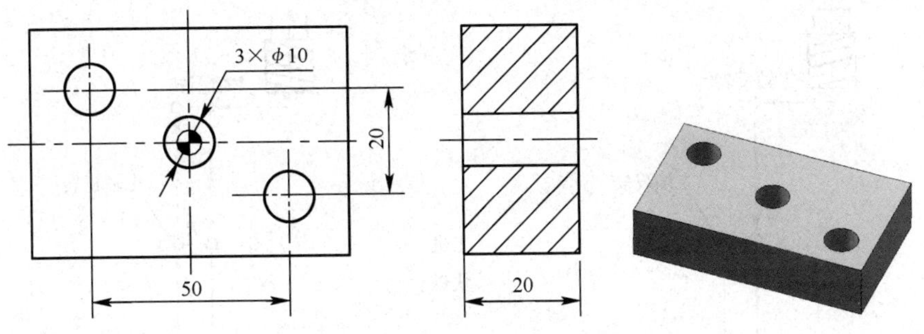

图 2—21 钻深孔编程实例

```
O0001;
G90 G94 G40 G80 G21 G54;                     (程序初始化)
G91 G28 Z0;                                  (退刀至 Z 向参考点)
M03 S600;                                    (主轴正转)
G90 G00 X-25.0 Y10.0;                        (G17 平面快速定位)
G43 Z30.0 H01 M08;                           (Z 向快速定位到初始平面)
G99 G73 X-25.0 Y10.0 Z-25.0 R3.0 Q5.0 F60;   (固定循环开始)
        X0 Y0;                               (在 R 点平面定位到下一点开始循环)
        X25.0 Y-10.0;
G80 G49 M09;                                 (取消固定循环，取消刀具长度补偿)
G91 G28 Z0;
M30;
```

3. 左旋、右旋螺纹攻螺纹循环指令（G74、G84）

（1）指令格式

G74 X_ Y_ Z_ R_ P_ F_;　　（左旋螺纹攻螺纹循环）

G84 X_ Y_ Z_ R_ P_ F_;　　（右旋螺纹攻螺纹循环）

（2）动作说明

攻螺纹循环动作如图 2—22 所示。

G74 为左旋螺纹攻螺纹循环指令，用于加工左旋螺纹。执行该循环指令时，主轴反转，在 G17 平面快速定位后快速移动到 *R* 点，执行攻螺纹到达孔底后，主轴正转退回到 *R* 点，完成攻螺纹动作，如图 2—22a 所示。

G84 指令的动作与 G74 基本类似，只是 G84 用于加工右旋螺纹。执行该循环时，主轴正转，在 G17 平面快速定位后快速移动到 *R* 点，攻螺纹到达孔底后，主轴反转退回 *R* 点，完成攻螺纹动作，如图 2—22b 所示。

攻螺纹时进给量根据不同的进给模式指定。当采用每分钟进给量（G94）模式时，进给量＝导程×转速。当采用每转进给量（G95）模式时，进给量＝导程。

在指定 G74 前，应先使主轴反转。另外，在 G74 与 G84 攻螺纹期间，进给倍率、进给保持均被忽略。

图 2—22a

图 2—22b

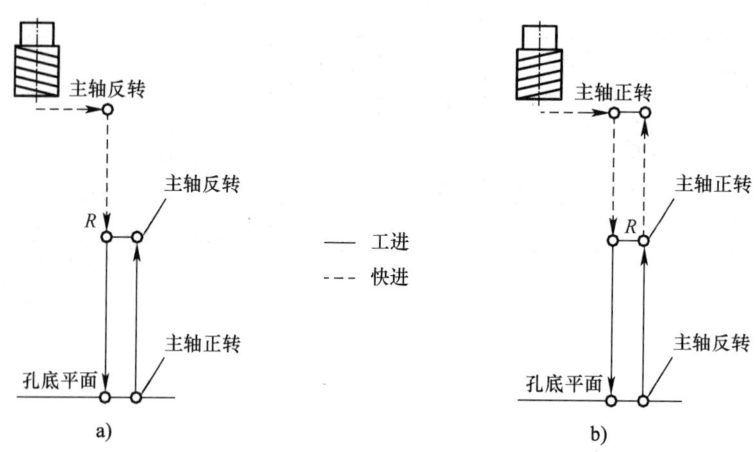

图 2—22　攻螺纹循环动作

a）G99 G74 动作　b）G98 G84 动作

（3）编程实例

例　用攻螺纹循环指令编写如图 2—23 所示两个螺纹孔的加工程序。

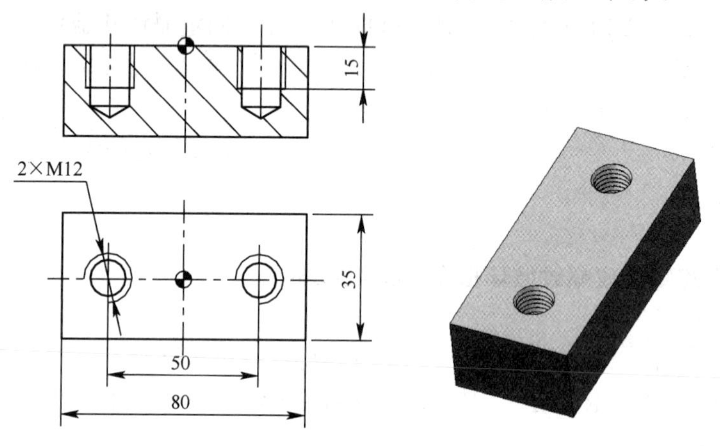

图 2—23　攻螺纹编程实例

```
O0004;
……
G95 G90 G00 X0 Y0;
G99 G84 X25.0 Z-15.0 R3.0 F1.75;        (粗牙螺纹，螺距为 1.75 mm)
        X-25.0;
G80 G94 G49 M09;
G91 G28 Z0;
M30;
```

4. 粗镗孔循环指令（G85、G86、G88、G89）

常用的粗镗孔循环指令有 G85、G86、G88、G89 四种，其指令格式与钻孔动作基本相同。

（1）指令格式

G85 X＿ Y＿ Z＿ R＿ F＿；

G86 X＿ Y＿ Z＿ R＿ P＿ F＿；

G88 X＿ Y＿ Z＿ R＿ P＿ F＿；

G89 X＿ Y＿ Z＿ R＿ P＿ F＿；

（2）动作说明

粗镗孔循环动作如图 2—24 所示。

图 2—24a

图 2—24b

图 2—24c

图 2—24d

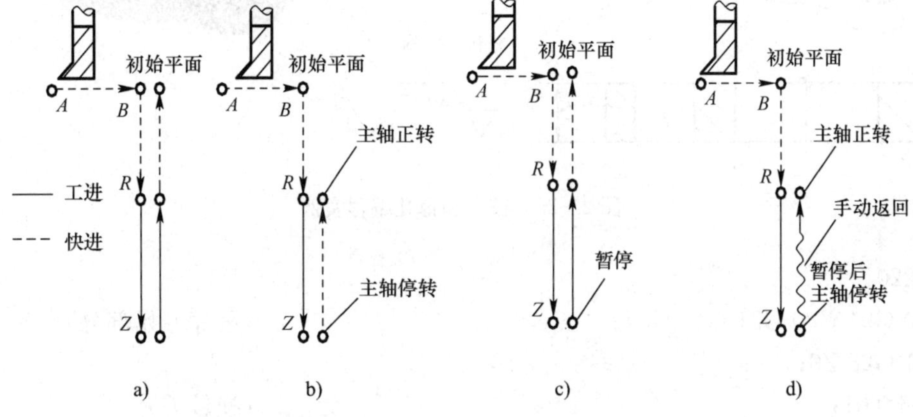

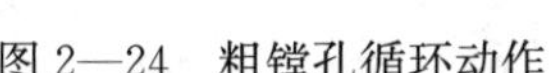

图 2—24　粗镗孔循环动作

a）G85 G98 动作　b）G86 G99 动作　c）G89 G98 动作　d）G88 G99 动作

执行 G85 循环指令时，刀具以切削进给方式加工到孔底，然后以切削进给方式返回到 *R* 点平面，如图 2—24a 所示。因此，该指令除可用于较精密的镗孔外，还可用于铰孔、扩孔。

执行 G86 循环指令时，刀具以切削进给方式加工到孔底，然后主轴停转，刀具快速返回 *R* 点平面后，主轴正转，如图 2—24b 所示。因为刀具在返回过程中容易在工件表面划出条痕，所以该指令常用于精度或表面质量要求不高的镗孔。

G89 动作与 G85 动作基本类似，不同的是 G89 动作在孔底增加了暂停（图 2—24c）。因此，该指令常用于台阶孔的加工。

执行 G88 循环指令时，刀具以切削进给方式加工到孔底，刀具在孔底暂停后主轴停转；这时，可通过手动方式从孔中安全退出刀具，再开始自动加工，*Z* 向快速返回 *R* 点平面，主轴恢复正转，如图 2—24d 所示。此种方式虽能提高孔的加工精度，但加工效率较低。

（3）编程实例

例　精加工如图 2—25 所示零件中的四个孔（加工前底孔直径已分别加工至 ϕ11.8 mm 和 ϕ29.5 mm），编写该零件的数控加工程序。

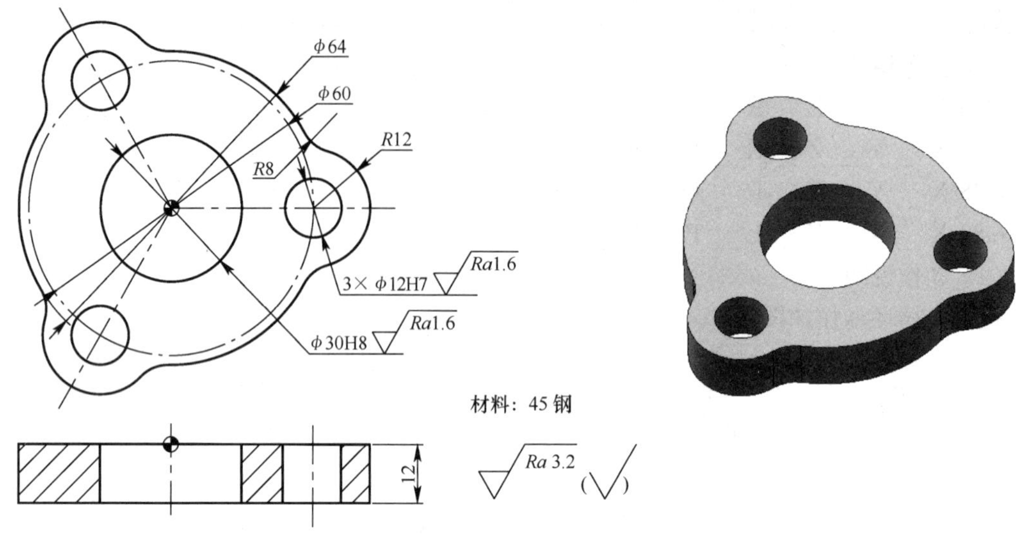

图 2—25 铰孔和镗孔编程实例

O0220；	
G90 G94 G80 G21 G17 G54；	（程序开始部分）
G91 G28 Z0；	
M06 T01；	（换铰刀）
S200 M03；	（换转速）
G90 G43 G00 Z30.0 H01；	（刀具定位）
G85 X30.0 Y0 Z－16.0 R5.0 F60 M08；	
X－15.0 Y25.98；	（铰 φ12 mm 孔）
Y－25.98；	
G80 G49 M09；	（取消固定循环）
G91 G28 Z0 M05；	
M06 T02；	（换 φ30 mm 镗刀）
S1200 M03；	
G90 G00 X0 Y0 M08；	（刀具换转速并定位）
G43 Z30.0 H02；	
G85 X0 Y0 Z－15.0 R5.0 F60；	（镗孔）
G80 G49 M05；	（取消固定循环）
G91 G28 Z0 M09；	（程序结束）
M30；	

5. 精镗孔循环指令（G76、G87）

（1）指令格式

G76 X_ Y_ Z_ R_ Q_ P_ F_；

G87 X__ Y__ Z__ R__ Q__ F__；

（2）动作说明

G76 指令主要用于精镗孔加工，其动作如图 2—26a 所示。执行 G76 循环，刀具以切削进给方式加工到孔底，实现主轴准停，刀具向刀尖相反方向移动 Q，使刀具脱离工件表面，保证刀具不擦伤工件表面，然后快速退刀至 R 点平面，刀具正转。

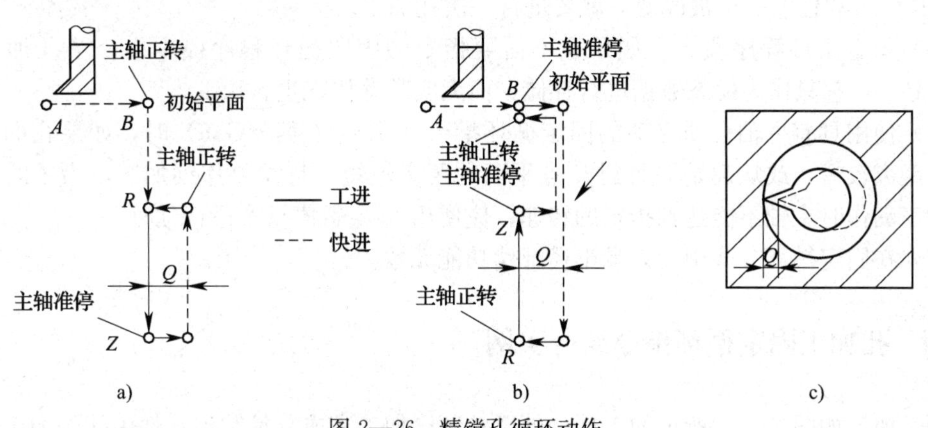

图 2—26a

图 2—26b

图 2—26 精镗孔循环动作

a）G76 G99 动作 b）G87 G98 动作 c）主轴准停动作

执行 G87 循环指令，刀具在 G17 平面内定位后，主轴准停，刀具向刀尖相反方向偏移 Q，然后快速移动到孔底（R 点），在这个位置刀具按原偏移量反向移动相同的 Q 值，主轴正转并以切削进给方式加工到 Z 平面，主轴再次准停，并沿刀尖相反方向偏移 Q，快速提刀至初始平面并按原偏移量返回到 G17 平面的定位点，主轴开始正转，循环结束，如图 2—26b 所示。由于 G87 循环刀尖无须在孔中经工件表面退出，因此加工表面质量较好。所以，该循环指令常用于精密孔的镗削加工。该循环不能用 G99 进行编程。

 **提示**

采用 G76 指令进行加工时，务必确认退刀方向后再进行加工，以避免刀具在孔底向相反方向退刀。

（3）编程实例

例 用精镗孔循环指令编写如图 2—25 所示的 ϕ30 mm 孔的加工程序。

```
O0004；
……
G90 G00 X0 Y0；
    Z20.0
G98 G76 X0 Y0 Z15.0 R5.0 Q1000 P1000 F60；（精镗孔）
G80 M09；
G91 G28 Z0；
M30；
```

三、孔加工固定循环编程的注意事项

（1）为了提高加工效率，在指令孔加工固定循环前，应先使主轴旋转。

（2）由于孔加工固定循环是模态指令，因此在固定循环有效期间，如果 X __、Y __、Z __、R __中的任意一个被改变，就要进行一次孔加工。

（3）固定循环程序段中，如果在不需要指令的固定循环程序段中指令了孔加工数据 Q __、P __，它只作为模态数据进行存储，而无实际动作产生。

（4）使用具有主轴自动启动的固定循环指令（G74、G84、G86）时，如果孔的 *XY* 平面定位距离较短，或从起始平面到 *R* 点平面的距离较短，且需要连续加工，为了防止在进入孔加工动作时主轴不能达到指定的转速，应使用 G04 暂停指令进行延时。

（5）在固定循环方式中，刀具半径补偿功能无效。

四、孔加工固定循环指令综合实例

例　加工如图 2—27 所示的工件，外形轮廓已加工完成，编写该零件中孔的加工中心加工程序。

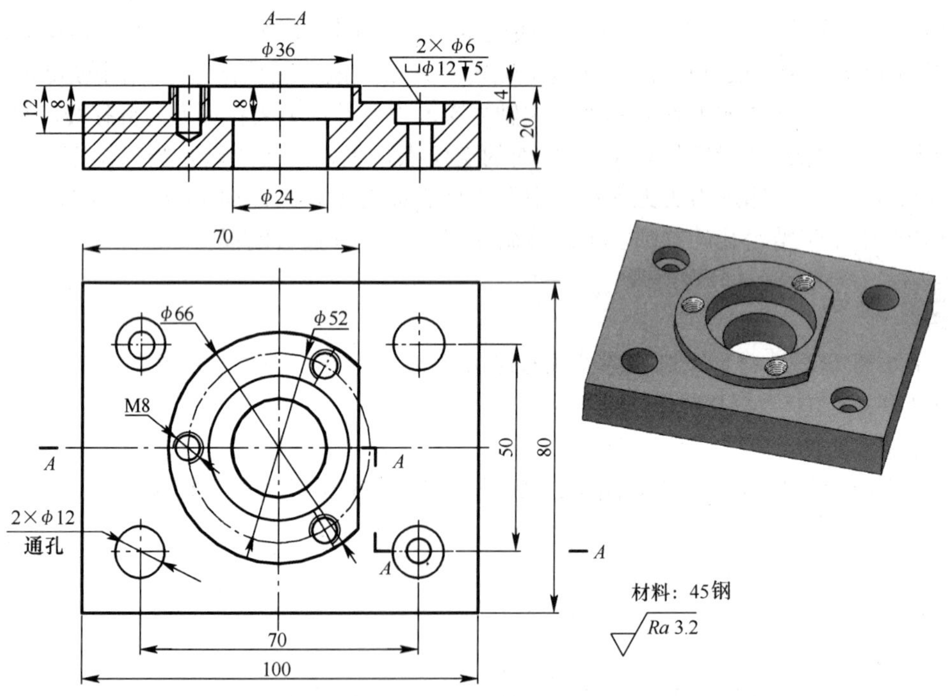

图 2—27　孔加工编程综合实例

孔的加工步骤、选用的刀具和切削用量见表 2—3。

表 2—3　孔的加工步骤、选用的刀具和切削用量

序号	加工步骤	刀具号	刀具规格	主轴转速（r/min）	进给速度（mm/min）	背吃刀量（mm）
1	中心钻进行孔定位	T02	A2.5 mm 中心钻	2 000	50～100	$d/2$
2	立铣刀扩孔（铣孔）	T03	ϕ20 mm 立铣刀	600	100～200	8
3	钻上平面 3 个螺纹底孔	T04	ϕ6.7 mm 钻头	1 000	50～100	$d/2$
4	钻底板上 4 个孔	T05	ϕ6 mm 钻头	1 000	50～100	$d/2$
5	锪平底孔	T06	ϕ12 mm 立铣刀	800	100～200	3
6	扩底板上的孔	T07	ϕ11.8 mm 钻头	800	100～200	2.9
7	铰孔	T08	ϕ12 mm 铰刀	200	50～100	0.1
8	镗 ϕ36 mm 台阶孔	T09	ϕ36 mm 精镗刀	1 000	100～200	0.3
9	镗 ϕ24 mm 通孔	T10	ϕ24 mm 精镗刀	1 200	100～200	0.3
10	攻螺纹	T11	M8 丝锥	100	100	0.5
11	去毛刺、倒棱					

注：表中 d 为刀具直径。

加工程序：

```
O0230;
G90 G94 G80 G21 G17 G54;                 (程序开始部分)
G91 G28 Z0;
M06 T02;                                 (换中心钻)
S2000 M03;                               (刀具换转速后定位)
G90 G00 X0 Y0 M08;
G43 G00 Z10.0 H02;
G99 G81 X0 Y0 Z-3.0 R3.0 F50;
        X-26.0;
        X13.0 Y22.52;
        X13.0 Y-22.52;
        X35.0 Y25.0 Z-7.0;               (加工定位孔)
        Y-25.0;
        X-35.0;
        Y25.0;
G80 G49 M05;                             (取消固定循环，取消刀具长度补偿)
G91 G28 Z0 M09;
```

```
M06 T03;                                (换立铣刀铣孔)
S600 M03;                               (刀具换转速后定位)
G90 G00 X0 Y0 M08;
G43 G00 Z10.0 H03;
G01 Z0 F150;                            (铣削底孔，单边保留 0.3 mm 的精加工余量)
M98 P23;                                (此处所调用子程序由读者自行编写)
G00 Z10.0 M09;                          (刀具从孔中退出)
G49 M05;
G91 G28 Z0;
M06 T04;                                (换钻头)
S1000 M03;                              (刀具换转速后定位)
……                                      (钻孔及扩孔程序)
G80 G49 M05;
G91 G28 Z0 M09;
M06 T08;                                (换铰刀)
S200 M03;                               (刀具定位)
G90 G43 G00 Z20.0 H08 M08;
G85 X-35.0 Y-25.0 Z-25.0 R3.0 F60;      (铰孔程序)
    X35.0 Y25.0;
G80 G49 M05;
G91 G28 Z0 M09;
M06 T09;                                (换 φ36 mm 精镗刀)
S1000 M03;                              (刀具定位)
G90 G43 G00 Z20.0 H09 M08;
G76 X0 Y0 Z-8.0 R3.0 Q1000 F60;         (精镗 φ36 mm 孔)
……                                      (换刀精镗 φ24 mm 孔)
G80 G49 M05;
G91 G28 Z0 M09;
M06 T11;                                (换 M8 丝锥)
S100 M03;                               (刀具定位)
G90 G43 G00 Z20.0 H11 M08;
G99 G84 X-26.0 Y0 Z-8.0 R3.0 F1.25;     (加工 M8 螺纹)
        X13.0 Y22.52;
        X13.0 Y-22.52;
G80 G49 M05;
G91 G28 Z0 M09;                         (程序结束部分)
M30;
```

提示

在加工中心上编写多工步加工程序时，可采用子程序方式来编程，每一个子程序即一个工步，主程序中只有换刀和换转速指令，从而使主程序和子程序均简单明了，调试也很方便。

第四节　FANUC 0i 系统数控铣床 /加工中心操作

由于数控机床的生产厂家众多，因此同一系统数控机床的操作面板各不相同。但是，由于同一系统的系统功能相同，因此操作方法也基本相似。现以采用 FANUC 0i 数控系统的机床为例进行叙述，机床操作面板如图 2—28 所示。为了便于读者阅读，本书中将面板上的按键分成以下三组。

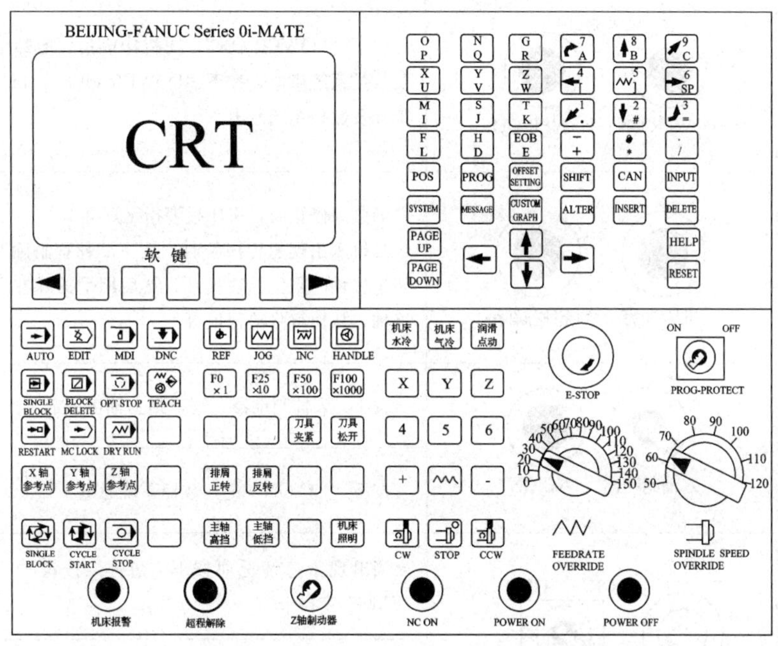

图 2—28　FANUC 0i 系统机床操作面板

1. 机床控制面板按键

这类按键为机床厂家自定义功能键，位于操作面板下方。本书用加“ ”的字母或文字表示，如“电源开”“JOG”等。

2. MDI 功能按键

这类按键位于显示屏幕右侧，只要系统型号相同，其功能键的含义及位置也就相同。本书中用加□的字母表示，如PROG、POS等。

3. CRT 屏幕下的软键

这类软键在本书中用加［ ］的字母或文字表示，如［参数］、［综合］等。

一、控制面板上的按键及其功能介绍

1. 机床控制面板按键功能介绍

机床控制面板按键及其功能见表 2—4。

表 2—4　　机床控制面板按键及其功能

名称	图例	功能
机床总电源开关	 OFF ON	一般位于机床的背面，置于“ON”时为主电源接通，置于“OFF”时为主电源断开
系统电源开关	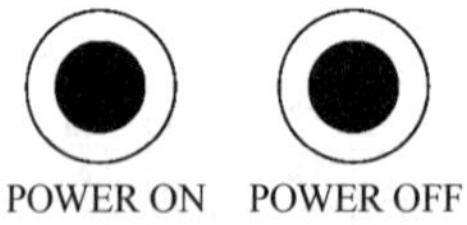 POWER ON　POWER OFF	按下“POWER ON”，向机床润滑、冷却系统等机械部分及数控系统供电；按下“POWER OFF”，机床润滑、冷却系统等及数控系统断电
机床报警与超程解除	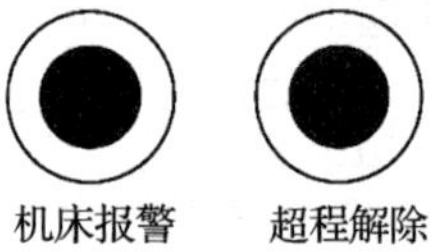 机床报警　超程解除	当紧急停止时，机床报警指示灯亮 当机床出现超程报警时，按下“超程解除”键不松开，可使超程轴的限位挡块松开，然后用手摇脉冲发生器反向移动该轴，从而解除超程报警
Z 轴制动器与 NC ON	Z 轴制动器　NC ON	按下“Z 轴制动器”键，则主轴被锁定
		按下“NC ON”键，数控系统通电
急停与程序保护	ON OFF E-STOP　PROG-PROTECT	当出现紧急情况而按下“急停”按键时，在屏幕上出现“EMG”字样
		当“程序保护”开关处于“ON”位置时，即使在“EDIT”状态下也不能对 NC 程序进行编辑操作
主轴转速倍率	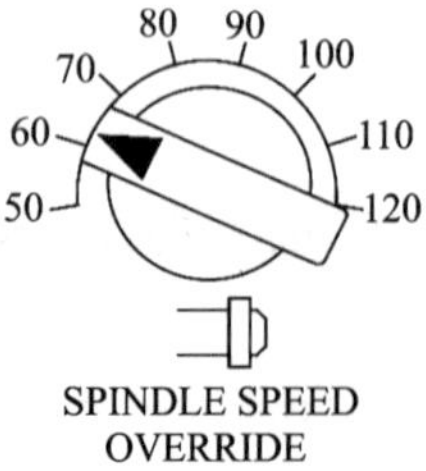 50 60 70 80 90 100 110 120 SPINDLE SPEED OVERRIDE	在主轴旋转过程中，可以通过“主轴转速倍率”旋钮对主轴转速进行 50%～120%的无级调速。同样，在程序执行过程中，也可对程序中指定的转速进行调节

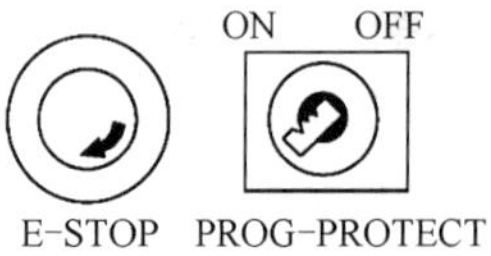

续表

名称	图例	功能
进给速度倍率	0 10 20 30 40 50 60 70 80 90 100 110 120 130 140 150 FEEDRATE OVERRIDE	进给速度可通过“进给速度倍率”旋钮进行调节，调节范围为0%～150%。另外，对于自动执行的程序中指定的速度，也可用进给速度倍率旋钮进行调节
模式选择	AUTO EDIT MDI DNC REF JOG INC HANDLE	AUTO：自动运行加工操作 EDIT：程序的输入及编辑操作 MDI：手动数据（如参数）输入的操作 DNC：在线加工 REF：回参考点操作 JOG：手动切削进给或手动快速进给 INC：增量进给操作 HANDLE：手摇进给操作
“AUTO”模式下的按键	SINGLE BLOCK　BLOCK DELETE　OPT STOP　TEACH RESTART　MC LOCK　DRY RUN	SINGLE BLOCK：单段运行。该模式下，每按一次“循环启动”键，机床将执行一段程序后暂停 BLOCK DELETE：程序段跳跃。当该键按下时，程序段前加“/”符号的程序段将被跳过执行 OPT STOP：选择停止。该模式下，指令 M01 的功能与指令 M00 的功能相同 TEACH：示教模式 RESTART：程序将重新从程序开始处启动 MC LOCK：机床锁住，用于检查程序编制的正确性。该模式下，刀具在自动运行过程中的移动功能将被限制 DRY RUN：空运行，用于检查刀具运行轨迹的正确性。该模式下，自动运行过程中的刀具进给始终为快速进给
“JOG”模式下的按键	X Y Z 4 5 6 + 　 −	要实现手动切削进给，首先按下“轴选择”键（“X”“Y”“Z”），再按住“方向选择”键（“+”“−”）不放，该指定轴即沿指定的方向进给 要实现手动快速进给，首先按下“轴选择”键，再同时按下“方向选择”键和“方向选择”键中间的“快速移动”键，即可实现该轴的手动快速进给
增量步长选择	F0 ×1　F25 ×10　F50 ×100　F100 ×1000	“×1”“×10”“×100”和“×1000”为增量进给操作模式下的四种不同增量步长，而“F0”“F25”“F50”和“F100”为四种不同的快速进给倍率

续表

名称	图例	功能
回参考点指示灯	X轴参考点 Y轴参考点 Z轴参考点	当相应轴返回参考点后，对应轴的返回参考点指示灯变亮
主轴功能	CW STOP CCW	CW：主轴正转键 STOP：主轴停转键 CCW：主轴反转键 注：以上按键仅在“JOG”或“HANDLE”模式下有效
用户自定义	刀具夹紧 刀具松开 排屑正转 排屑反转 机床水冷 机床气冷 主轴高挡 主轴低挡 润滑点动 机床照明	“刀具夹紧”键与“刀具松开”键：用于手动换刀过程中的装刀与卸刀 “排屑正转”键与“排屑反转”键：启动排屑电动机，对机床进行自动排屑操作 “机床水冷”键与“机床气冷”键：通过切削液或冷却气体对主轴及刀具进行冷却。重复按下该键，冷却系统关闭 “主轴高挡”键与“主轴低挡”键：用于主轴转速高、低挡的切换 “润滑点动”键：按下该键，将对机床进行点动润滑一次 “机床照明”键：按下该键，机床照明灯亮；再按一次，机床照明灯关闭
加工控制	SINGLE BLOCK CYCLE START CYCLE STOP	SINGLE BLOCK（单段执行）：每按一次该按键，机床将执行一段程序后暂停 CYCLE START（循环启动）：在自动运行状态下，按下该按键，机床自动运行程序 CYCLE STOP（循环停止）：在机床循环启动状态下，按下该键，程序运行及刀具运动将处于暂停状态，其他功能（如主轴转速、冷却等）保持不变；再次按下“循环启动”键，机床重新进入自动运行状态
手摇脉冲发生器	– + 30 40 20 50 10 FANUC 60 100 70 90 80	手摇脉冲发生器一般挂在机床的一侧，主要用于机床的手摇操作（又称为手轮操作）。旋转手摇脉冲发生器时，顺时针方向为刀具正方向进给，逆时针方向为刀具负方向进给

2. MDI 功能按键功能介绍

MDI 功能按键及其功能见表 2—5。

表2—5 MDI功能按键及其功能

名称	图例	功能
数字	3 =	用于数字1～9及“+”“-”“*”“/”等运算符号的输入
运算符	. /	
字母	T K	用于A、B、C、X、Y、Z、I、J、K等字母的输入
程序段结束	EOB E	用于程序段结束符“*”或“;”的输入
位置显示	POS	用于显示刀具的坐标位置
程序显示	PROG	用于显示“EDIT”方式下存储器里的程序，在“MDI”方式下输入及显示MDI数据，在“AUTO”方式下显示程序指令值
刀具设定	OFFSET SETTING	用于设定并显示刀具补偿值、工件坐标系、宏程序变量
系统	SYSTEM	用于参数的设定、显示，自诊断功能数据的显示等
报警信号	MESSAGE	用于显示NC报警信号信息、报警记录等
图形显示	CUSTOM GRAPH	用于显示刀具轨迹等图形
上挡	SHIFT	用于输入上挡功能键
字符取消	CAN	用于取消最后一个输入的字符或符号
参数输入	INPUT	用于参数或补偿值的输入
替代	ALTER	用于程序编辑过程中程序字的替代
插入	INSERT	用于程序编辑过程中程序字的插入
删除	DELETE	用于删除程序字、程序段及整个程序
帮助	HELP	为帮助功能键
复位	RESET	用于使所有操作停止，返回初始状态
向前翻页	PAGE UP	用于向程序开始的方向翻页
向后翻页	PAGE DOWN	用于向程序结束的方向翻页
光标移动	← → ↑ ↓	共四个，用于光标上下或前后移动

3. CRT 屏幕下的软键功能介绍

在 CRT 屏幕下有一排软键，这一排软键的功能根据 CRT 屏幕上对应的提示来指定。

二、机床操作

1. 机床电源的开、关操作

（1）开电源

开电源的操作步骤如图 2—29a 所示，具体如下：

1）检查机床外观是否正常。

2）接通机床电气柜电源，按下“POWER ON”键，再按下机床操作面板上的“NC ON”键。

3）检查 CRT 界面显示。

4）如果 CRT 界面显示“EMG”报警，松开“E-STOP”键。

5）按下复位键 RESET，数秒后机床将复位。

6）检查风扇电动机是否旋转。

机床电源打开后的界面如图 2—29b 所示。

图 2—29 开机

图 2—29 关机

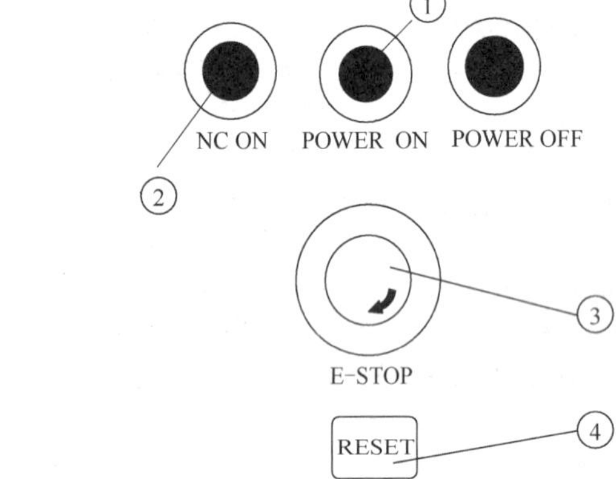

a)

b)

图 2—29　开电源的操作步骤与开电源后的界面

（2）关电源

关电源的操作与开电源的操作步骤相反，具体如下：

1）检查机床操作面板上的循环启动灯是否关闭。

2）检查数控机床的移动部件是否都已经停止。

3）按下机床“急停”按钮。

4）如果有外部输入/输出设备连接到机床上，应先关闭外部设备的电源。

5）按下机床系统电源“POWER OFF”键，关闭机床电源，再关闭机床总电源。

2. 手动操作

（1）返回参考点操作

机床返回参考点的操作步骤如图 2—30a 所示，具体如下：

1）按下“REF”模式选择键。

2）分别选择回零轴，选择快速移动倍率。

3）按下轴的“+”方向选择键不松开，直至相应轴的返回参考点指示灯亮。

为了确保回零过程中刀具及机床的安全，加工中心及数控铣床的回零操作一般先进行 Z 轴的回零，再进行 X 轴及 Y 轴的回零。机床返回参考点后的界面如图 2—30b 所示。

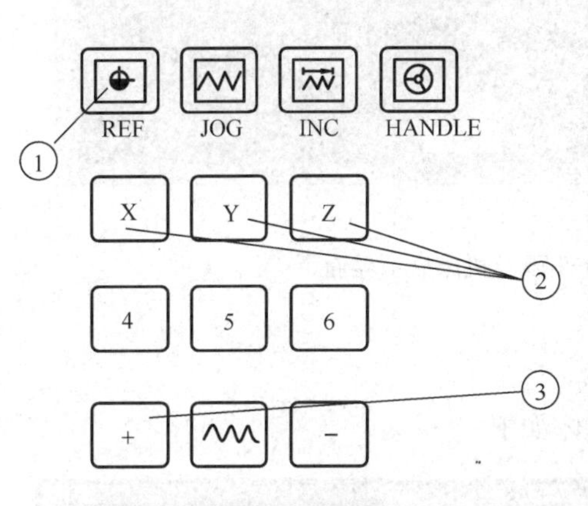

a)

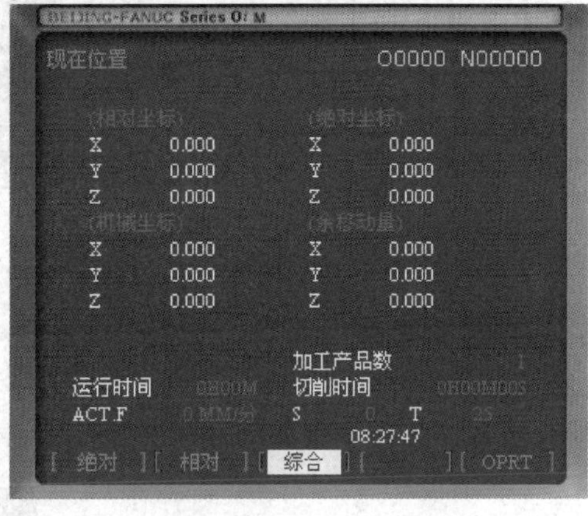

b)

图 2—30

图 2—30 返回参考点的操作步骤及返回参考点后的界面

（2）手动进给操作

手动进给操作步骤如图 2—31a 所示，手动进给操作界面如图 2—31b 所示。

1）按下“JOG”模式选择键。

2）调节“进给速度倍率”旋钮，选择合适的进给速度倍率。

3）选择需要手动进给的轴。

4）按下“进给方向”键不松开，即可使刀具沿所选轴方向连续进给。

如果要进行快速手动进给，只需在手动进给前按下位于“方向选择”键中间的“快速移动”键即可。

（3）手摇连续进给

1）按下“HANDLE”模式选择键。

2）选择刀具要移动的方向。

3）按下“增量步长”选择键，选择所需的增量步长。

4）旋转手摇脉冲发生器，使刀具向相应的方向移动。

（4）增量进给

类似于手动进给操作，操作步骤略。

图 2—31

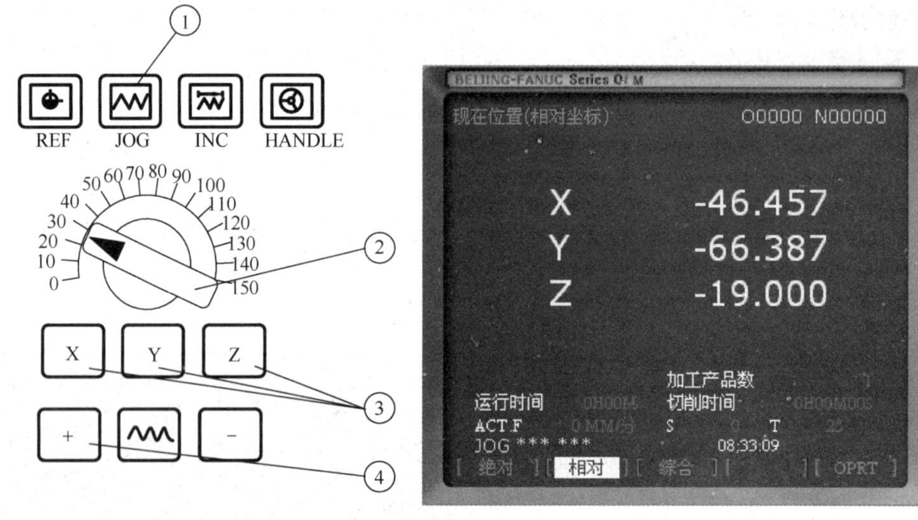

图 2—31　手动进给操作步骤及机床显示界面

3. 程序编辑操作

(1）建立新程序

建立新程序操作步骤如图 2—32a 所示，具体如下：

图 2—32

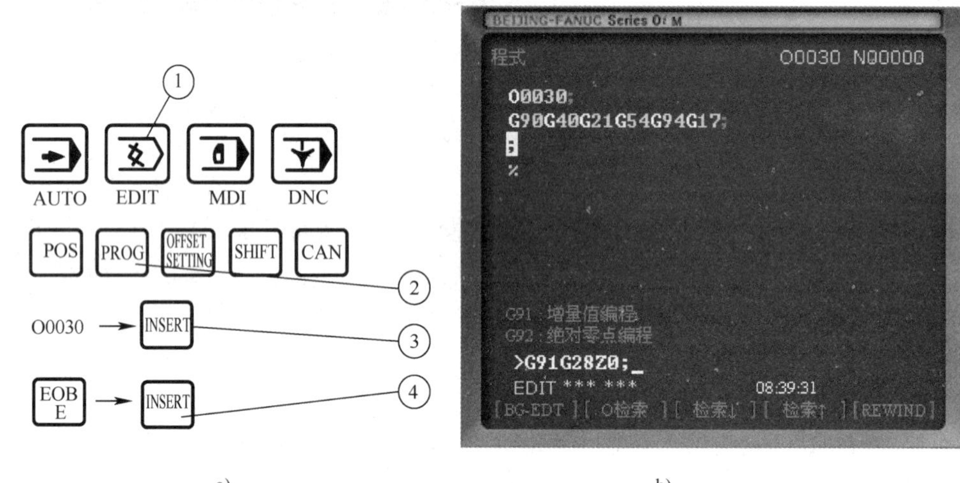

图 2—32　建立新程序操作步骤及机床显示界面

1）按下“EDIT”模式选择键。

2）按下 MDI 功能键 PROG 。

3）输入地址“O”、程序号，如 O0030。按下 INSERT 键，即可完成新程序 O0030 的插入。

4）按下 EOB E 键，再按下 INSERT 键，即可进行新程序的编辑。

建立新程序操作界面如图 2—32b 所示。另外，建立新程序时其程序号应为存储器内没有的新程序号。

(2) 调用存储器中储存的程序

1) 按下“EDIT”模式选择键。

2) 按下 MDI 功能键 PROG 。

3) 输入地址“O”、程序号，如 O123。

4) 按下 ⬇ (光标移动) 键，即可完成程序 O123 的调用。

程序调用时，一定要调用存储器中已存在的程序。

(3) 删除程序

1) 按下“EDIT”模式选择键。

2) 按下 MDI 功能键 PROG 。

3) 输入地址“O”、程序号，如 O123。

4) 按下 DELETE 键，即可完成程序 O123 的删除。

如果要删除存储器中的所有程序，只要在输入“0－9999”后按下 DELETE 键即可。

如果要删除指定范围内的程序，只要在输入“OXXXX，OYYYY”后按下 DELETE 键，即可将存储器中 OXXXX～OYYYY 范围内的所有程序删除。

(4) 删除程序段

1) 按下“EDIT”模式选择键。

2) 用 光标移动 键检索或扫描到将要删除的程序段地址 N，按下 EOB E 键。

3) 按下 DELETE 键，将当前光标所在的程序段删除。

如果要删除多个程序段，则用 光标移动 键检索或扫描到将要删除的程序段开始地址（如 N0010），键入地址 N 和最后一个程序段号（如 N1000），按下 DELETE 键，即可将 N0010～N1000 的所有程序段删除。

(5) 程序段的检索

程序段的检索功能主要是在自动运行过程中使用，检索过程如下：

按下“AUTO”模式选择键，按下 PROG 键，显示程序界面；输入地址 N 及要检索的程序段号；按下 CRT 屏幕下软键 [N SRH]，即可检索到所要检索的程序段。

(6) 程序字操作

1) 扫描程序字　按下“EDIT”模式选择键，按下向左或向右的 光标移动 键，光标将在屏幕上向左或向右移动一个地址字。按下向上或向下的 光标移动 键，光标将移动到上一个或下一个程序段的开头。按下 PAGE UP 键或 PAGE DOWN 键，光标将向前或向后翻页显示。

2）跳到程序开头　在“EDIT”模式下，按下RESET键，即可使光标跳到程序开头。

3）插入一个程序字　在“EDIT”模式下，扫描到要插入位置前的程序字，键入要插入的地址字和数据，按下INSERT键。

4）字的替换　在“EDIT”模式下，扫描到将要替换的字，键入要替换的地址字和数据，按下ALTER键。

5）字的删除　在“EDIT”模式下，扫描到将要删除的字，按下DELETE键。

6）输入过程中字的取消　在程序字符的输入过程中，如果发现当前字符输入错误，按下CAN键一次，则删除一个当前输入的字符。

（7）程序输入与编辑实例

例　将下列数控加工程序输入 CNC 系统。

```
O0030;
G90 G94 G40 G80 G17 G21 G54;
S600 M03;
G43 G01 Z50.0 F100 H01;
G98 G81 X30.0 Y20.0 Z-25.0 R5.0 F100;
          X-30.0 Y20.0;
          X-30.0 Y-20.0;
          X30.0 Y-20.0;
G49 G91 G28 X0 Y0 Z0;
M05;
M30;
```

1）程序的输入操作　按下“EDIT”模式选择键，按PROG键，将“程序保护”开关设置在“OFF”位置。

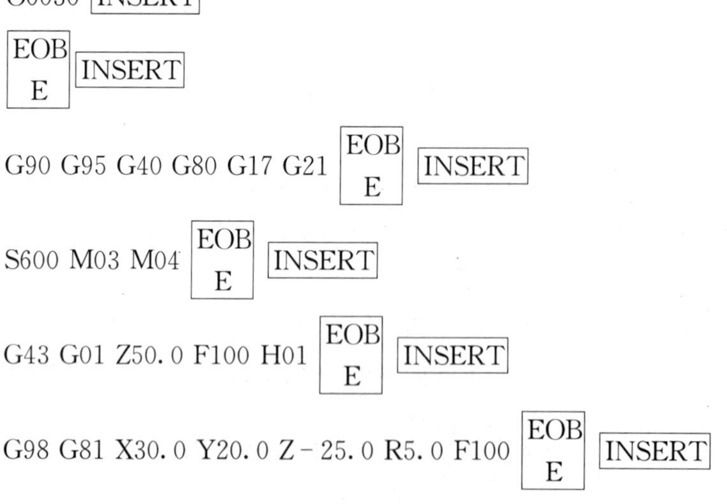

X-30.0 Y20.0 EOB E INSERT

X-30.0 Y-20.0 EOB E INSERT

X30.0 Y-20.0 EOB E INSERT

G49 G91 G28 X0 Y0 Z0 EOB E INSERT

M05 EOB E INSERT

M30 EOB E INSERT

RESET

2）程序编辑操作　输入后，发现第二行中 G95 应改成 G94，且少输了 G54，第三行中多输了 M04，进行如下修改操作：

将光标移动到 G95 上，输入 G94，按下 ALTER 键。

将光标移动到 G21 上，输入 G54，按下 INSERT 键。

将光标移动到 M04 上，按下 DELETE 键。

4. 工件坐标系坐标值的测量

（1）在 MDI 方式下开动转速

1）按下“MDI”模式选择键，按下 PROG 键。

2）输入：S600 M03 EOB E INPUT。

3）按下“循环启动”键，按下 RESET 键。

（2）在 MDI 方式下将 1 号刀调入主轴

1）在“REF”模式下进行 Z 向回参考点。

2）按下“MDI”模式选择键，再按下 PROG 键。

3）输入：T01 EOB E INPUT；

M06 EOB E INPUT。

4）按下“循环启动”键，主轴换上找正器。

（3）确定工件坐标系 X、Y 值

1）按下“HANDLE”模式选择键。

2）按下 CW （主轴正转）键，主轴将以前面设定的转速 S600 正转。

3）按下 POS 键，再按下软键［综合］，此时机床 CRT 屏幕上出现如图 2—33 所示的界面。

4）选择相应的轴旋钮，摇动手摇脉冲发生器，使找正器接近 X 轴方向的一条侧边（图 2—34），此时应降低手动进给倍率，使找正器慢慢接近工件侧边，正确找正侧边 A 处。记录下图 2—33 界面中机床坐标系的 X 值，设为 X_1（假设 $X_1=-455.237$）。

5）用同样的方法找正侧边 B 点处，记录下尺寸 X_2 值（假设 $X_2=-345.133$）。

6）计算出工件坐标系的 X 值，$X=(X_1+X_2)/2$。

7）重复步骤 4）、5）、6），用同样的方法测量并计算出工件坐标系的 Y 值。

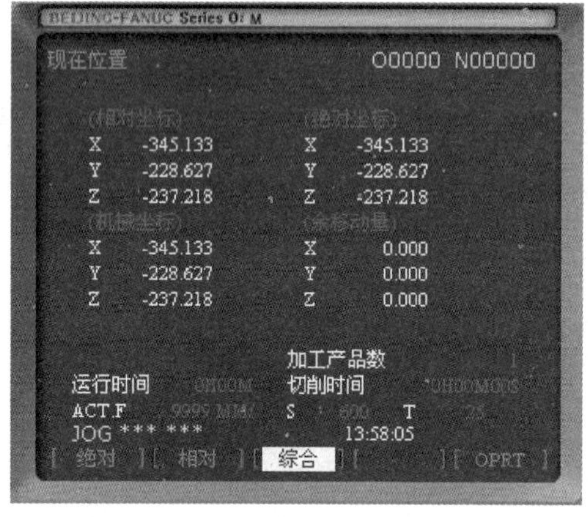

图 2—33

图 2—33　显示综合坐标值

图 2—34　X 轴方向的找正

（4）确定工件坐标系 Z 值（或刀具长度补偿值）

1）将主轴停转，再次在“MDI”模式下换刀，将工作用刀具调入主轴。

2）在工件上方放置一根 $\phi10$ mm 的测量用心棒（或量块），在“HANDLE”模式下选择相应的“轴选择”旋钮，摇动手摇脉冲发生器，使刀具在 Z 轴方向接近心棒（图 2—35），此时应降低手动进给倍率，使刀具与心棒微微接触。记录下 CRT 屏幕界面中机床坐标系的 Z 值，设为 Z_1（假设 $Z_1=-187.995$）。

3）计算出工件坐标系的 Z 值，$Z=Z_1-10.0$（心棒直径）。

4）如果是加工中心，同时使用多把刀具进行加工，则可重复以上步骤，分别测出各刀具不同的 Z 值。

5. 工件坐标系（G54）及刀具补偿值的设定

（1）工件坐标系（G54）的设定

1）按下 OFFSET SETTING 键。

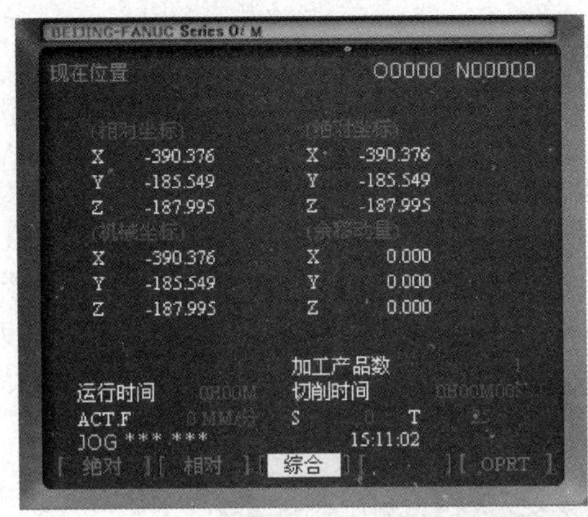

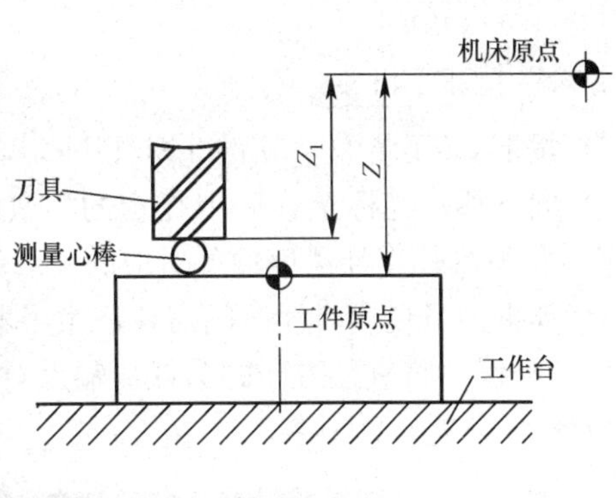

图 2—35　*Z* 轴方向的找正

2）按下 CRT 屏幕下软键［坐标系］，出现如图 2—36 所示的界面。

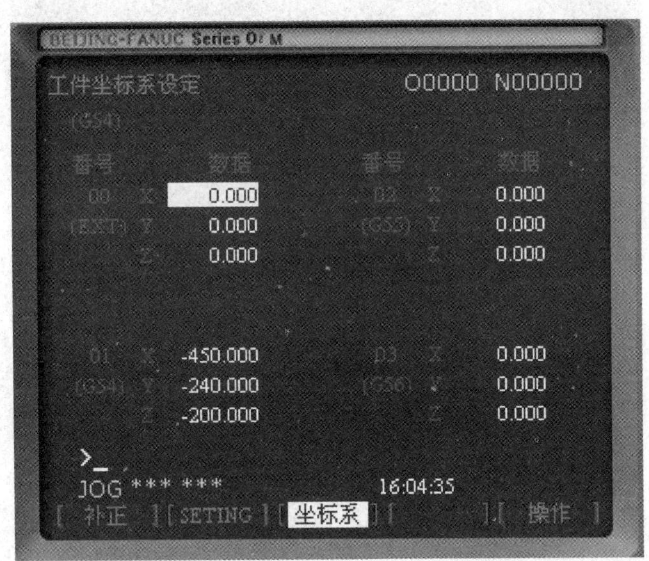

图 2—36　工件坐标系的设定

3）向下移动光标，到 G54 坐标系 X 处，输入前面计算出的 *X* 值（注意不用输地址 X），按下 INPUT 键。

4）将光标移到 G54 坐标系 Y 处，输入前面计算出的 *Y* 值，按下 INPUT 键。

5）用同样的方法，将计算出的 *Z* 值输入 G54 坐标系。

如果加工使用数控铣床，可采用以上方法设定 G54 中的坐标系 *Z* 值。如果加工使用加工中心且采用多把刀具，通常情况下将 G54 坐标系 *Z* 值设为 0，而将前面计算出的不同刀具的 *Z* 值当作刀具长度补偿值，在刀具补偿参数中进行设定。

（2）刀具补偿值的设定

1）按下 OFFSET SETTING 键。

2）按下 CRT 屏幕下软键［SETING］，出现如图 2—37 所示的界面。

3）向下移动光标至程序中指定的刀具补偿号处，将刀具半径值输入对应的“（形状）D”里，将刀具长度补偿值输入对应的“（形状）H”里。一定要注意输入位置不能搞错。

4）如果刀具使用一段时间后，产生了磨耗，则可将磨耗值也输入对应的位置，对刀具进行磨耗补偿。将直径方向的磨耗值输入对应的“（磨耗）D”中，而将长度方向的磨耗值输入对应的“（磨耗）H”中。

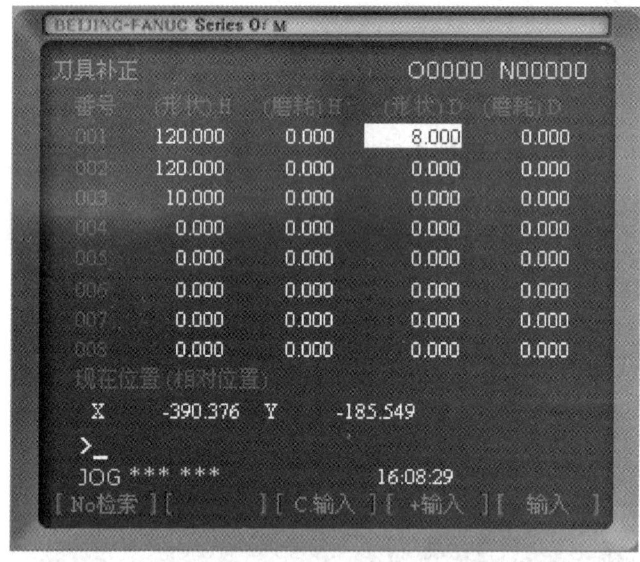

图 2—37　刀具补偿值的设定

6. 自动加工

当前面的工作完成后，即可进入自动加工操作。

（1）机床试运行

1）按下“AUTO”模式选择键。

2）按下按键 PROG，按下软键［检视］，使屏幕显示正在执行的程序及坐标。

3）按下“MC LOCK”（机床锁住）键，再按下“SINGLE BLOCK”（单步执行）键。

4）按下“加工控制”键中的“单段执行”键，每按一下，机床执行一段程序，可用于检查编写与输入的程序是否正确无误。

机床的试运行检查还可以在空运行状态下进行，两者虽然都被用于程序自动运行前的检查，但检查的内容却有区别。机床锁住试运行主要用于检查程序编制是否正确，程序有没有编写格式错误。而机床空运行主要用于检查刀具轨迹是否与要求相符。

现在，在很多机床上都带有自动运行图形显示功能。这种机床可直接用图形显示功能来进行程序的检查与校正。

（2）机床自动运行

机床自动运行操作步骤如图 2—38a 所示，自动运行过程的界面如图 2—38b 所示。

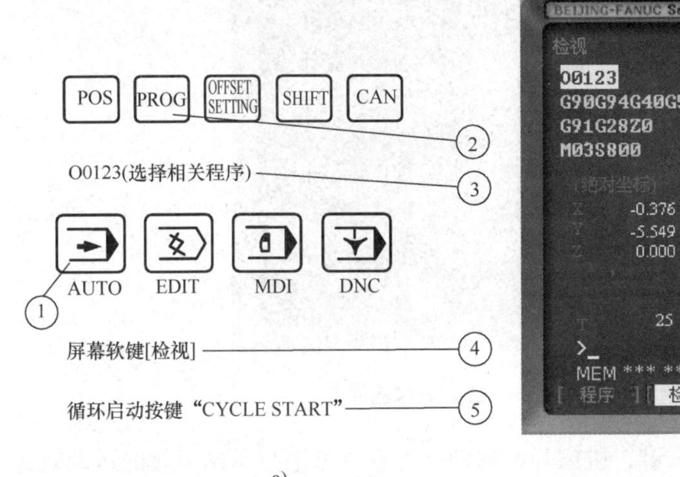

a)

b)

图 2—38

图 2—38 机床自动运行操作步骤及机床显示界面

1）选择“AUTO”模式。

2）按下 PROG 键。

3）输入地址 O，输入程序号如 O0123，按“↓”键完成程序 O0123 调用。

4）按下软键［检视］，使屏幕显示正在执行的程序及坐标。

5）按下“CYCLE START”（循环启动）键，自动循环执行加工程序。

6）根据加工实际情况调节主轴转速和刀具进给速度。在机床运行过程中，可以旋动“SPINDLE SPEED OVERRIDE”（主轴倍率）旋钮，调节主轴转速，但应注意不能进行高、低挡转速的变换。旋动“FEED RATE OVERRIDE”（进给倍率）旋钮，调节刀具进给速度。

（3）图形显示功能

该功能可以显示自动运行或手动运行过程中的刀具移动轨迹，操作人员可通过观察屏幕显示出的轨迹来检查加工过程，显示的图形可以进行放大及恢复。图形显示功能参数设置界面如图 2—39 所示。

1）选择“AUTO”模式。

2）在机床控制面板上按下 CUSTOM GRAPH 键，按下屏幕软键［G. PRM］，显示如图 2—39 所示的界面。

3）通过 光标移动 键将光标移动至所需设定的参数处，输入数据后按下 INPUT 键，依次完成各项参数的设定。

4）再次按下屏幕软键［GRAPH］。

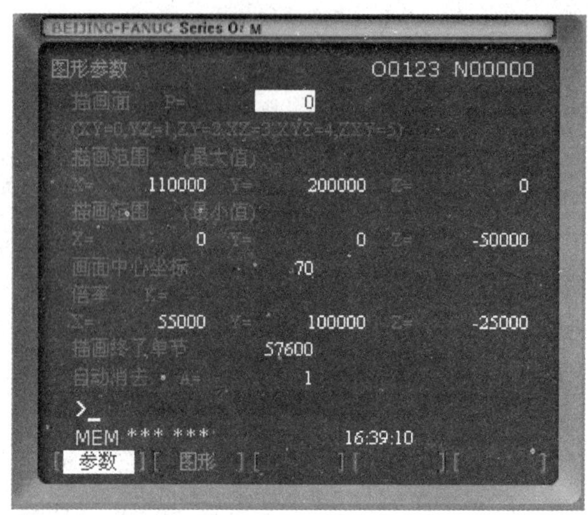

图 2—39 图形显示功能参数设置界面

5）按下“CYCLE START”键，机床开始移动，并在屏幕上显示出刀具的运动轨迹。

6）在图形显示过程中，按下屏幕软键［ZOOM］/［NORMAL］可进行放大/恢复图形的操作。

思考与练习

1. 孔的加工动作由哪几部分组成？
2. 什么叫初始平面？什么叫 R 点平面？什么叫孔底平面？
3. 什么是子程序？子程序有什么特点？子程序调用时应注意哪些问题？
4. 在 G90 与 G91 方式中，固定循环中的 R 值与 Z 值有什么不同？
5. 固定循环中，G98 与 G99 方式的作用是什么？分别适用于什么场合？
6. 写出 G73 与 G83 的指令格式，并说明两者的不同之处。
7. 分别说明 G76 精镗孔和 G87 反镗孔循环指令的动作过程。
8. 在使用固定循环进行编程时，应注意哪些方面的问题？
9. 机床控制面板上的 INSERT 键与 INPUT 键有什么区别？各适用于什么场合？
10. 机床控制面板上的 DELETE 键与 CAN 键有什么区别？各适用于什么场合？
11. 如何进行机床的手动回参考点操作？返回参考点程序段如何编写？
12. 描述 G54 中设定 X _、Y _值的过程。
13. 怎样进行机床空运行操作？怎样进行机床锁住试运行操作？两种试运行操作有什么不同？
14. 加工如图 2—40 所示的零件（毛坯尺寸为 90 mm×80 mm×15 mm），编写其数控铣削加工程序。

R10
$\phi 30^{+0.04}_{0}$
R12
$24^{+0.04}_{0}$
$70^{+0.04}_{0}$
80
60°
$80^{+0.04}_{0}$
90
$3^{+0.04}_{0}$
$4^{+0.04}_{0}$
材料：45 钢
15
Ra 3.2

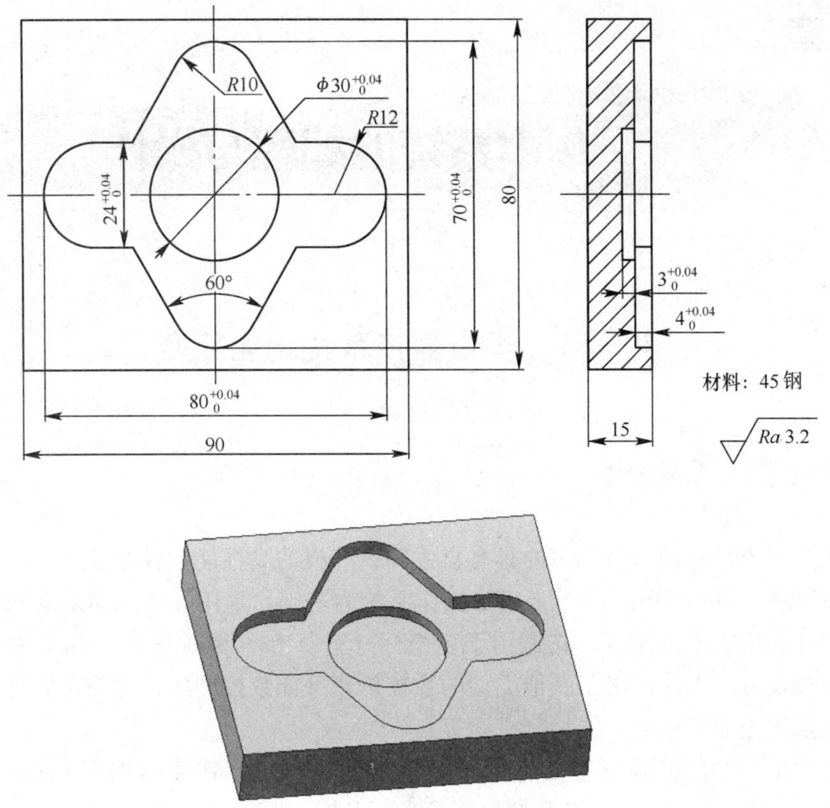

图 2—40　练习题

第三章

华中系统的编程与操作

第一节　华中数控系统功能简介

一、华中数控系统介绍

华中数控系统是我国为数不多的具有自主知识产权的高性能数控系统之一。它以通用的工业 PC 机（IPC）和 DOS、WINDOWS 操作系统为基础，采用开放式体系结构，使该数控系统的可靠性和质量得到保证。它适用于多坐标（2～5 轴）数控铣床和加工中心，在增加相应的软件模块后，也能适用于其他类型的数控机床（如数控磨床、数控车床等）以及特种加工机床（如激光加工机床、线切割机床等）。

华中公司生产的数控系统主要有世纪星 HNC－21/22M 铣床（加工中心）数控系统、世纪星 HNC－21/22T 车床数控系统、世纪星 HNC－18i/18xp/19xp 数控系统、世纪星 HNC－210A 数控系统、世纪星 HNC－210B 数控系统、世纪星 HNC－08 数控系统等系列产品。

世纪星系列数控系统采用先进的开放式体系结构，内置嵌入式工业 PC，配置彩色液晶显示屏和通用工程面板，集进给轴接口、主轴接口、手持单元接口、内嵌式 PLC 接口于一体，采用电子盘程序存储、DNC 传输、以太网传输等数据交换方式，具有性能高、配置灵活、结构紧凑、易于使用、可靠性高的特点。

二、华中系统功能介绍

世纪星 HNC－21/22M 数控系统是目前我国数控机床上采用较多的数控系统，主要用于数控铣床和加工中心，具有一定的代表性。其常用功能指令分为准备功能指令、辅助功能指令及其他功能指令三类。

1. 准备功能指令

常用准备功能指令见表 3—1。

关于准备功能指令的说明如下：

（1）当电源接通或复位时，数控机床进入清零状态。此时，开机默认代码在表中以符号“▲”表示。但此时原来的 G21 或 G20 保持有效。

表 3—1 常用准备功能指令

G 代码	组别	功能	程序格式及说明
G00 ▲	01	快速点定位	G00 IP __；
G01		直线插补	G01 IP __ F __；
G02		顺时针圆弧插补	G02（G03）X __ Y __ R __ F __；
G03		逆时针圆弧插补	G02（G03）X __ Y __ I __ J __ F __；
G04	00	暂停	G04 P5；（单位为 s）
G07	16	虚轴指定或正弦线插补	G07 IP1；（有效） G07 IP0；（取消）
G09	00	准确停止检查	G09；
G17 ▲	02	选择 *XY* 平面	G17；
G18		选择 *ZX* 平面	G18；
G19		选择 *YZ* 平面	G19；
G20	08	英寸输入	G20；
G21		毫米输入	G21；
G22		脉冲当量输入	G22；
G24	03	可编程镜像有效	G24 X __ Y __ Z __ A __；
G25 ▲		可编程镜像取消	G25 X __ Y __ Z __ A __；
G28	00	返回参考点	G28 IP __；（IP 为经过的中间点）
G29		从参考点返回	G29 IP __；（IP 为返回的目标点）
G40 ▲	09	刀具半径补偿取消	G40；
G41		刀具半径左补偿	G41 G01 IP __ D __；
G42		刀具半径右补偿	G42 G01 IP __ D __；
G43	10	正向刀具长度补偿	G43 G01 Z __ H __；
G44		负向刀具长度补偿	G44 G01 Z __ H __；
G49 ▲		刀具长度补偿取消	G49；
G50 ▲	04	比例缩放取消	G50；
G51		比例缩放有效	G51 IP __ P __；
G52	00	局部坐标系设定	G52 IP __；（IP 以绝对值指定）
G53		选择机床坐标系	G53 IP __；
G54 ▲	11	选择工件坐标系 1	G54；
G55		选择工件坐标系 2	G55；
G56		选择工件坐标系 3	G56；
G57		选择工件坐标系 4	G57；
G58		选择工件坐标系 5	G58；
G59		选择工件坐标系 6	G59；

续表

G 代码	组别	功能	程序格式及说明
G60	00	单方向定位方式	G60 IP_；
G61	12	准确停止方式	G61；
G64 ▲		切削方式	G64；
G65	00	宏程序非模态调用	G65 P_ L_＜自变量指定＞；
G68	05	坐标系旋转	G68 X_ Y_ P_；
G69 ▲		坐标系旋转取消	G69；
G73	06	钻深孔循环	G73 X_ Y_ Z_ R_ P_ K_ F_；
G74		左旋螺纹攻螺纹循环	G74 X_ Y_ Z_ R_ P_ F_；
G76		精镗孔循环	G76 X_ Y_ Z_ R_ P_ I_ J_ F_；
G80 ▲		固定循环取消	G80；
G81		钻孔、锪镗孔循环	G81 X_ Y_ Z_ R_；
G82		钻孔循环	G82 X_ Y_ Z_ R_ P_；
G83		深孔循环	G83 X_ Y_ Z_ R_ P_ K_ F_；
G84		攻螺纹循环	G84 X_ Y_ Z_ R_ P_ F_；
G85		镗孔循环	G85 X_ Y_ Z_ R_ F_；
G86		镗孔循环	G86 X_ Y_ Z_ R_ P_ F_；
G87		背镗孔循环	G87 X_ Y_ Z_ R_ P_ I_ J_ F_；
G88		镗孔循环	G88 X_ Y_ Z_ R_ P_ F_；
G89		镗孔循环	G89 X_ Y_ Z_ R_ P_ F_；
G90 ▲	13	绝对值编程	G90 G01 X_ Y_ Z_ F_；
G91		增量值编程	G91 G01 X_ Y_ Z_ F_；
G92	00	设定工件坐标系	G92 IP_；
G94 ▲	14	每分钟进给（mm/min）	G94；
G95		每转进给（mm/r）	G95；
G98 ▲	15	固定循环返回初始点	G98 G81 X_ Y_ Z_ R_ F_；
G99		固定循环返回 *R* 点	G99 G81 X_ Y_ Z_ R_ F_；

（2）00 组 G 代码都是非模态 G 代码。

（3）不同组的 G 代码在同一程序段中可以指令多个。如果在同一程序段中指令了多个同组的 G 代码，仅执行最后指令的 G 代码。

（4）如果在固定循环中指令了 01 组的 G 代码，则固定循环取消，该功能与指令 G80 相同。

2. 辅助功能指令

辅助功能指令以代码 M 表示。HNC－21/22M 系统的辅助功能代码与通用的 M 代码类似，参阅本书第一章。

3. 其他功能指令

常用的其他功能指令有刀具功能指令、转速功能指令、进给功能指令等。具体功能指令含义及用途参阅本书第一章。

第二节　轮廓铣削实例

世纪星 HNC－21M 数控系统基本编程指令与 FANUC 系统的编程指令类似，关于这些指令的说明，参阅本书第一章和第二章。

一、综合实例 1

例　加工如图 3—1 所示零件（毛坯尺寸为 80 mm×80 mm×20 mm），分析其加工步骤并编写华中系统加工程序。

1. 加工工艺分析

（1）确定加工方案

工件上、下表面均需加工。在加工过程中应合理选择加工次序：先加工下表面的四方体和圆柱体，再加工上表面的各项轮廓，最后采用镗孔方式精加工内孔。

为了保证零件的各项精度要求，零件的各个轮廓均需采用“先粗加工，再精加工”的加工方案。粗加工主要用于去除工件余量，应以保证加工效率为主，因此粗加工一般使用大直径刀具。粗加工时，通过修改刀具半径补偿参数值来保证精加工余量，在保证加工精度的基础上，应选择较小的精加工余量。粗加工和精加工一般采用顺铣（即左刀补）的加工方式。

（2）确定加工步骤

1）选择 ϕ20 mm 的立铣刀，采用坐标旋转方式加工四方体（图 3—2a）。

2）选择 ϕ20 mm 的立铣刀加工圆凸台（图 3—2b）。

3）以四方体为基准面装夹、校正工件。

4）选择 ϕ20 mm 的立铣刀加工外轮廓（图 3—2c）。

5）选择 ϕ10 mm 的钻头进行钻孔加工（图 3—2d）。

6）选择 ϕ14 mm 的立铣刀加工内轮廓（图 3—2e）。

7）选择 ϕ14 mm 的立铣刀扩孔，保证孔径为 ϕ24.6 mm。

8）选择精镗刀进行精镗孔，保证孔径（图 3—2f）。

9）零件去毛刺、倒棱，进行自检。

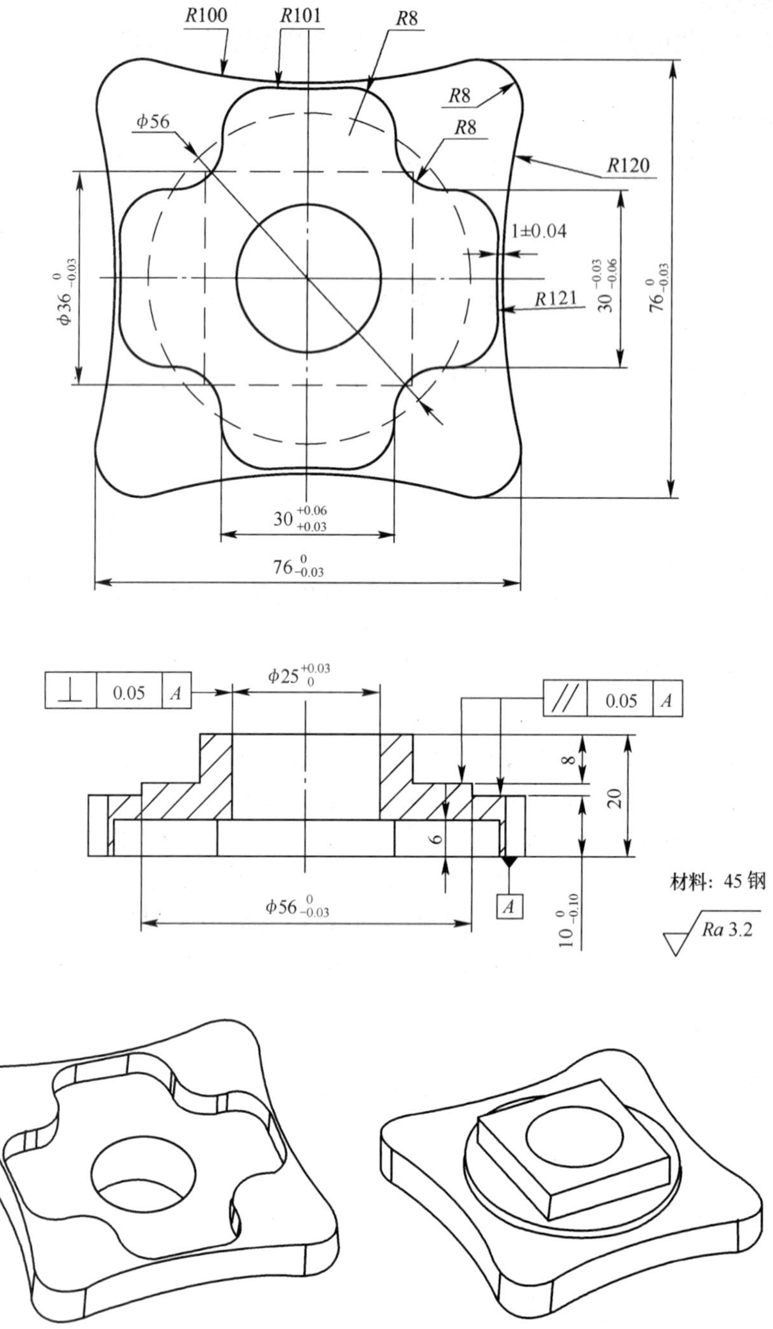

图 3—1　综合实例 1

（3）基点坐标分析

选择 MasterCAM 软件或 CAXA 制造工程师软件进行基点坐标分析，得出的局部基点坐标如图 3—3 所示。

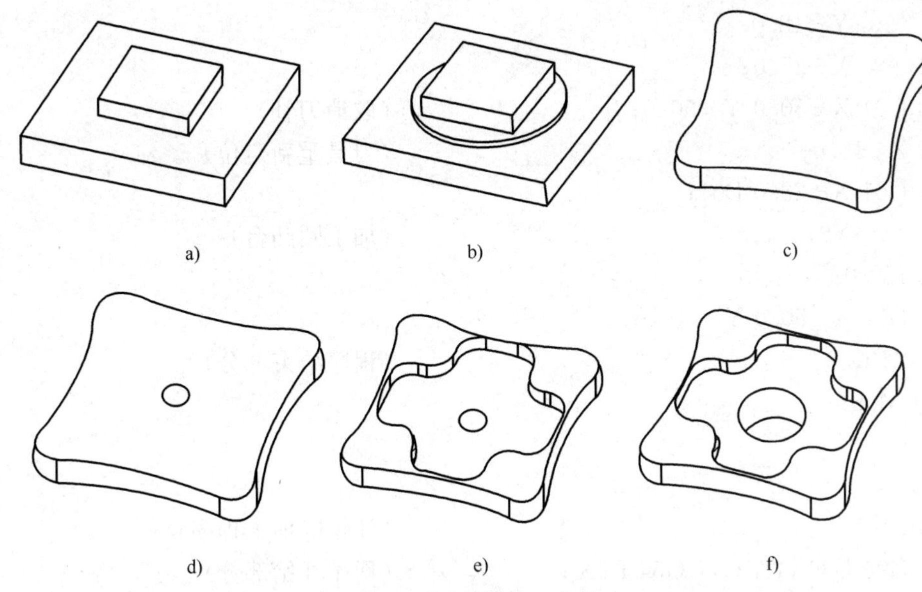

图 3—2　零件加工步骤

a）铣下部四方体　b）铣下部圆凸台　c）铣上表面外轮廓　d）钻底孔　e）铣上部内轮廓　f）扩孔，精镗孔

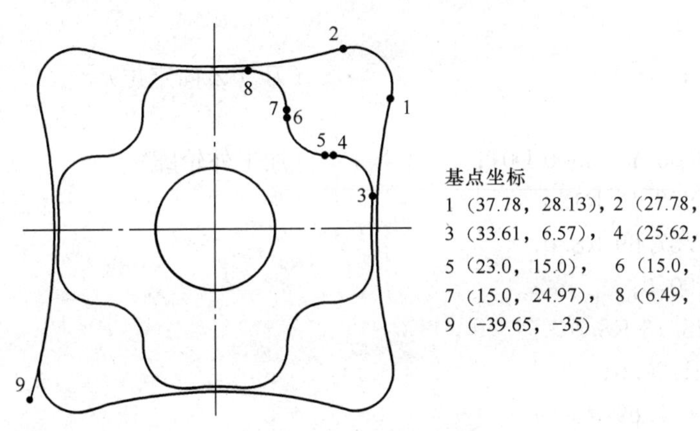

图 3—3　局部基点坐标

2. 编制加工程序

```
%0010;                              （底部轮廓加工程序）
G90 G94 G40 G21 G17 G54 F100;       （程序初始化）
G00 X-50.0 Y-50.0;                  （程序开始部分）
S800 M03;
G00 Z30.0 M08;
G01 Z-8.0;
G41 G01 X-18.0 D01;                 （建立刀补）
        Y18.0;                      （加工四方体）
        X18.0;
```

```
        Y-18.0;
        X-25.0;
G40 G01 X-50.0 Y-50.0;                    (取消刀补)
G01 Z-10.0;                               (刀具重新定位)
G41 G01 X-28.0 D01;
        Y0;                               (加工圆凸台)
G02 I28.0;
G40 G01 X-50.0 Y-50.0;
G00 Z100.0;                               (程序结束部分)
M05 M09;
M30;

%0020;                                    (外轮廓加工程序)
G90 G94 G40 G21 G17 G54 F100;             (程序开始部分)
G91 G28 Z0;
G90 G00 X-60.0 Y-50.0;
S800 M03;
G00 Z20.0 M08;                            (刀具 Z 向定位)
G01 Z-11.0;
G41 G01 X-39.65 Y-35.0 D01;               (加工外轮廓)
G03 X-37.78 Y28.13 R120.0;
G02 X-27.78 Y37.69 R8.0;
G03 X27.78 R100.0;
G02 X37.78 Y28.13 R8.0;
G03 Y-28.13 R120.0;
G02 X27.78 Y-37.69 R8.0;
G03 X-27.78 R100.0;
G02 X-37.78 Y-28.13 R8.0;
G40 G01 X-50.0;
G91 G28 Z0;                               (程序结束部分)
M05 M09;
M30;

%0030;                                    (内轮廓加工程序)
G90 G94 G40 G21 G17 G54 F100;             (程序开始部分)
G91 G28 Z0;
G90 G00 X0 Y0;
```

```
S800 M03;
G00 Z20.0 M08;                                  (刀具Z向定位)
G01 Z-6.0;
G41 G01 X0 Y-15.0 D01;                          (加工右侧内轮廓)
        X25.62;
G03 X33.61 Y-6.57 R8.0;
G02 Y6.57 R121.0;
G03 X25.62 Y15.0 R8.0;
G01 X23.0;
G02 X15.0 Y23.0 R8.0;                           (加工上方内轮廓)
G01 Y24.97;
G03 X6.49 Y32.96 R8.0;
G02 X-6.49 R101.0;
G03 X-15.0 Y24.97 R8.0;
G01 Y23.0;
G02 X-23.0 Y15.0 R8.0;                          (加工左侧内轮廓)
G01 X-25.62;
G03 X-33.61 Y6.57 R8.0;
G02 Y-6.57 R121.0;
G03 X-25.62 Y-15.0 R8.0;
G01 X-23.0;
G02 X-15.0 Y-23.0 R8.0;                         (加工下方内轮廓)
G01 Y-24.97;
G03 X-6.49 Y-32.96 R8.0;
G02 X6.49 R101.0;
G03 X15.0 Y-24.97 R8.0;
G01 Y-23.0;
G02 X23.0 Y-15.0 R8.0;
G40 G01 X0 Y0;                                  (取消刀具补偿和坐标旋转)
G91 G28 Z0;                                     (程序结束部分)
M05 M09;
M30;

%0040;                                          (精镗孔加工程序)
G90 G94 G40 G21 G17 G54 F100;                   (程序开始部分)
G91 G28 Z0;
G90 G00 X0 Y0;
```

```
S1500 M03 M08;
G00 Z50.0;
G76 X0 Y0 Z-22.0 R3.0 I1.0 J0 F100;          (精镗孔)
G80;
G91 G28 Z0;                                  (程序结束部分)
M05 M09;
M30;
```

说明：

（1）读者自行编写钻孔和粗铣孔的加工程序。

（2）轮廓加工时，粗、精加工采用同一程序，通过修改刀具半径补偿值来保证精加工余量和零件的加工精度。同时注意修改程序中的切削用量参数。

（3）采用精镗孔指令时，应注意加工过程中镗刀刀尖的退刀方向。

二、综合实例 2

例　加工如图 3—4 所示零件（毛坯尺寸为 80 mm×80 mm×20 mm），编写该零件的华中系统加工程序（忽略倒圆角加工程序）。

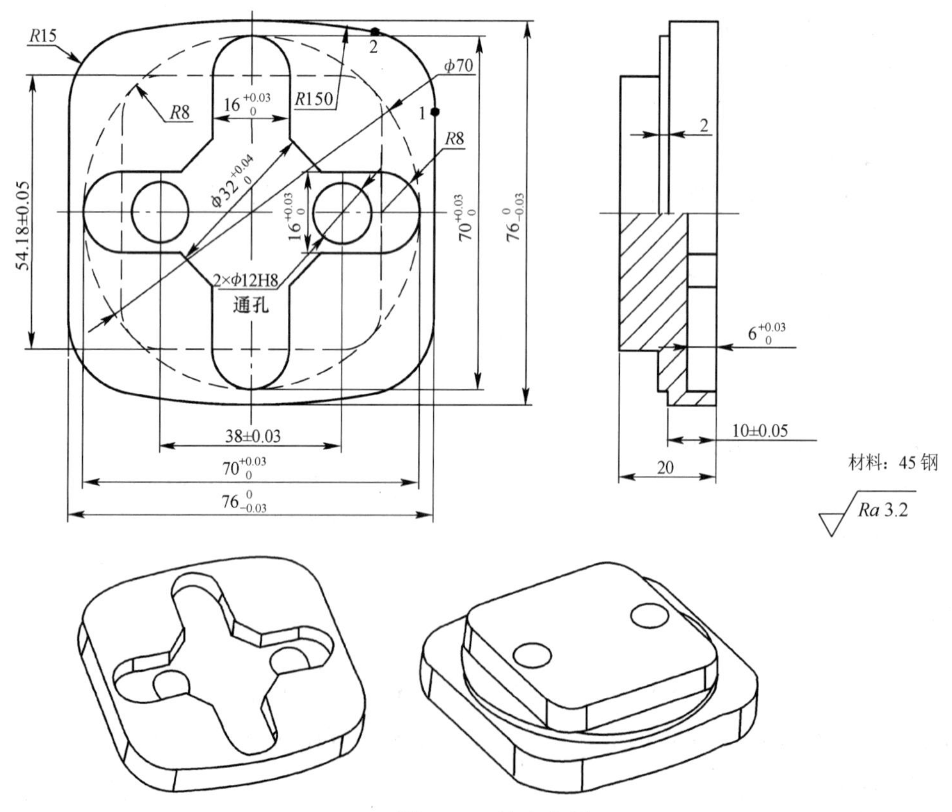

图 3—4　综合实例 2

1. 加工工艺分析

(1) 基点坐标分析

选择 MasterCAM 软件或 CAXA 制造工程师软件进行基点坐标分析，得出图 3—4 中局部基点坐标：1 (38.0，21.03)，2 (21.56，35.81)。

(2) 编制加工工序卡

零件的加工步骤如图 3—5 所示，其数控加工工序卡见表 3—2。

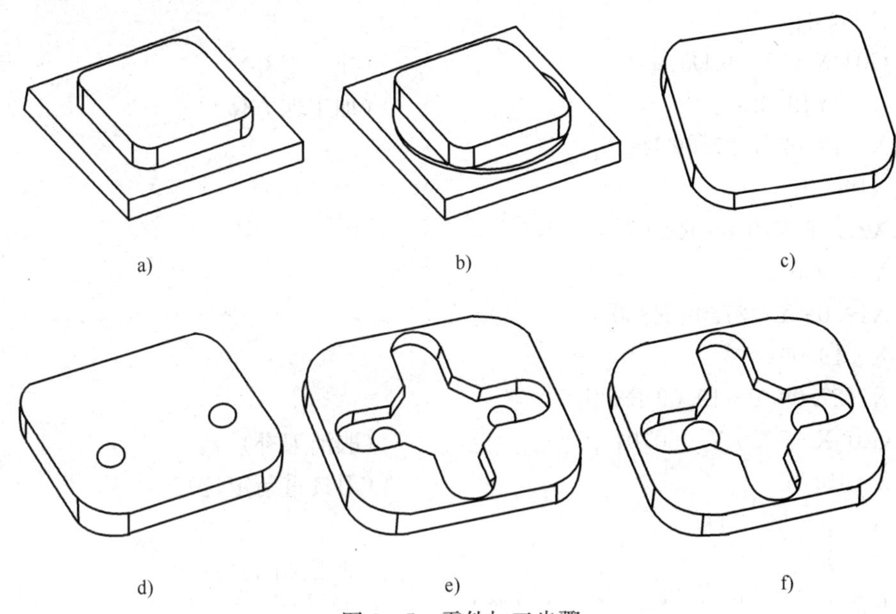

图 3—5 零件加工步骤

a) 铣下部四方体 b) 铣下部圆凸台 c) 铣上表面外轮廓 d) 钻孔 e) 铣上部内轮廓 f) 扩孔、铰孔

表 3—2 数控加工工序卡

工步号	工步内容（加工面）		刀具号	刀具规格	主轴转速 (r/min)	进给速度 (mm/min)	背吃刀量 (mm)
1	粗铣底部轮廓		T01	ϕ20 mm 立铣刀	500	120	8
2	精铣底部轮廓		T01	ϕ20 mm 立铣刀	1 000	60	8
3	粗铣上部外轮廓		T01	ϕ20 mm 立铣刀	500	120	10
4	精铣上部外轮廓		T01	ϕ20 mm 立铣刀	1 000	60	10
5	钻孔		T02	ϕ8 mm 钻头	800	80	4
6	粗铣上部内轮廓		T03	ϕ14 mm 立铣刀	700	120	6
7	精铣上部内轮廓		T03	ϕ14 mm 立铣刀	1 200	60	6
8	扩孔		T04	ϕ11.8 mm 钻头	700	80	1.9
9	铰孔		T05	ϕ12 mm 铰刀	200	100	0.1
编制		审核		批准		共_页 第_页	

2. 编制加工程序

```
%0010;                                  （底部轮廓加工程序）
G90 G94 G40 G21 G17 G54 F120;           （程序初始化）
G00 X-50.0 Y-50.0;                      （程序开始部分）
S500 M03;
G00 Z30.0 M08;
G01 Z-8.0;
G41 G01 X-27.09 D01;                    （建立刀补）
        Y19.09;                         （加工四方体）
G02 X-19.09 Y27.09 R8.0;
G01 X19.09;
G02 X27.09 Y19.09 R8.0;
G01 Y-19.09;
G02 X19.09 Y-27.09 R8.0
G01 X-19.09;
G02 X-27.09 Y-19.09 R8.0;
G40 G01 X-50.0 Y-50.0;                  （取消刀补）
G01 Z-10.0;                             （刀具重新定位）
G41 G01 X-35.0 D01;
        Y0;                             （加工圆凸台）
G02 I35.0;
G40 G01 X-50.0 Y-50.0;
G00 Z100.0;                             （程序结束部分）
M05 M09;
M30;

%0020;                                  （外形轮廓加工程序）
G90 G94 G40 G21 G17 G54 F120;           （程序初始化）
G91 G28 Z0;                             （程序开始部分）
G90 G00 X-50.0 Y-60.0;
S500 M03 M08;
G00 Z30.0;
G01 Z-11.0;
G41 G01 X-38.0 D01;                     （加工左侧直线和上方圆弧轮廓）
        Y21.03;
G02 X-21.56 Y35.81 R15.0;
G02 X21.56 R150.0;
```

```
G02 X38.0 Y21.03 R15.0;
G01 Y-21.03;                          (加工右侧直线和下方圆弧轮廓)
G02 X21.56 Y-35.81 R15.0;
G02 X-21.56 R150.0;
G02 X-38.0 Y-21.03 R15.0;
G40 G01 X-50.0 Y-50.0;                (取消刀补)
G91 G28 Z0;                           (程序结束部分)
M05 M09;
M30;

%0030;                                (铰孔加工程序)
G90 G94 G40 G21 G17 G54 F100;         (程序开始部分)
G91 G28 Z0;
G90 G00 X0 Y0;
S200 M03 M08;
G00 Z50.0;
G85 X19.0 Y0 Z-25.0 R3.0 F100;        (铰孔)
    X-19.0;
G80;
G91 G28 Z0;                           (程序结束部分)
M05 M09;
M30;
```

注：粗加工与精加工用同一程序，只是切削用量不同。

第三节　华中系统数控铣床/加工中心的操作

一、数控装置操作台

世纪星 HNC-21M 数控装置操作台如图 3—6 所示，为标准固定结构。操作台的左上部为彩色液晶显示器，用于中文菜单系统状态故障报警的显示和加工轨迹的图形仿真。操作台的右侧为数控系统键盘，用于零件程序编制的参数输入及系统管理操作等。操作台的下方是机床控制面板，主要用于直接控制机床的动作或加工过程。

1. 软件操作界面

HNC-21M 数控系统操作界面如图 3—7 所示。该界面由如下几部分组成。

（1）图形显示界面

在显示方式菜单下，可以设置显示模式、显示值、显示坐标系、图形放大倍数、夹具中心绝对位置等。

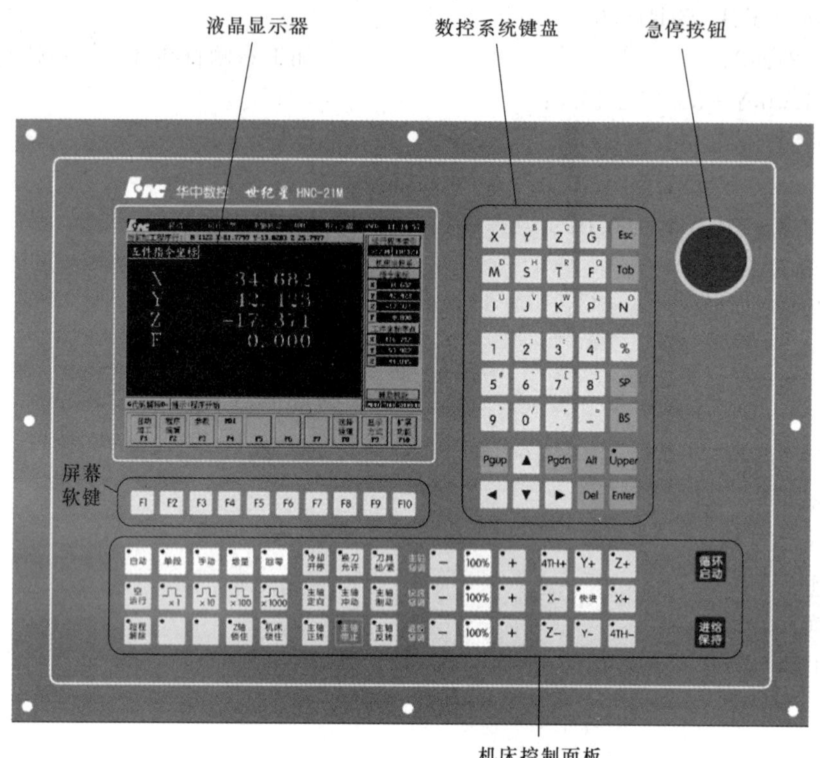

图 3—6　世纪星 HNC－21M 数控装置操作台

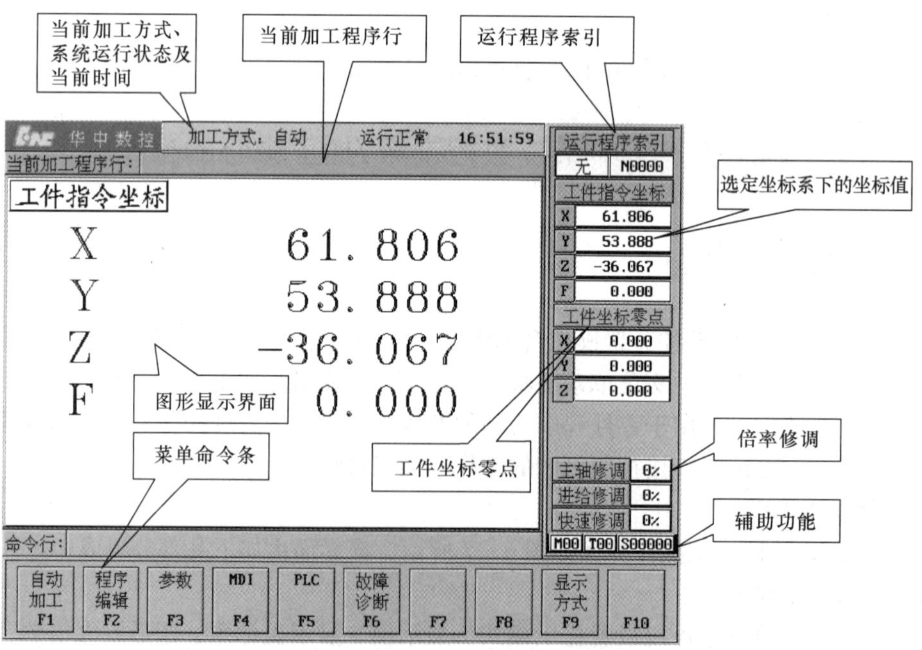

图 3—7　HNC－21M 数控系统操作界面

（2）菜单命令条

通过菜单命令条中的软键 F1～F10 来完成自动加工、程序编辑、参数、MDI、PLC、故障诊断等系统功能。

（3）运行程序索引

显示自动加工中的程序名和当前程序段行号。

（4）选定坐标系下的坐标值

坐标系可在机床坐标系、工件坐标系、相对坐标系之间进行切换。显示值可在指令位置、实际位置、剩余进给、跟踪误差、负载电流、补偿值之间进行切换。

（5）工件坐标零点

显示工件坐标系零点在机床坐标系中的坐标。

（6）倍率修调

显示当前主轴修调倍率、进给修调倍率和快速修调倍率。

（7）辅助功能

显示自动加工中的 M、S、T 代码。

（8）当前加工程序行

显示当前正在或将要加工的程序段。

（9）当前加工方式、系统运行状态及当前时间

系统当前加工方式根据机床控制面板上相应按键的状态可在“自动（运行）”“单段（运行）”“手动”“增量”“回零”“急停”“复位”等之间进行切换。系统运行状态在“运行正常”和“出错”之间切换。在其后显示当前系统时间。

2. 机床功能菜单

操作界面中最重要的部分是菜单命令条。系统功能的操作主要通过菜单命令条中的功能键 F1～F10 来完成。由于每个功能包含不同的操作，菜单采用层次结构，即在主菜单下选择一个菜单项后，数控系统显示窗口中会显示该功能下的子菜单，操作人员可根据该子菜单的内容选择所需的操作，如图 3—8 所示。当要返回主菜单时，在子菜单中按［F10］键即可。HNC-21M 的功能菜单结构（F1～F6）如图 3—9 所示。

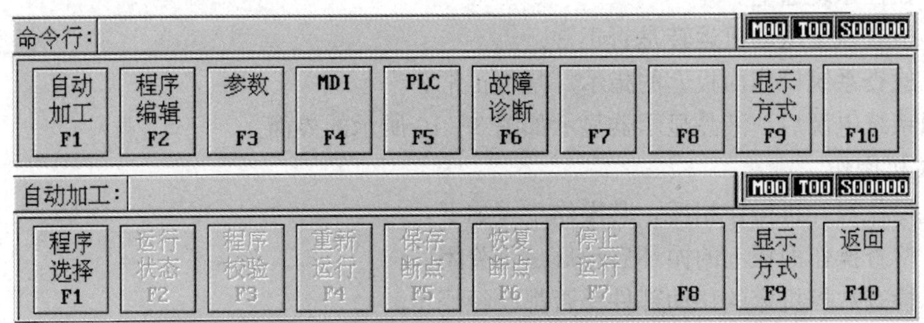

图 3—8　菜单层次

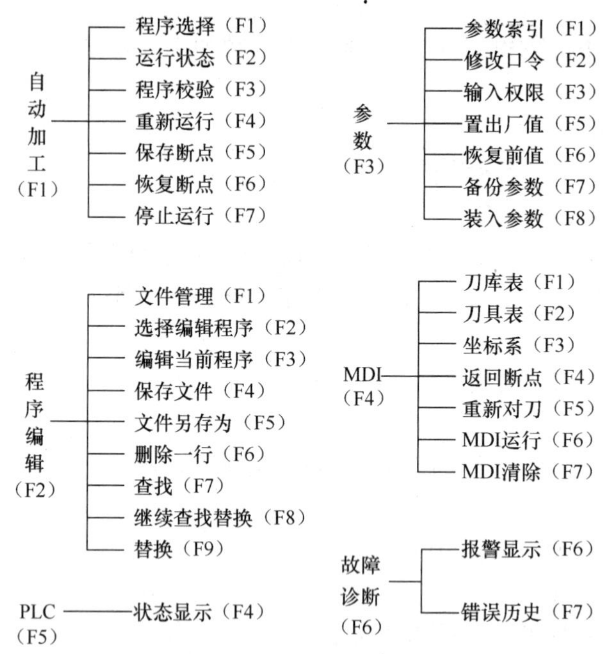

图 3—9 HNC－21M 数控系统操作界面的功能菜单结构（F1～F6）

二、机床开、关机及返回机床参考点操作

1. 开机操作

（1）检查机床状态是否正常。

（2）检查电源电压是否符合要求，接线是否正确。

（3）按下急停按钮。

（4）机床通电。

（5）数控系统通电。

（6）检查风扇电动机运转是否正常。

（7）检查系统操作面板上的指示灯是否正常。

接通系统电源后，液晶显示器显示如图 3—10 所示的界面。

2. 关机操作

关机操作与开机操作相反，其操作步骤如下：

（1）检查操作面板上的循环启动灯是否关闭。

（2）检查数控机床的移动部件是否都已经停止。

（3）按下机床急停按钮。

（4）如果有外部输入/输出设备接到机床上，先关闭外部设备的电源。

（5）按下“POWER OFF”键，关闭系统电源，再关闭机床总电源。

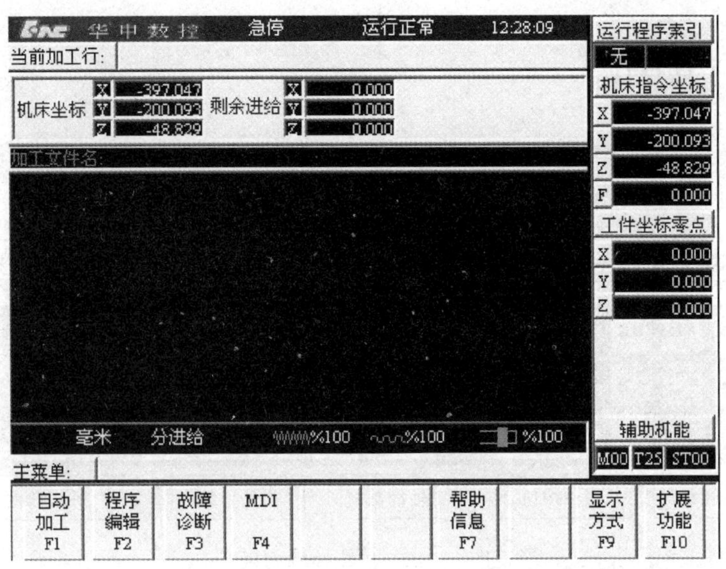

图 3—10 系统电源接通后的系统界面

3. 返回机床参考点操作

(1) 按下控制面板上的“回零”按钮，确保系统处于回参考点方式。

(2) 按下控制面板上的“Z+”按钮，使 Z 轴回参考点。

(3) 用同样的方法，顺序按下“X+”“Y+”“4TH+”按钮，使 X 轴、Y 轴和 4TH 轴回参考点。

机床返回参考点后的界面如图 3—11 所示。

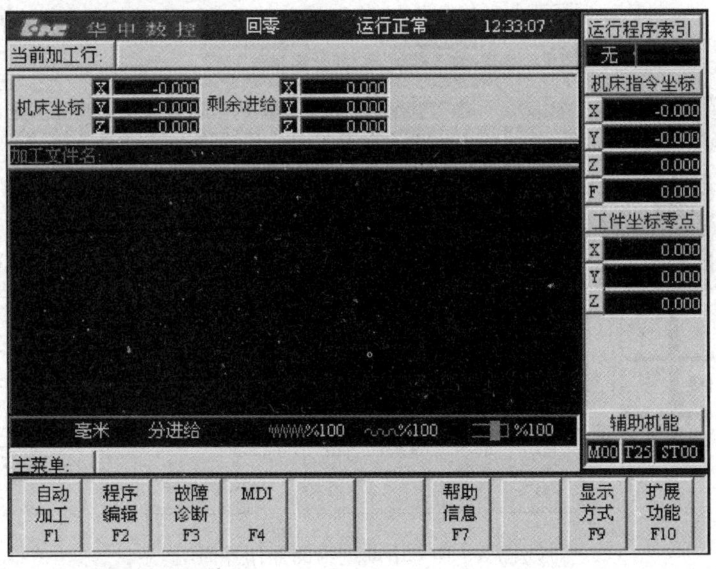

图 3—11 机床返回参考点后的界面

三、机床手动操作

机床手动操作主要由手持单元（又称为手摇脉冲发生器）和机床控制面板共同完成。机床控制面板如图 3—12 所示。

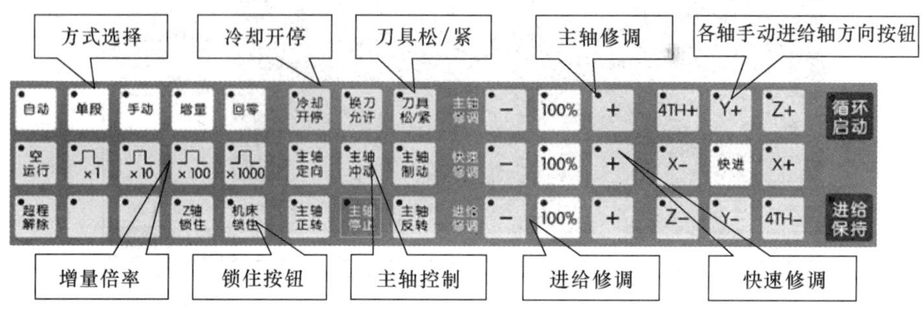

图 3—12　机床控制面板

1. 手动进给

（1）按下“手动”模式选择按钮。

（2）调节“进给修调”按钮，选择合适的进给速度倍率。

（3）按下相应的手动进给轴方向按钮不松开，即可使刀具沿所选轴方向连续进给。

（4）如果要进行快速手动进给，只需在手动进给的同时按下位于进给轴方向按钮中间的“快进”按钮即可。手动进给的操作界面如图 3—13 所示。

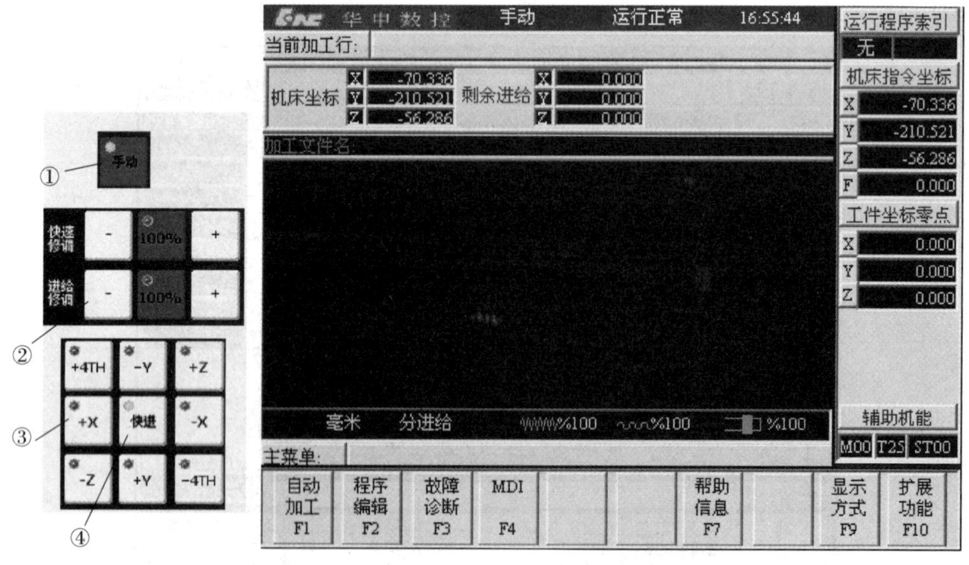

图 3—13　手动进给的操作界面

2. 增量进给

（1）选择“增量”模式。

（2）选择相应的增量倍率。

（3）按下相应的进给轴方向按钮，则坐标轴向相应的方向移动一个增量值。

增量进给有“×1”“×10”“×100”和“×1 000”四个“增量倍率”按钮，相对应的增量移动量为 0.001 mm、0.01 mm、0.1 mm 和 1 mm。这几个按钮互锁，按下其中一个使其对应指示灯亮起时，其余几个会失效，且其对应的指示灯灭。

3. 手摇连续进给

（1）选择如图 3—14 所示的手持单元（又称为手轮），“坐标轴选择”开关置于“X”“Y”“Z”或“A”。

图 3—14　手持单元

（2）选择刀具要移动的轴。

（3）选择增量步长。

（4）旋转手轮，使刀具向相应的方向移动。

4. 超程解除

在伺服轴行程的两端各有一个极限开关，其作用是防止伺服机构碰撞而损坏。每当伺服机构碰到极限开关时，就会出现超程报警。其解除方法如下：

（1）松开“急停”按钮，工作方式选择“手动”或“手摇”模式。

（2）按住“超程解除”按钮不松开，暂时忽略超程的紧急情况。

（3）在“手动”（或“手摇”）模式下，使该轴向相反方向退出超程状态。

（4）松开“超程解除”按钮。

5. 主轴相关功能

（1）按一下“主轴正转”按钮，其指示灯亮，主轴电动机以机床参数设定的转速正转。

（2）按一下“主轴反转”按钮，其指示灯亮，主轴电动机以机床参数设定的转速反转。

（3）按一下“主轴停止”按钮，其指示灯亮，主轴电动机停止运转。

（4）在“手动”模式下，当主轴制动无效时，按一下“主轴定向”按钮，主轴立即执行定向功能。定向完成后按钮内指示灯亮，主轴准确停止在某一固定位置。

（5）按压“主轴修调”按钮行中的“100%”按钮，主轴修调倍率被置为 100%；按一下“+”按钮，主轴修调倍率递增 5%；按一下“－”按钮，主轴修调倍率递减 5%。

6. 机床锁住

在“手动”运行方式下，按一下“机床锁住”按钮，其指示灯亮。此时，再进行手动操作，系统继续执行，显示屏上的坐标轴位置信息变化，但不输出伺服轴的移动指令，所以机床停止不动。

7. 手动数据输入（MDI）运行

（1）如图 3—15 所示，在主菜单界面下，按［F4］键进入 MDI 功能子菜单。

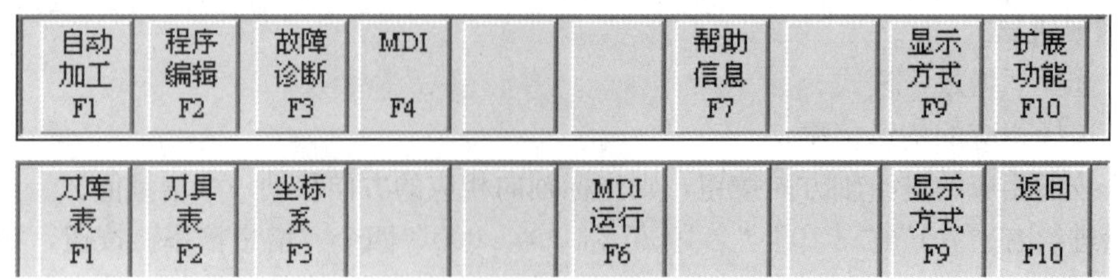

图 3—15　MDI 功能子菜单

（2）在 MDI 功能子菜单下按［F6］键，进入“MDI 运行”方式，工作界面如图 3—16 所示。命令行的底色变成了白色，并且有光标在闪烁。

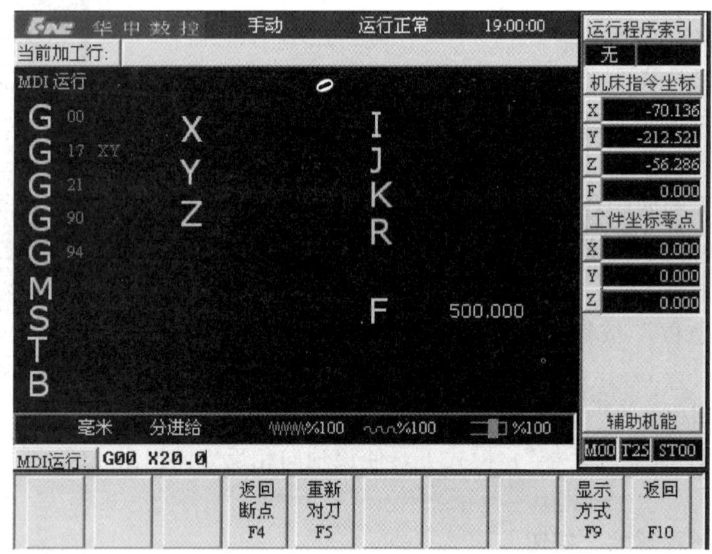

图 3—16　MDI 运行工作界面

（3）从系统键盘输入一个 G 代码指令段，按一下操作面板上的“循环启动”按钮，系统即开始运行所输入的 MDI 指令。

四、数据设置

1. 设定工件坐标系

（1）如图 3—15 所示，在主菜单界面下，按［F4］键进入 MDI 功能子菜单。

（2）在 MDI 功能子菜单下按［F3］键，进入如图 3—17 所示的坐标系手动设定界面，首先显示 G54 坐标系数据。按 Pgdn 或 Pgup 键选择 G55、G56、G57 等坐标系。

（3）在命令行输入所需数据，如输入“X－200”并按 Enter 键，即将 G54 坐标系中的 X 值设置为“－200”。

（4）采用同样的方式，对其他坐标值进行设定。

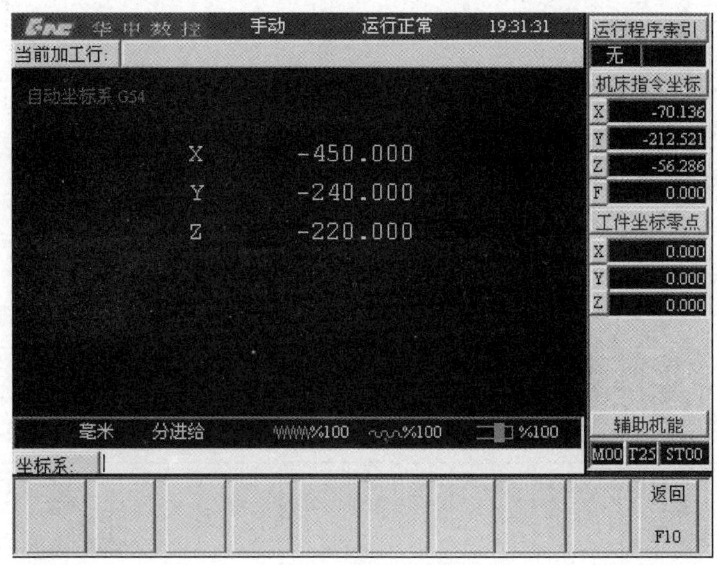

图 3—17 坐标系手动设定界面

2. 设定刀具参数

（1）如图 3—15 所示，在主菜单界面下，按［F4］键进入 MDI 功能子菜单。

（2）在 MDI 功能子菜单下按［F2］键进入如图 3—18 所示的刀具数据显示界面。

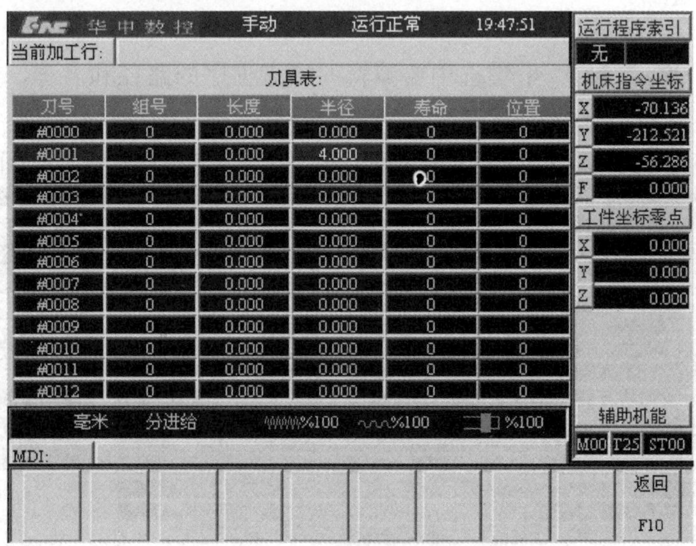

图 3—18 刀具数据显示界面

（3）用▲、▼、▶、◀、Pgup、Pgdn键移动蓝色亮条选择要编辑的选项。

（4）按Enter键，蓝色亮条所指刀具数据的颜色和背景都发生变化，同时有一个光标在闪烁。

（5）用▶、◀、BS、Del键进行编辑修改。

（6）修改完毕，按Enter键确认。

五、程序输入与文件管理

如图 3—19 所示，在系统主菜单界面下，按［F2］键进入“程序编辑”功能子菜单，可以对零件程序进行编辑、存储与传递，以及对文件进行管理。

自动加工 F1	程序编辑 F2	故障诊断 F3	MDI F4			帮助信息 F7		显示方式 F9	扩展功能 F10

文件管理 F1	选择编辑程序 F2							显示方式 F9	返回 F10

图 3—19　程序编辑功能子菜单

1. 选择磁盘程序

（1）在“程序编辑”功能子菜单下，按［F2］键，弹出如图 3—20 所示的选择编辑程序菜单。

磁盘程序	F1
正在加工的程序	F2

图 3—20　选择编辑程序菜单

（2）按［F1］键选择“磁盘程序”，弹出如图 3—21 所示的程序列表界面。

（3）用▲、▼、▶、◀键选中要编辑的磁盘程序的路径和名称，如当前目录下的“O0068”。

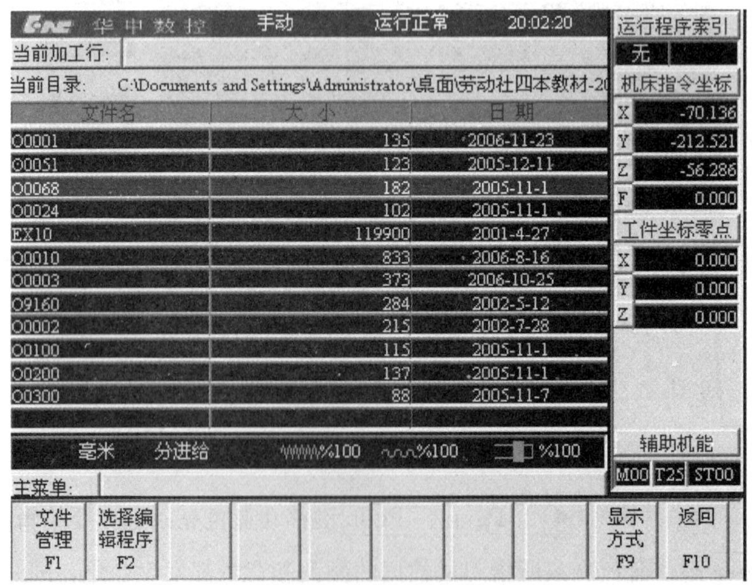

图 3—21　程序列表界面

（4）按[Enter]键，使该程序进入如图 3—22 所示的程序编辑界面。

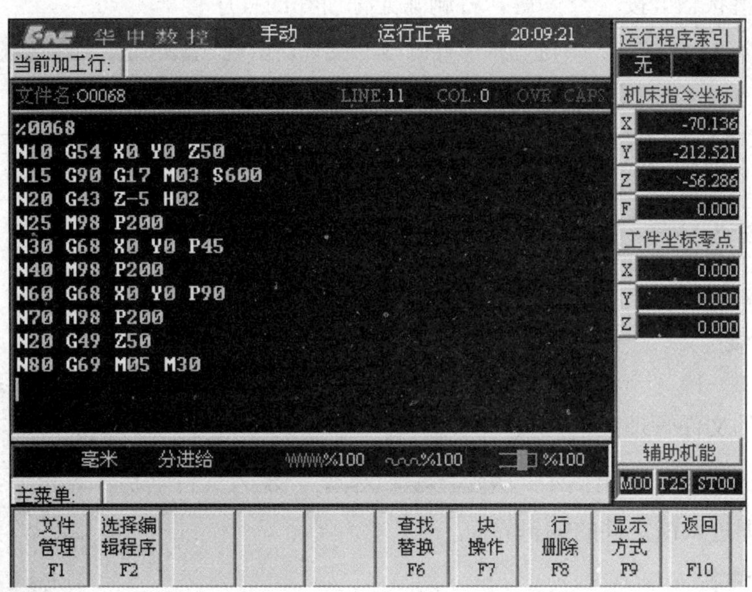

图 3—22 程序编辑界面

2. 选择正在加工的程序

（1）如图 3—20 所示，按［F2］键选择“正在加工的程序”。

（2）如果当前没有可供选择的加工程序，则提示“主菜单: 当前通道没有选择加工程序!”；否则，编辑器将把正在加工的程序调入编辑缓冲区。

3. 编辑当前程序

当编辑器获得一个零件程序后就可以编辑当前程序了。下面介绍编辑过程中用到的主要快捷键。

[Del]：删除光标后的一个字符，光标位置不变，余下的字符左移一个字符位置。

[Pgup]：使编辑程序向程序开头滚动一屏，光标位置不变。如果到了程序开头则光标移到文件首行的第一个字符处。

[Pgdn]：使编辑程序向程序末尾滚动一屏，光标位置不变，如果到了程序末尾则光标移到文件末行的第一个字符处。

[BS]：删除光标前的一个字符，光标向前移动一个字符位置，余下的字符左移一个字符位置。

[◀]：使光标左移一个字符位置。

[▶]：使光标右移一个字符位置。

[▲]：使光标上移一行。

[▼]：使光标下移一行。

程序编辑管理菜单如图 3—23 所示。编辑程序具体的操作如下：

（1）在编辑状态下按［F8］键，将删除光标所在的程序行。

（2）程序修改后，按［F4］键，将保存修改的文件，出现“编辑:　保存文件:O0068成功。”提示。

图 3—23　程序编辑管理菜单

4. 新建目录

（1）如图 3—19 所示，在该子菜单下按［F1］键，将弹出如图 3—24 所示的文件管理菜单。

（2）按［F2］键，弹出提示“输入新文件名”，输入文件名后按 Enter 键，即进入该文件的编辑界面。

更改文件名	F1
新建文件	F2
拷贝文件	F3
删除文件	F4
文件另存为	F5
映射网络盘	F6
断开网络盘	F7

图 3—24　文件管理菜单

5. 更改文件名

（1）在如图 3—24 所示的文件管理菜单下按［F1］键，即进入如图 3—21 所示的程序列表窗口。

（2）用▲、▼、▶、◀键选中想要更改的文件名。

（3）按 Enter 键，出现提示“文件改名为”，输入相应的文件名（如“O12”）后按 Enter 键，出现提示“文件改名为　确实要将文件O0024改名吗(Y/N)?Y”。

（4）按下 Y 键，出现提示“文件改名为　已将文件O0024改名为O12!”，完成文件名的更改。

6. 删除文件

（1）在如图 3—24 所示的文件管理菜单下，按［F4］键，即进入如图 3—21 所示的程序列表窗口。

（2）用▲、▼、▶、◀键选中想要删除的文件。

（3）按 Enter 键，出现提示“选择删除文件　确实要删除文件O12吗(Y/N)?Y”。

（4）按下 Y 键，出现提示“选择删除文件　已将文件O12删除!”，完成文件的删除。

六、程序运行

1. 选择运行程序

（1）选择“自动”模式，出现如图 3—25 所示的自动加工界面。

（2）按下［F1］键，进入如图 3—26 所示的选择加工程序界面。

（3）再次按下［F1］键，弹出如图 3—27 所示的选择运行程序子菜单。

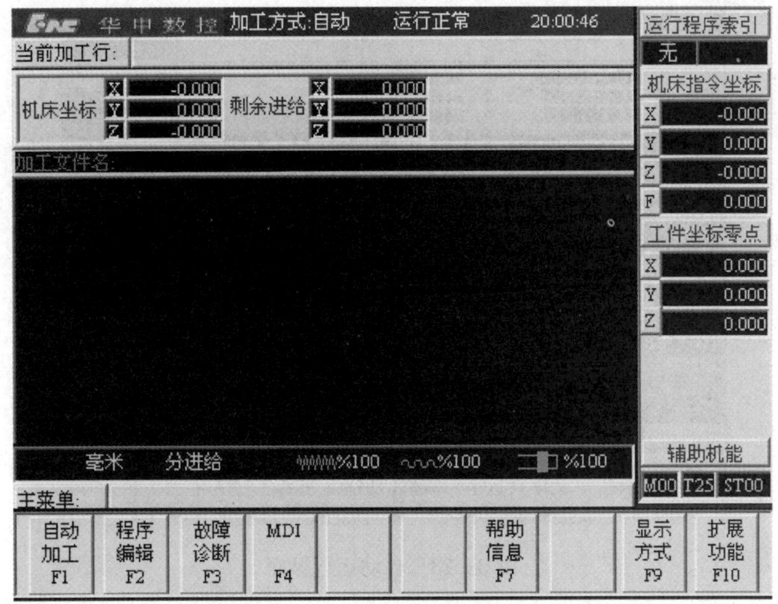

图 3—25 自动加工界面

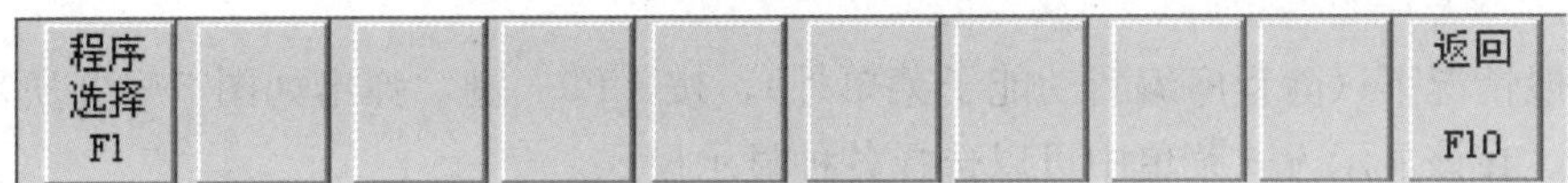

图 3—26 选择加工程序界面

图 3—27 选择运行程序子菜单

（4）按下［F1］键，进入如图 3—21 所示的程序列表窗口，用▲、▼键选中想要运行的文件名。

（5）按下“循环启动”按钮，文件开始自动运行，自动运行界面如图 3—28 所示。

2. 程序暂停和程序再启动

在程序运行的过程中，需要暂停运行，可按下机床控制面板上的“进给保持”按钮，程序即暂停自动运行。

在自动运行暂停状态下，按下机床控制面板上的“循环启动”按钮，系统将从暂停状态重新启动，继续运行。

3. 单段运行和空运行

在“自动”模式下，按下机床控制面板上的“单段”按钮，其指示灯亮，系统处于单段自动运行方式。此时，按一下“循环启动”按钮，运行一程序段，机床运动轴减速停止；再按一下“循环启动”按钮，再执行下一程序段后，机床又再次停止。

在“自动”模式下，按下机床控制面板上的“空运行”按钮，其指示灯亮，系统处于空运行状态，程序中编制的进给速率被忽略，坐标轴以最大快移速度移动。

注意：空运行不做实际切削，其目的在于确认切削路径及程序的正确性。

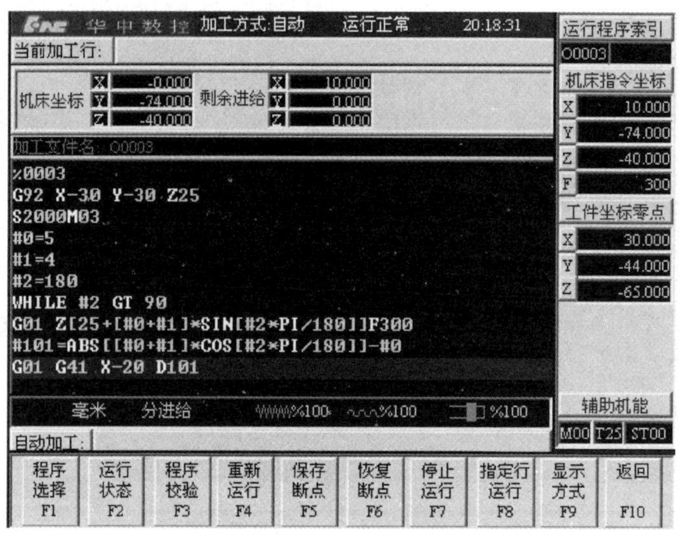

图 3—28　自动运行界面

七、显示

在一般情况下（除程序编辑功能子菜单外），按［F9］键，弹出如图 3—29 所示的显示方式菜单。在该显示方式菜单中可以选择各种显示模式。

在显示方式菜单中按［F6］键，弹出如图 3—30 所示的显示模式选择菜单，共有八种显示模式可供选择。下面简要说明各种显示模式。

显示模式　F6
显示值　F7
坐标系　F8
图形显示参数　F9
相对值零点　F10

图 3—29　显示方式菜单

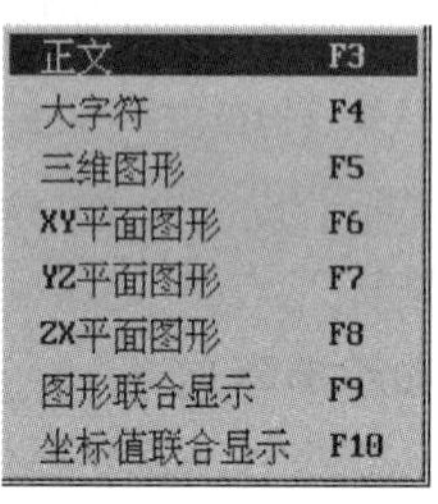

图 3—30　显示模式选择菜单

正文：当前加工的 G 代码程序。

大字符：显示值菜单显示为大字符。

三维图形：当前刀具轨迹的三维图形。

XY 平面图形：刀具轨迹在 *XY* 平面上的投影。

YZ 平面图形：刀具轨迹在 *YZ* 平面上的投影。

ZX 平面图形：刀具轨迹在 *ZX* 平面上的投影。

图形联合显示：刀具轨迹的所有三视图及正等测视图。

坐标值联合显示：指令坐标、实际坐标、剩余进给。

1. 程序显示

（1）在如图 3—30 所示的显示模式选择菜单中，用▲、▼键选中“正文”选项。

（2）按Enter键，将显示如图 3—31 所示的加工程序的正文。

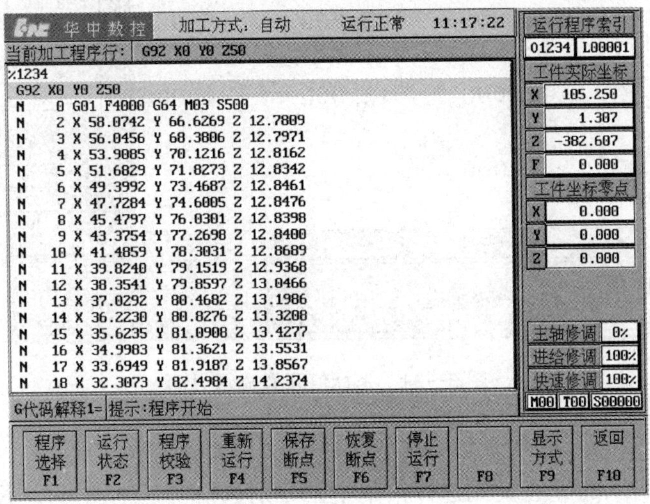

图 3—31　加工程序的正文

2. 当前位置显示

（1）坐标系选择

在如图 3—29 所示的显示方式菜单中按［F8］键，出现如图 3—32 所示的坐标系选择菜单。

（2）位置值类型选择

在如图 3—29 所示的显示方式菜单中按［F7］键，出现如图 3—33 所示的显示值选择菜单。

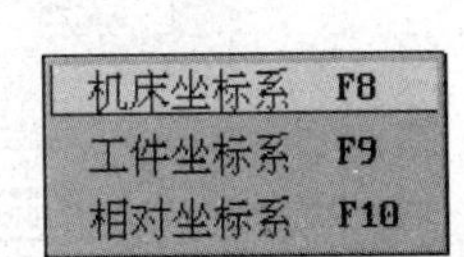

图 3—32　坐标系选择菜单

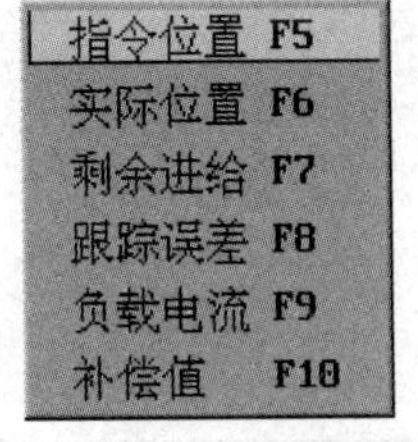

图 3—33　显示值选择菜单

（3）当前位置值显示

在如图 3—29 所示的显示方式菜单中按［F6］键，在弹出的显示模式选择菜单（图 3—30）中选择“大字符”选项，按Enter键，则在界面中显示由显示值选择菜单所选显示值的大字符。

3. 坐标值显示与图形显示

（1）坐标值联合显示

在如图 3—30 所示的显示模式选择菜单中按［F10］键，出现如图 3—34 所示的坐标值联合显示界面。

图 3—34　坐标值联合显示界面

（2）图形显示

在如图 3—30 所示的显示模式选择菜单中，分别选择“三维图形”“XY 平面图形”“YZ 平面图形”“ZX 平面图形”或“图形联合显示”选项，即进入相应的图形显示界面。如图 3—35 所示为 XY 平面图形显示界面。

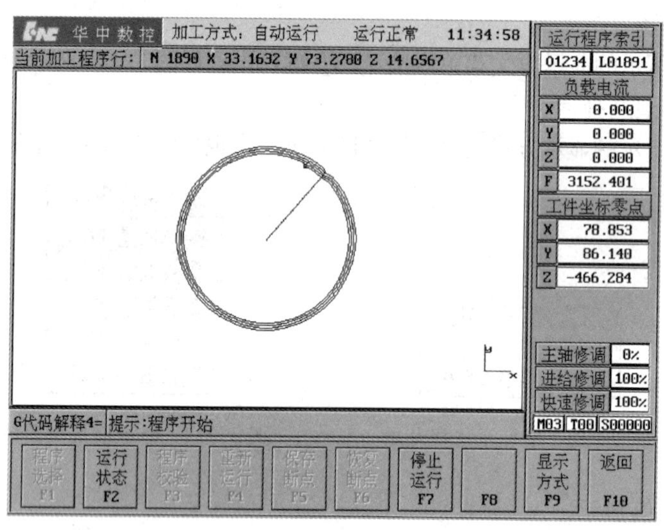

图 3—35　XY 平面图形显示界面

思考与练习

1. 华中系统有什么特点？

2. 比较 FANUC 系统和华中系统的加工程序，它们有什么相同点和不同点？

3. FANUC 系统和华中系统的子程序书写格式有什么不同？

4. 如何进行手动进给操作？

5. 如何进行新建目录操作？

6. 如何进行当前位置值显示操作？

7. 如何进行 XY 平面图形显示操作？

8. 如何进行设定工件坐标系操作？

9. 加工如图 3—36 所示零件（毛坯尺寸为 100 mm×100 mm×20 mm），编写其数控铣削加工程序。

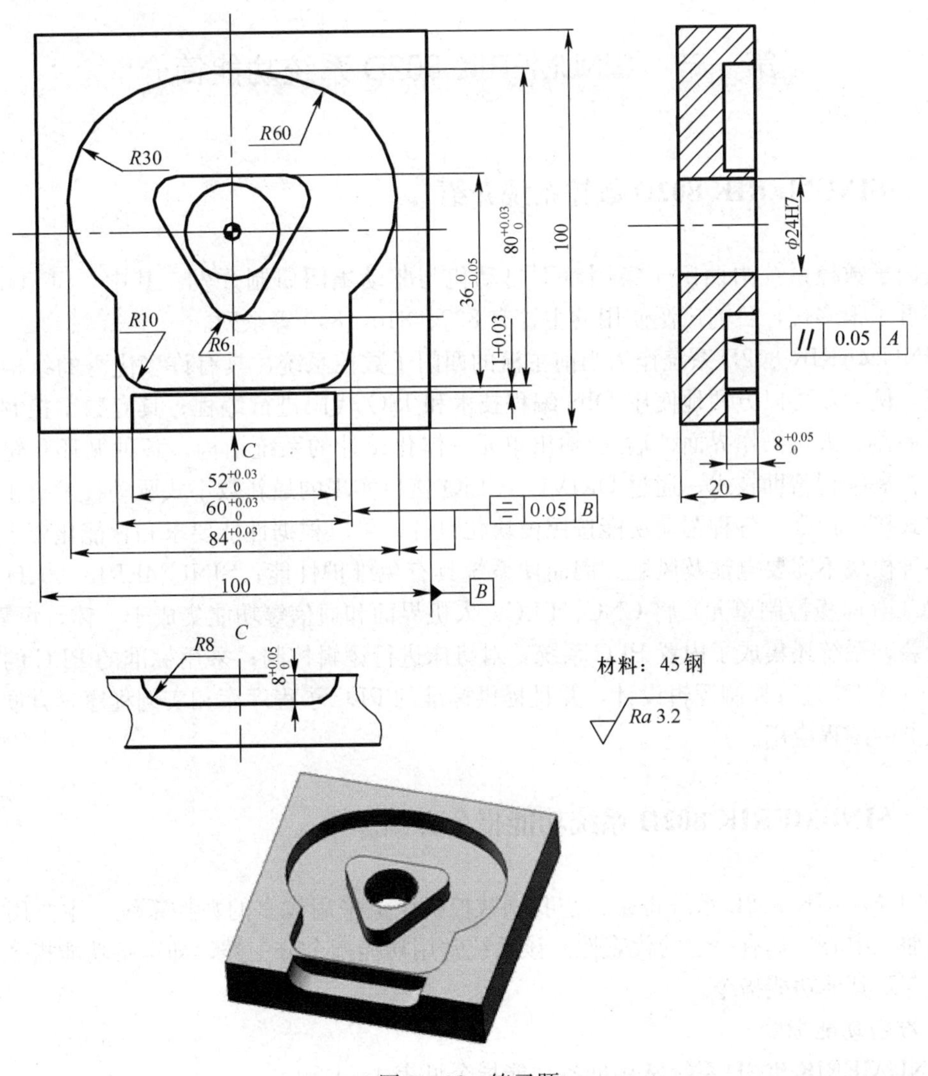

图 3—36 练习题

第四章

SIEMENS SINUMERIK 802D 系统的编程与操作

第一节 SINUMERIK 802D 系统功能简介

一、SINUMERIK 802D 数控系统介绍

西门子数控系统由西门子集团旗下自动化与驱动集团研制开发。其中，SINUMERIK 系统发展了很多代，目前广泛使用的主要有 802、810、840 等系列。

SINUMERIK 802D 系统作为当前主流的西门子数控系统，具有许多优秀的结构和卓越的性能。例如，可以方便地使用 DIN 编程技术和 ISO 代码进行编程；具有数字控制器、可编程控制器、人机操作界面、输入/输出单元一体化设计的系统结构；各种循环和轮廓编程提供了扩展编程帮助技术；通过 DRIVE - CLiQ 接口实现的最新数字式驱动技术提供了统一的数字式接口标准；各种驱动功能按照模块化设计，可以根据性能要求和智能化要求灵活安排；各种模块不需要电池及风扇，因而使系统具有免维护性能；SINUMERIK 802D 的核心部件 PCU（面板控制单元）将 CNC、PLC、人机界面和通信等功能集成于一体，可靠性高，易于安装；系统还集成了内置 PLC 系统，对机床进行逻辑控制；采用标准的 PLC 的编程语言 Micro/WIN 进行控制逻辑设计，并且提供标准的 PLC 子程序库和实例程序，方便了编程操作人员的编程应用。

二、SINUMERIK 802D 系统功能指令介绍

SINUMERIK 802D 系统也是目前我国数控机床上采用较多的数控系统，主要用于数控铣床和加工中心，具有一定的代表性。该系统常用功能指令分三类，即准备功能指令、辅助功能指令及其他功能指令。

1. 准备功能指令

SINUMERIK 802D 系统常用准备功能指令见表 4—1。

表 4—1　　SINUMERIK 802D 系统常用准备功能指令

G 代码	组别	功能	程序格式及说明
G00	01	快速点定位	G00 IP __；
G01 ▲		直线插补	G01 IP __ F __；
G02		顺时针圆弧插补	G02（G03）X __ Y __ CR= __ F __；
G03		逆时针圆弧插补	G02（G03）X __ Y __ I __ J __ F __；
G04 *	02	暂停	G04 F __；或 G04 S __；
G05	01	通过中间点的圆弧	G05 X __ Y __ LX __ KZ __ F __；
G09 *	11	准停	G01 G09 IP __；
G17 ▲	06	选择 *XY* 平面	G17；
G18		选择 *ZX* 平面	G18；
G19		选择 *YZ* 平面	G19；
G22	29	半径度量	G22；
G23 ▲		直径度量	G23；
G25 *	03	主轴低速限制	G25 S __ S1= __ S2= __；
G26V *		主轴高速限制	G26 S __ S1= __ S2= __；
G33	01	螺纹切削	G33 Z __ K __ SF __；（圆柱螺纹）
G331		攻螺纹	G331 Z __ K __；
G332		攻螺纹返回	G332 Z __ K __；
G40 ▲	07	刀具半径补偿取消	G40；
G41		刀具半径左补偿	G41 G01 IP __；
G42		刀具半径右补偿	G42 G01 IP __；
G53 *	09	解除零点偏置	G53；
G54	08	选择工件坐标系 1	G54；
G55		选择工件坐标系 2	G55；
G56		选择工件坐标系 3	G56；
G57		选择工件坐标系 4	G57；
G505～G599		调用 5～99 零点偏置	G505～G599
G60 ▲	10	准停	G60 IP __；

续表

<table>
<tr><th>G代码</th><th>组别</th><th>功能</th><th>程序格式及说明</th></tr>
<tr><td>G601　▲</td><td rowspan="3">12</td><td>精确的准停</td><td rowspan="3">该指令一定要在G60或G09有效时才有效</td></tr>
<tr><td>G602</td><td>粗准停</td></tr>
<tr><td>G603</td><td>插补结束时的准停</td></tr>
<tr><td>G63</td><td>02</td><td>攻螺纹方式</td><td>G63 Z F __；</td></tr>
<tr><td>G64</td><td rowspan="2">10</td><td>轮廓加工方式</td><td>G64　连续路径方式</td></tr>
<tr><td>G641</td><td>过渡圆轮廓加工方式</td><td>G641 ADIS=__；</td></tr>
<tr><td>G70</td><td rowspan="2">13</td><td>英制</td><td>G70；</td></tr>
<tr><td>G71　▲</td><td>公制</td><td>G71；</td></tr>
<tr><td>G74　*</td><td rowspan="2">02</td><td>返回参考点</td><td>G74 X1=0 Y1=0 Z1=0；</td></tr>
<tr><td>G75　*</td><td>返回固定点</td><td>G75 FP=2 X1=0 Y1=0 Z1=0；</td></tr>
<tr><td>G90　▲</td><td rowspan="6">14</td><td>绝对值编程</td><td>G90 G01 X __ Y __ Z __ F __；</td></tr>
<tr><td>G91</td><td>增量值编程</td><td>G91 G01 X __ Y __ Z __ F __；</td></tr>
<tr><td>G94</td><td>每分钟进给（mm/min）</td><td>G94；</td></tr>
<tr><td>G95</td><td>每转进给（mm/r）</td><td>G95；</td></tr>
<tr><td>G96</td><td>恒线速度</td><td>G96 S __ LIMS=__；</td></tr>
<tr><td>G97</td><td>每分钟转数</td><td>G97 S __；</td></tr>
<tr><td>G110　*</td><td rowspan="4">03</td><td rowspan="3">相对于不同点为极点的极坐标编程</td><td>G110 X __ Y __ Z __；</td></tr>
<tr><td>G111　*</td><td>G111 X __ Y __ Z __；</td></tr>
<tr><td>G112　*</td><td>G112 X __ Y __ Z __；</td></tr>
<tr><td>G158　*</td><td>可编程平移</td><td>G158 X __ Y __ Z __；</td></tr>
<tr><td>G450　▲</td><td rowspan="2">18</td><td>圆角过渡拐角方式</td><td>G450 DISC=__；</td></tr>
<tr><td>G451</td><td>尖角过渡拐角方式</td><td>G451；</td></tr>
<tr><td>TRANS</td><td rowspan="8">框架指令</td><td rowspan="2">可编程平移</td><td>TRANS X __ Y __ Z __；</td></tr>
<tr><td>ATRANS</td><td>ATRANS X __ Y __ Z __；</td></tr>
<tr><td>ROT</td><td rowspan="2">可编程旋转</td><td>ROT RPL=__；</td></tr>
<tr><td>AROT</td><td>AROT RPL=__；</td></tr>
<tr><td>SCALE</td><td rowspan="2">可编程比例缩放</td><td>SCALE X __ Y __ Z __；</td></tr>
<tr><td>ASCALE</td><td>ASCALE X __ Y __ Z __；</td></tr>
<tr><td>MIRROR</td><td rowspan="2">可编程镜像</td><td>MIRROR X0 Y0 Z0；</td></tr>
<tr><td>AMIRROR</td><td>AMIRROR X0 Y0 Z0；</td></tr>
<tr><td>CYCLE81</td><td rowspan="3">固定循环</td><td>钻孔循环</td><td rowspan="3">CYCLE8 __（RTP，RFP，SDIS，DP，DPR，…）</td></tr>
<tr><td>CYCLE82</td><td>钻孔、锪孔循环</td></tr>
<tr><td>CYCLE83</td><td>深孔加工循环</td></tr>
</table>

续表

G 代码	组别	功能	程序格式及说明
CYCLE84	固定循环	刚性攻螺纹循环	CYCLE8 _（RTP，RFP，SDIS，DP，DPR，…）
CYCLE840		柔性攻螺纹循环	
CYCLE85		镗孔循环	
CYCLE86		精镗孔循环	
CYCLE87		镗孔循环	
CYCLE88		镗孔循环	
CYCLE89		镗孔循环	
HOLES1	固定样式循环	直线均布孔样式	HOLES _（RTP，RFP，SDIS，DP，DPR，…）
HOLES2		圆周均布孔样式	
SLOT1		圆形阵列槽铣削样式	SLOT _（RTP，RFP，SDIS，DP，DPR，…）
SLOT2		环形槽铣削样式	
POCKET1		矩形槽铣削样式	POCKET _（RTP，RFP，SDIS，DP，DPR，…）
POCKET2		圆形槽铣削样式	

关于准备功能的说明如下：

（1）当电源接通或复位时，数控机床进入初始状态。此时，开机默认代码在表中以符号“▲”表示。但此时原来的 G71 或 G70 保持有效。

（2）表中的固定循环和固定样式循环及用“*”表示的 G 代码均为非模态代码。

（3）不同组的 G 代码在同一程序段中可以指令多个。如果在同一程序段中指令了多个同组的 G 代码，仅执行最后指令的 G 代码。

2. 辅助功能指令

辅助功能以代码 M 表示。西门子数控系统的辅助功能代码与通用的 M 代码类似，参阅本书第一章。

3. 其他功能指令

常用的其他功能代码有刀具功能代码、转速功能代码、进给功能代码等，具体功能指令的含义及用途参阅本书第一章。

第二节 轮廓铣削

一、SINUMERIK 802D 系统轮廓加工过程中使用的特殊指令

1. 圆弧插补指令

在 SINUMERIK 802D 系统中，除了前面介绍的两种圆弧插补指令（即起点、终点、半

径确定圆弧和起点、终点、圆心确定圆弧）外，还有以下多种形式。

（1）起点、终点和张角

如图 4—1 所示，已知圆弧的起点、终点和圆弧的张角，其圆弧加工指令如下：

G00 X30.0 Y10.0;　　（圆弧起点）

G03 X10.0 Y20.0 AR=100.0;　　（终点和张角）

其中，AR=__表示圆弧张角，圆弧的半径由系统自动计算。

（2）起点、圆心和张角

如图 4—2 所示，已知圆弧的起点、圆心和圆弧的张角，其圆弧加工指令如下：

G00 X30.0 Y10.0;　　（圆弧起点）

G03 I-13.5 J-5.0 AR=100.0;　　（圆心和张角）

其中，AR=__表示圆弧张角，I 和 J 分别表示圆心相对于起点的增量坐标，该值为矢量值。圆弧的半径由系统自动计算。

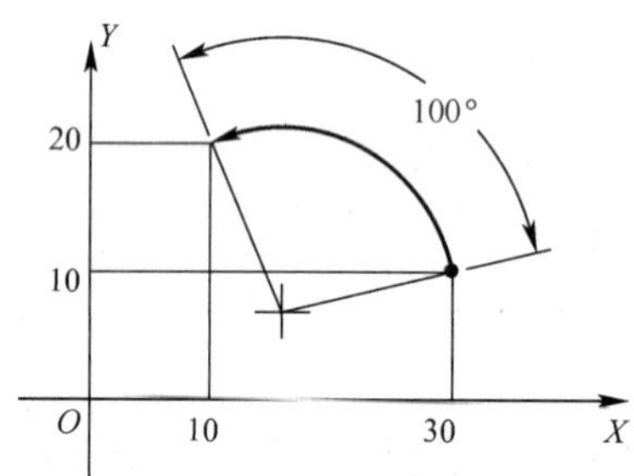

图 4—1　起点、终点和张角

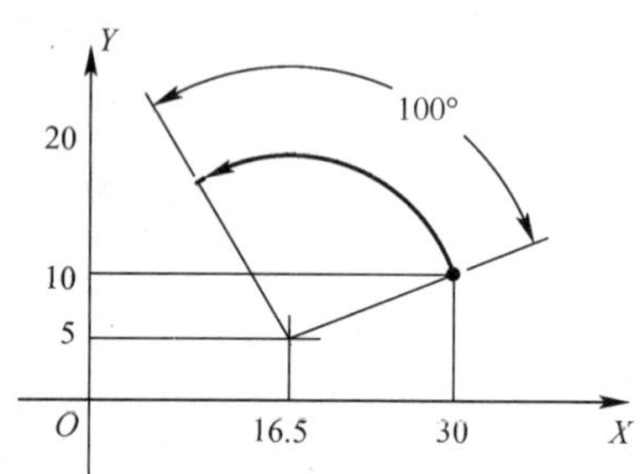

图 4—2　起点、圆心和张角

（3）起点、终点和中间点（CIP）

如图 4—3 所示，已知圆弧的起点、终点和中间点，其圆弧加工指令如下：

G00 X40.0 Y10.0;　　（圆弧起点）

CIP X10.0 Y30.0 I1=20.0 J1=20.0;（终点和中间点）

其中，I1=__表示中间点的 X 值，J1=__表示中间点的 Y 值，其值均为绝对坐标值。圆弧的半径由系统自动计算。

（4）切线过渡圆弧（CT）

如图 4—4 所示，该指令可以生成一个圆弧，该圆弧与前面的轨迹（圆弧或直线）相切，且过已知的圆弧终点。圆弧的半径和圆心可以从前面的轨迹与编程的圆弧终点之间的几何关系中得出。其加工指令如下：

G00 X0 Y20.0;　　（直线的起点）

G01 X10.0 Y20.0;　　（直线的终点）

CT X24.14 Y10.0;　　（圆弧终点坐标）

圆弧的半径由系统自动计算。

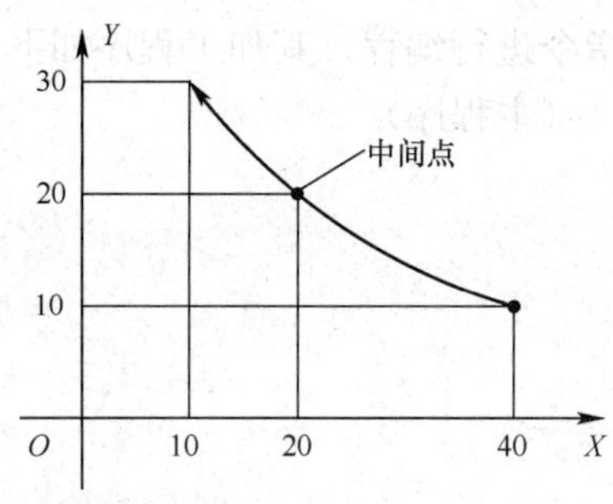

图 4—3　起点、终点和中间点

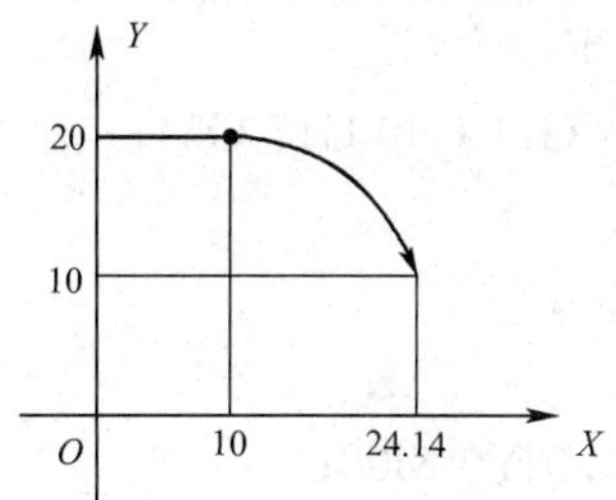

图 4—4　切线过渡圆弧

2. 螺旋线插补指令

螺旋线插补的加工轨迹如图 4—5 所示，其加工指令如下：

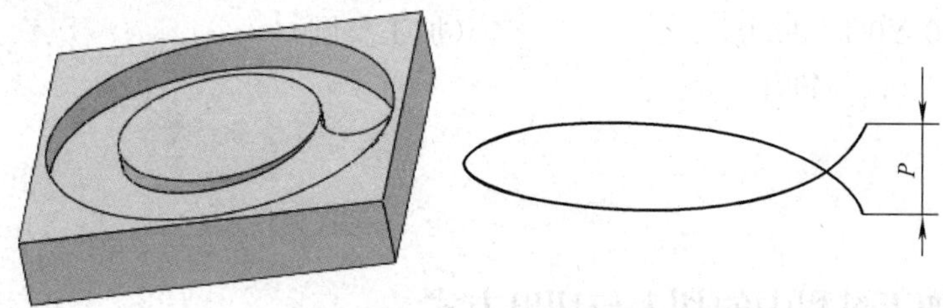

图 4—5　螺旋线插补的加工轨迹

G02/G03 X＿ Y＿ Z＿ CR=＿；　（非整圆加工的螺旋线插补指令）

G02/G03 X＿ Y＿ Z＿ I＿ J＿ K＿ TURN=＿；　（整圆加工的螺旋线插补指令）

X＿ Y＿ Z＿——螺旋线的终点坐标。

CR=＿——螺旋线的半径。

I＿ J＿ K＿——螺旋线起点到圆心的矢量值。

TURN=＿——整圆循环的个数。

例　采用 ϕ16 mm 的高速钢立铣刀加工如图 4—6 所示零件，编写其数控铣削加工程序。

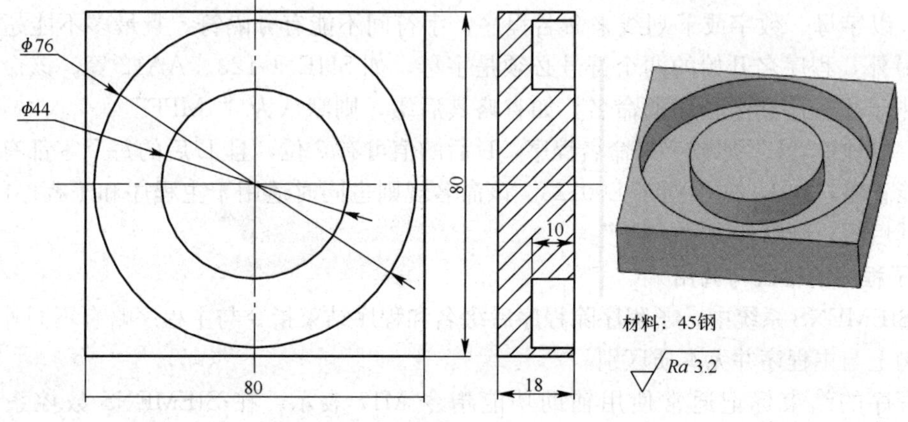

图 4—6　螺旋线插补编程实例

选择 ϕ16 mm 的立铣刀，采用螺旋线插补指令进行编程。其加工程序如下：

```
AA28. MPF;                                    （主程序）
  G90 G94 G71 G40 G17 G54;
  G74 Z0;
  M03 S600;
  T1D1;
  G00 X30.0 Y0 M08;
      Z10.0;
  G01 Z0 F100;
  G02 X30.0 Y0 Z-5.0 I-30.0;           （分两次进行螺旋线插补）
  G02 X30.0 Y0 Z-10.0 I-30.0;
  G02 X30.0 Y0 I-30.0;                   （加工整圆）
  G90 G00 Z50.0 M09;
  M05;
  M02;
```

二、轮廓加工过程中的切入与切出方式

轮廓加工过程中的切入与切出方式参阅本书第二章第二节。

三、子程序在轮廓加工过程中的运用

1. 子程序的命名规则

在 SIEMENS 系统中，程序名可以由字母或字母＋数字组成。程序扩展名有两种，即“. MPF”和“. SPF”。其中“. MPF”表示主程序，如 AA123. MPF；“. SPF”表示子程序，如 L123. SPF。程序命名规则如下：

（1）以字母、数字或下划线来命名程序，字符间不能有分隔符，且最多不能超过 8 个字符。另外，程序名开始的两个符号必须是字母，如 SHENG123、AA12 等。该命名规则同时适用于主程序和子程序的命名，如省略其后缀，则默认为“. MPF”。

（2）以地址“L”加数字来命名程序，L 后的值可有 7 位，且 L 后的每个零都有具体意义，不能省略，如 L123 不同于 L00123。该命名规则也同时适用于主程序和子程序的命名，如省略其后缀，则默认为“. SPF”。

2. 子程序的格式与调用

在 SIEMENS 系统中，子程序除程序后缀名和程序结束指令与主程序略有不同外，在内容和结构上与主程序并无本质区别。

子程序的结束标记通常使用辅助功能指令 M17 表示。在 SIEMENS 数控系统（如 SINUMERIK 802D）中，子程序的结束标记除可采用 M17 外，还可以使用 M02、RET 等

指令表示。子程序的格式如下：

L456；（子程序名）

……

RET；（子程序结束并返回主程序）

RET 要求单独占用一程序段。另外，当使用 RET 指令结束子程序并返回主程序时，不会中断 G64 连续路径运行方式；而用 M02 指令时，则会中断 G64 运行方式，并进入停止状态。

子程序的调用格式如下：

L×××× P×××；

或×××× P×××；

其中，L 为给定子程序名，P 为指定循环次数。

例 N10 L785 P2；

该例表示调用子程序“L785”2 次。

例 SS11 P5

该例表示调用子程序“SS11”5 次。

子程序的执行过程如下：

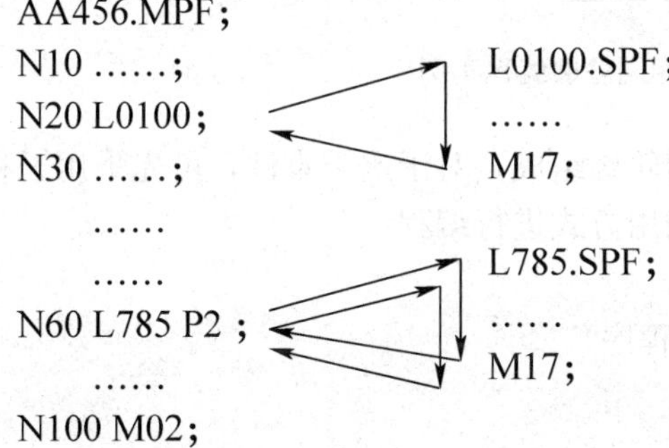

3. 子程序的嵌套

当主程序调用子程序时，该子程序被认为是一级子程序。在 SINUMERIK 802D 系统中，子程序可有四级程序界面（即三级嵌套），如图 4—7 所示。

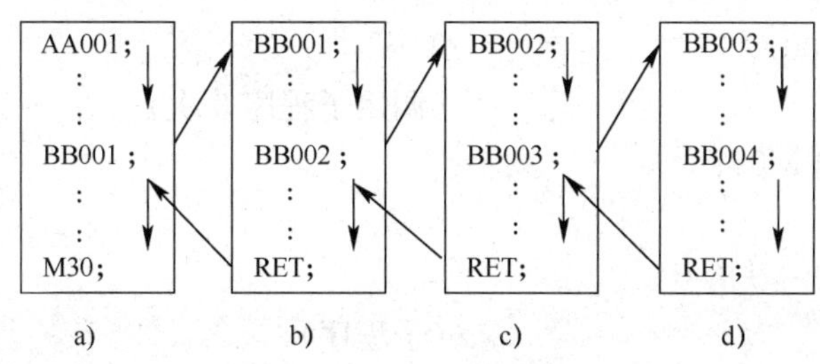

a)　b)　c)　d)

图 4—7 子程序的嵌套

a）主程序 b）一级嵌套 c）二级嵌套 d）三级嵌套

4. 子程序调用时的注意事项

子程序调用时的注意事项参阅第二章第二节。

5. 子程序的应用

例　加工如图 4—8 所示六个相同外形轮廓，采用子程序编程方式编写其数控铣削加工程序。

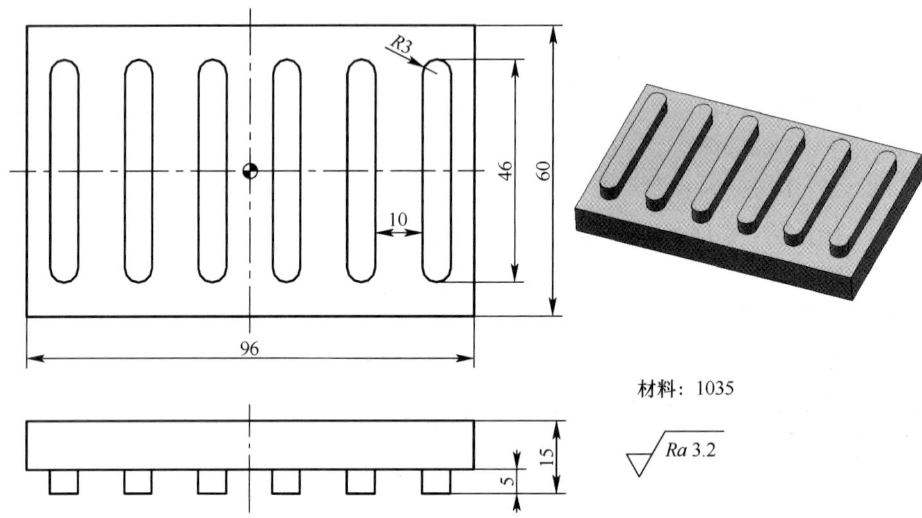

图 4—8　子程序加工相同轮廓编程实例

编程分析：本例工件的轮廓形状由多个相同轮廓组成，对于这类零件，可先采用子程序方式编写单个轮廓的加工程序，再采用子程序调用方式进行编程。

加工程序：

```
AA38.MPF;                      （主程序）
  G90 G94 G71 G40 G17 G54;
  G74 Z0;
  M03 S800;
  T1D1;
  G00 X-48.0 Y-40.0 M08;
       Z10.0;
  G01 Z-5.0 F100;
  L38 P6;                      （调用子程序 6 次）
  G90 G00 Z50.0 M09;
  M05;
  M02;
  L38.SPF;                     （子程序）
  G91 G41 G01 X5.0;            （在子程序中编写刀具半径补偿）
       Y60.0;
```

```
G02 X6.0 CR=3.0;
G01 Y-40.0;
G02 X-6.0 CR=3.0;
G40 G01 X-5.0 Y-20.0;          (刀具半径补偿不能被分支)
G01 X 16.0;                    (移动到下一个轮廓起点)
RET;
```

例 加工如图 4—9 所示零件，采用子程序编程方式编写其数控铣削加工程序。

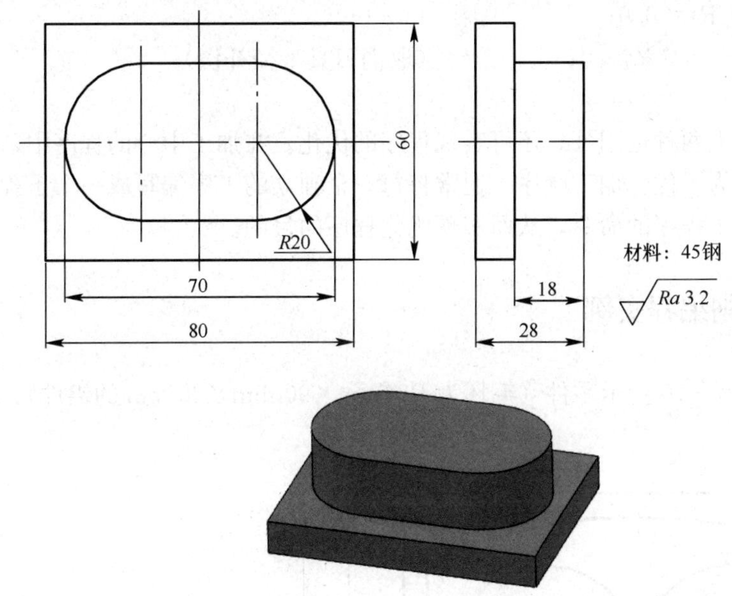

图 4—9 子程序分层切削编程实例

编程分析：本例工件加工时，由于加工深度较大，无法进行一次性切削，可通过子程序调用方式来实现分层切削。

加工程序：

```
AA39.MPF;                      (主程序)
 G90 G94 G71 G40 G17 G54;
 G74 Z0;
 M03 S800;
 T1 D1;
 G00 X-50.0 Y40.0 M08;
     Z10.0;
 G01 Z0 F100;
 L39 P3;                       (调用子程序 3 次)
 G90 G00 Z50.0 M09;
 M05;
```

```
  M02;
L39.SPF;                           (子程序)
  G91 G01 Z-6.0;                   (Z向背吃刀量6 mm)
  G41 G01 Y20.0;                   (轮廓延长线上建立刀具半径补偿)
      X15.0;
  G02 Y-20.0 CR=20.0;
  G01 X-15.0;
  G02 Y20.0 CR=20.0;
  G40 G01 X-50.0 Y40.0;            (取消刀具半径补偿)
  RET;
```

子程序除了以上两种运用外，还可实现程序的优化。在加工中心的程序中，往往包含有许多独立的工序，为了优化加工顺序，通常将每一个独立的工序编写成一个子程序，主程序中只有换刀和调用子程序的命令，从而实现优化程序的目的。

四、轮廓铣削编程实例

例　加工如图4—10所示零件（毛坯为100 mm×90 mm×20 mm的铝件），编写其加工中心加工程序。

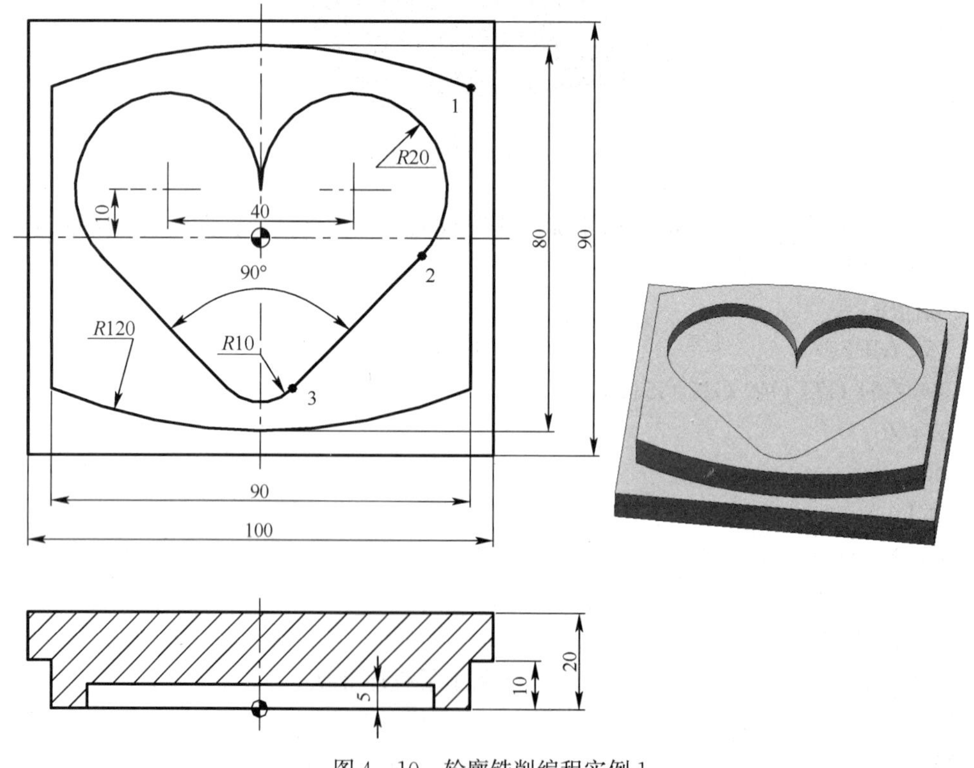

图4—10　轮廓铣削编程实例1

1. 选择刀具和切削用量

选择 $\phi 16$ mm 立铣刀加工内、外轮廓。加工内轮廓时，采用螺旋线插补方式进行 Z 向切深。切削用量推荐值如下：切削速度 v_c＝600～800 r/min，进给速度取 v_f＝100～200 mm/min，背吃刀量取 a_p＝5 mm。

2. 计算基点坐标

在数控编程过程中，除了采用 CAD/CAM 软件进行基点坐标分析外，还可采用数学计算方法来计算基点坐标。本例工件基点坐标的数学计算过程如下。

如图 4—11 所示，基点 1 的计算方法如下：

在$\triangle LMN$中，$LN=120$，$MN=45$，则 $LM=\sqrt{LN^2-MN^2}=\sqrt{12375}\approx 111.24$

则 N 点（即基点 1）的坐标 $X_1=45.0$，$Y_1=111.24-120+40=31.24$

如图 4—12 所示，基点 2 和基点 3 的计算方法如下：

在$\triangle O_1EF$中，$O_1F=EF=20\times\cos 45°\approx 14.14$

则 E 点（即基点 2）的坐标 $X_2=20+14.14=34.14$，$Y_2=10-14.14=-4.14$

在$\triangle ADE$中，$AD=DE=34.14$

在$\triangle ABC$中，$AB=BC=10\cos 45°=7.07$

则 C 点（即基点 3）的坐标 $X_3=7.07$，$Y_3=-4.14-34.14+7.07=-31.21$

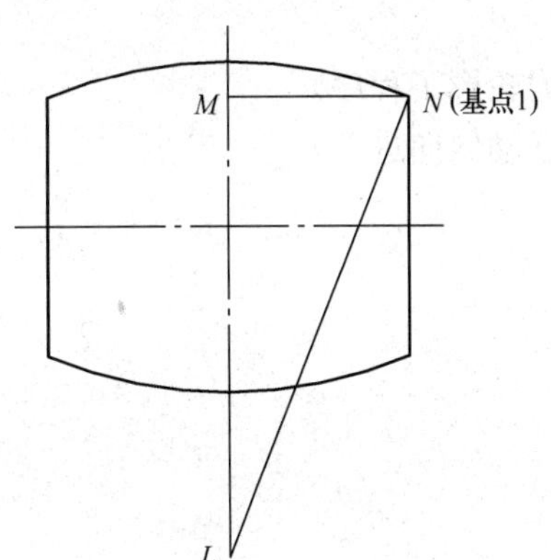

图 4—11　基点 1 坐标计算

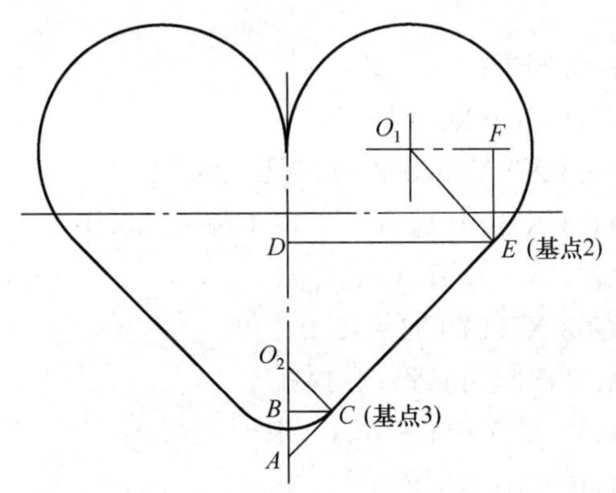

图 4—12　基点 2、基点 3 坐标计算

3. 编制加工程序

```
AA35. MPF;                              (主程序)
  G90 G94 G71 G40 G17 G54;              (程序初始化)
  G74 Z0;                               (刀具返回 Z 向参考点)
  T1 D1;
  M03 S800 F100;                        (主轴正转)
  G90 G00 X-60.0 Y-60.0 M08;            (刀具定位)
          Z0.0;
  L100 P2;                              (分层切削加工外轮廓)
  G00 Z5.0;                             (刀具抬起后重新定位)
```

```
    X-20.0 Y10.0;
  G01 Z0;
  L200;                         （加工内轮廓）
  G91 G28 Z0 M09;               （刀具返回 Z 向参考点）
  M05;                          （主轴停转）
  M30;                          （程序结束）

L100.SPF;                       （加工外轮廓子程序）
  G91 G01 Z-5.0 F100;
  G90 G41 G01 X-45.0;           （加工外轮廓）
    Y31.24;
  G02 X45.0 R120.0;
  G01 Y-31.24;
  G02 X-45.0 R120.0;
  G40 G01 X-60.0 Y-60.0;
  RET;                          （返回主程序）

L200.SPF;                       （加工内轮廓子程序）
  G41 G01 X0 Y10.0;             （三轴联动斜向进刀）
  G03 X0 Y10.0 Z-5.0 I-20.0;
  G03 X-34.14 Y-4.14 CR=-20.0;
  G01 X-7.07 Y-31.21;
  G03 X7.07 CR=10.0;
  G01 X34.14 Y-4.14;
  G03 X20.0 Y-10.0 CR=-20.0;
  G40 G01 X0 Y0;
  RET;                          （返回主程序）
```

例 加工如图 4—13 所示零件（毛坯为 100 mm×100 mm×30 mm 的 45 钢件），编写其加工中心加工程序。

编程分析：编写本例工件的加工程序时，可采用子程序方式进行分层切削。另外，对轮廓中的圆弧，可采用“起点、终点、中间点”及“起点、终点、相切”的方式编写加工程序。其加工程序如下：

```
S18.MPF;
  G90 G94 G40 G71 G17 G54;      （程序初始化）
  T1 D1;                        （选择刀具及刀具补偿地址）
  S600 M03;                     （主轴正转，切削液开）
  G00 X0 Y60.0 M08;             （XY 平面定位到毛坯左下角外侧）
```

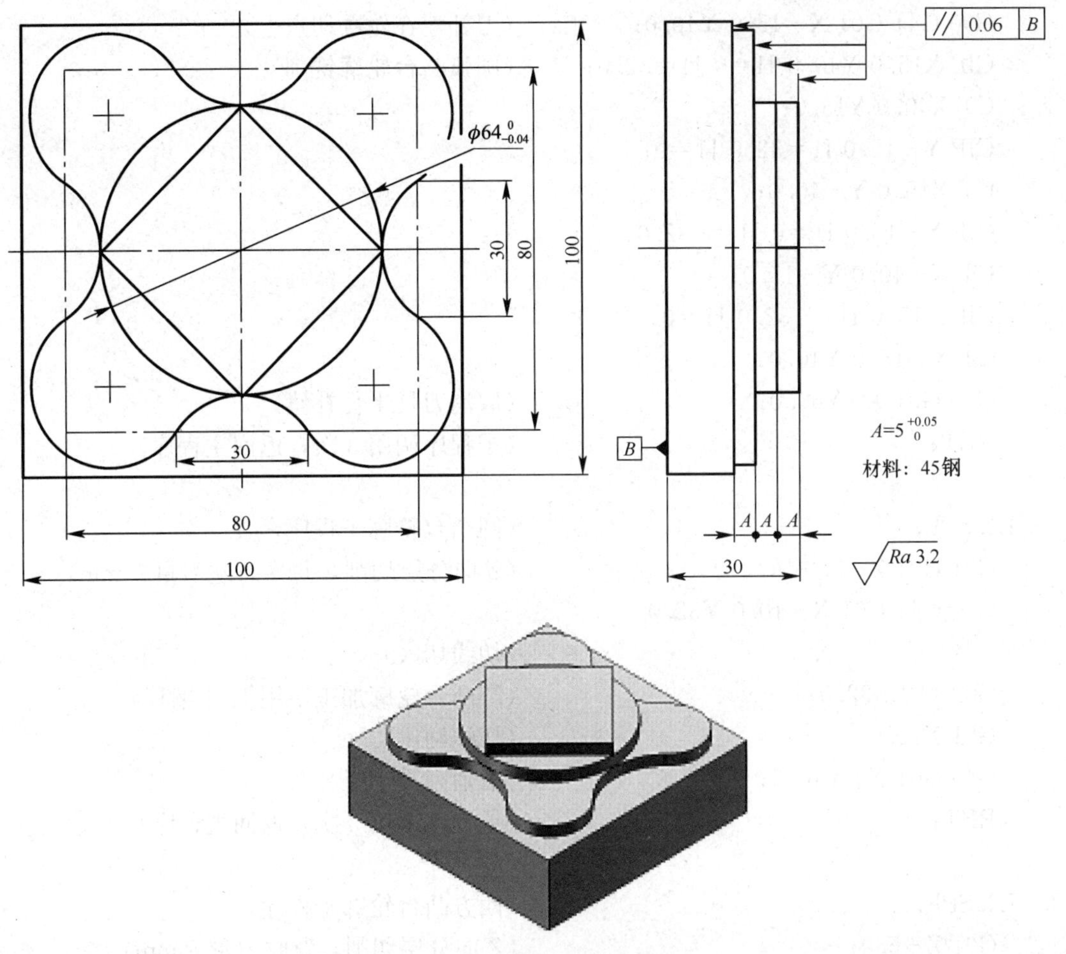

图 4—13　轮廓铣削编程实例 2

```
  Z5.0;                       (Z 向降至安全高度)
G01 Z0.0 F100;                (子程序 Z 向起始点)
L1 P3;                        (分别调用 3 个子程序，加工 3 个不同
G01 Z0.0;                     的凸台轮廓)
Y40.0;
L2 P2;
G01 Z0.0;
L3;
G74 Z0 M09;                   (Z 向回参考点，切削液关)
M30;                          (主轴停转，程序结束)

L1.SPF;                       (圆弧凸台轮廓子程序)
G91 G01 Z-5.0;                (Z 向分层切削，每次背吃刀量 5 mm)
```

```
    G90 G41 G01 X-15.0 Y40.0;            (刀补建在轮廓切点上)
    CIP X15.0 Y40.0 I1=0 J1=32.0;        (圆弧凸台轮廓铣削)
    CT X40.0 Y15.0;
    CIP Y-15.0 I1=32.0 J1=0;
    CT X15.0 Y-40.0;
    CIP X-15.0 I1=0 J1=-32.0;
    CT X-40.0 Y-15.0;
    CIP Y15.0 I1=-32.0 J1=0;
    CT X-15.0 Y40.0;
    G40 G01 X0 Y60.0;                    (取消刀具半径补偿)
    RET;                                 (子程序调用 3 次，返回主程序)

  L2.SPF;                                (圆凸台轮廓子程序)
    G91 G01 Z-5.0;                       (Z 向分层切削，每次背吃刀量 5 mm)
    G90 G41 G01 X-10.0 Y32.0;
                   X0;                   (切线切入)
    G02 I0 J-32.0;                       (圆凸台轮廓加工，用 I、J 编程)
    G01 X10.0;                           (切线切出)
    G40 G01 X0 Y40.0;                    (取消刀具半径补偿)
    RET;                                 (子程序调用 2 次，返回主程序)

  L3.SPF;                                (四方凸台轮廓子程序)
    G01 Z-5.0;                           (Z 向分层切削，背吃刀量 5 mm)
    G41 G01 X-5.0 Y37.0 ;                (切线切入)
              X32.0 Y0;                  (四方凸台轮廓加工)
              X0 Y-32.0;
              X-32.0 Y0;                 (切线切出)
              X5.0 Y37.0;
    G40 G01 X0 Y40.0;                    (取消刀具半径补偿)
    RET;                                 (子程序调用 1 次，返回主程序)
```

第三节 SINUMERIK 802D 系统的孔加工循环

孔加工固定循环主要用于钻孔、镗孔、攻螺纹等形式的孔加工。编程时只需使用一个程序段即可完成一个孔加工的全部动作（钻孔、进给、退刀、孔底暂停等），从而达到简化程序、减少编程工作量的目的。SINUMERIK 802D 系统与孔加工有关的循环分为孔加工固定循环和孔加工样式循环两类。

一、孔加工固定循环概述

SINUMERIK 802D 系统的孔加工固定循环和 FANUC 0i 系统的孔加工固定循环功能类似。只是在 SIEMENS 系统中，固定循环功能以 CYCLE81～CYCLE89 调用，且该调用为非模态调用。常见孔加工固定循环代码及动作见表 4—2。

表 4—2　　常见孔加工固定循环代码及动作

代码	加工动作（$-Z$ 方向）	孔底部动作	退刀动作（$+Z$ 方向）	用途
CYCLE81	切削进给	—	快速进给	钻孔循环
CYCLE82	切削进给	暂停	快速进给	钻孔、锪孔循环
CYCLE83	间歇进给	—	快速进给	深孔加工循环
CYCLE84	攻螺纹进给	暂停、主轴反转	切削进给	刚性攻螺纹循环
CYCLE840	切削进给	暂停、主轴反转	切削进给	柔性攻螺纹循环
CYCLE85	切削进给	—	切削进给	镗孔循环
CYCLE86	切削进给	准停	快速进给	精镗孔循环
CYCLE87	切削进给	M0、M05	手动	镗孔循环
CYCLE88	切削进给	暂停、M0、M05	手动	镗孔循环
CYCLE89	切削进给	暂停	切削进给	镗孔循环

1. 孔加工动作

SINUMERIK 802D 系统孔加工固定循环的动作和 FANUC 0i 孔加工固定循环动作基本相同（参阅本书第二章），不同之处是 SIEMENS 系统在孔加工固定循环编程时，由于程序中没有参数来指定孔的中心位置，因此在固定循环开始前刀具要移动到所要加工孔的中心位置；否则，刀具将在当前位置执行孔加工固定循环。而 FANUC 系统在孔加工固定循环编程时，刀具无须移动到孔中心位置，孔中心位置的坐标直接在固定循环指令中指定。

2. 孔加工固定循环的调用

（1）非模态调用

孔加工固定循环的非模态调用格式如下：

CYCLE81～CYCLE89（RTP，RFP，SDIS，DP，DPR…）；

例　N10 G00 X30.0 Y40.0；

N20 CYCLE81（RTP，RFP，SDIS，DP，DPR）；

N30 G00 X0 Y0；

采用这种格式时，该循环指令为非模态指令，只有在指定的程序段内才能执行循环动作。

（2）模态调用

孔加工固定循环的模态调用格式如下：

MCALL CYCLE81～CYCLE89（RTP，RFP，SDIS，DP，DPR…）；

MCALL；（取消模态调用）

例 N10 MCALL CYCLE81（RTP，RFP，SDIS，DP，DPR）；

N20 G00 X30.0 Y40.0；

N30 X0 Y0；

N40 MCALL；

采用这种格式后，只要不取消模态调用，则刀具每执行一次移动量，将执行一次固定循环调用。例如，上例中的 N30 程序段表示刀具移动到（0，0）位置后将再执行一次固定循环，直至取消。

3. 孔加工固定循环的平面

（1）返回平面（RTP）

返回平面是为安全进刀而规定的一个平面。返回平面可以设定在任意一个安全高度上，当使用一把刀具加工多个孔时，刀具在返回平面内任意移动将不会与夹具、工件凸台等发生干涉。

（2）加工开始平面（RFP＋SDIS）

该平面类似于 FANUC 系统中的 *R* 点平面，即刀具进刀时自快进转为工进的高度平面。该平面距工件表面的距离主要考虑到工件表面的尺寸变化，一般情况下取 2～5 mm（图 4—14）。

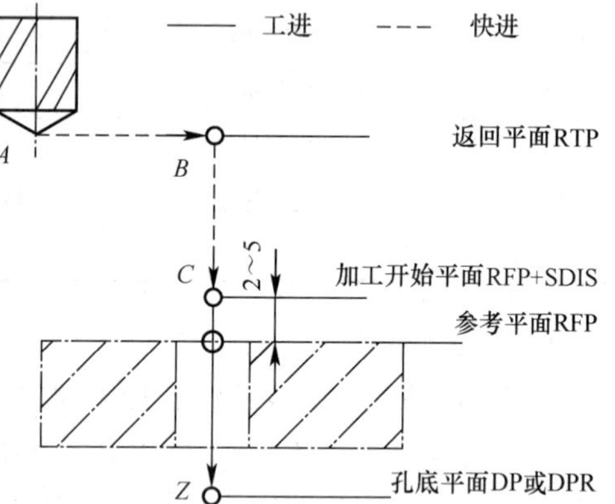

图 4—14　孔加工固定循环的平面

（3）参考平面（RFP）

参考平面是指孔深在 *Z* 轴方向工件表面的起始测量位置平面。该平面一般设在工件的上表面，参考平面＝加工开始平面－安全距离。注意与 FANUC 固定循环中的 *R* 点平面相区别。

图 4—14

（4）孔底平面（DP 或 DPR）

加工不通孔时，孔底平面在孔底的 *Z* 轴高度上。而加工通孔时，除要考虑孔底平面的位置外，还要考虑刀具的超越量（图 4—14 中 *Z* 点），以保证所有孔深都加工到尺寸。

4. 孔加工固定循环中参数的赋值

（1）直接赋值

直接赋值是指在编写孔加工固定循环时，参数直接用数字编写。

例 CYCLE81（30.0，0，3.0，-30.0，30.0）；

CYCLE81（30.0，0，3.0，，30.0）；

说明：固定循环中有些参数可以不书写，如上例中孔底平面的绝对值坐标，如果省略的参数并不位于最后，虽然该值可省略，但该值处的“，”不能省略。

（2）变量赋值

变量赋值是指在编写孔加工固定循环时，先对变量赋值，然后在程序中直接调用变量。

例 N10 RTP＝30.0 RFP＝0 SDIS＝3.0 DP＝－30.0 DPR＝30.0；

……

N50 CYCLE81（RTP，RFP，SDIS，DP，DPR）；

二、孔加工固定循环指令

1. 钻孔循环指令（CYCLE81）与钻孔、锪孔循环指令（CYCLE82）

（1）指令格式

CYCLE81（RTP，RFP，SDIS，DP，DPR）；

CYCLE82（RTP，RFP，SDIS，DP，DPR，DTB）；

例 CYCLE81（10.0，0，3.0，-30.0，30.0）；

CYCLE82（10.0，0，3.0，，30.0，2.0）；

RTP——返回平面，用绝对值进行编程。

RFP——参考平面，用绝对值进行编程。

SDIS——安全距离，无符号编程。其值为参考平面到加工开始平面的距离。

DP——最终的孔加工深度，用绝对值进行编程。

DPR——孔的相对深度，无符号编程。其值为最终孔加工深度与参考平面的距离。程序中，参数 DP 与 DPR 只需指定一个。如果两个参数同时指定，则以参数 DP 为准。

DTB——孔底暂停时间。

（2）动作说明

CYCLE81 指令动作如图 4—15 所示。执行该循环指令，刀具从加工开始平面切削进给执行到孔底，然后刀具从孔底快速退回至返回平面。

CYCLE82 指令动作类似于 CYCLE81 指令，只是在孔底增加了进给后的暂停动作，因此在不通孔加工中提高了孔底的精度。该指令常用于锪孔或台阶孔的加工。

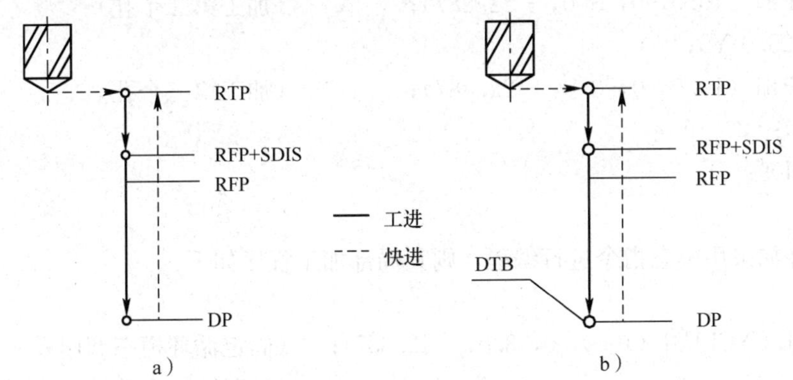

图 4—15　CYCLE81 指令动作和 CYCLE82 指令动作

a）CYCLE81　b）CYCLE82

图 4—15a

图 4—15b

（3）编程实例

例 加工如图 4—16 所示的孔，用 CYCLE81 或 CYCLE82 指令进行编程。

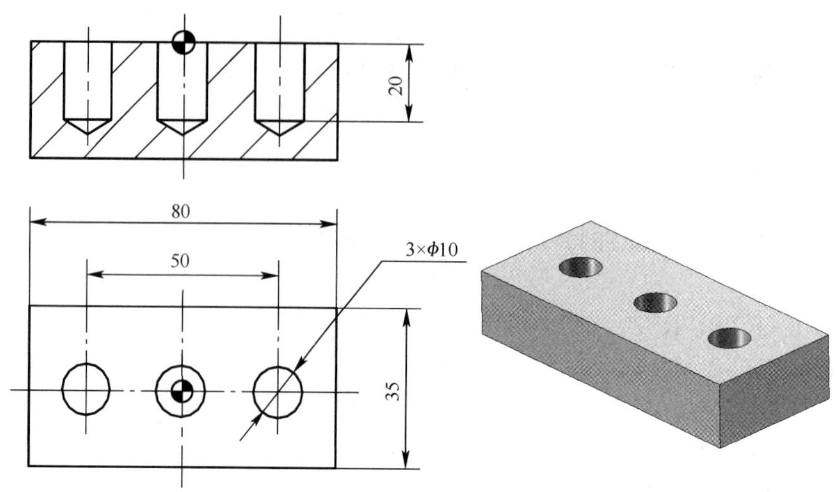

图 4—16　CYCLE81 指令和 CYCLE82 指令编程实例

```
AA401.MPF;
 G90 G94 G40 G71 G54 F100;                 （程序初始化）
 G74 Z0;
 T1 D1;
 G00 X-25.0 Y0;                            （G17 平面快速定位）
     Z30 M08;                              （Z 向定位至返回平面）
 M03 S600;                                 （主轴正转，600 r/min）
 CYCLE81 (10.0, 0, 3.0, -22.887);          （固定循环加工第一个孔，注意孔深）
 G00 X0 Y0;                                （在返回平面快速定位）
 CYCLE81 (10.0, 0, 3.0, -22.887);          （加工第二个孔）
 G00 X25.0 Y0;
 CYCLE81 (10.0, 0, 3.0, -22.887);          （加工第三个孔）
 G74 Z0;
 M05 M09;
 M30;
```

上例工件如采用模态指令进行编程，则其局部加工程序如下：

```
 ……
 MCALL CYCLE81 (10.0, 0, 3.0, -22.887);    （固定循环模态调用）
 G00 X-25.0 Y0;                            （加工第一个孔）
     X0 Y0;                                （加工第二个孔）
     X25.0 Y0;                             （加工第三个孔）
 MCALL;                                    （取消模态调用）
 ……
```

2. 深孔加工循环指令（CYCLE83）

（1）指令格式

CYCLE83（RTP，RFP，SDIS，DP，DPR，FDEP，FDPR，DAM，DTB，DTS，FRF，VARI）；

例 CYCLE83（30，0，3，-30，，-5，5，2，1，1，1，0）；

参数 RTP、RFP、SDIS、DP、DPR、DTB 说明参照 CYCLE82 指令。

FDEP——起始钻孔深度，用绝对值表示。

FDPR——相对于参考平面的起始孔深度，无符号。

DAM——相对于上次钻孔深度的 Z 向返回量，无符号。

DTS——起始点处用于排屑的停顿时间（VARI=1 时有效）。

FRF——钻孔深度上的进给率系数。系数不大于 1，由于在固定循环中没有指定进给速度，所以将前面程序中的进给速度用于固定循环，并通过该系数来调整进给速度的大小。

VARI——排屑与断屑类型的选择。VARI=0 时为断屑，表示钻头在每次到达钻孔深度后返回 DAM 进行断屑；VARI =1 时为排屑，表示钻头在每次到达钻孔深度后返回加工开始平面进行排屑。

（2）动作说明

CYCLE83 指令动作如图 4—17 所示。该循环指令通过 Z 向的间歇进给来实现断屑与排屑的目的。刀具从加工开始平面 Z 向进给 FDPR 后暂停断屑，然后快速回退到加工开始平面；暂停排屑后，再次快速进给到 Z 向距上次切削孔底平面 DAM 处，从该点处快进变成工进，工进距离为 FDPR+DAM；如此循环直至加工至孔深，刀具回退到返回平面完成孔的加工。

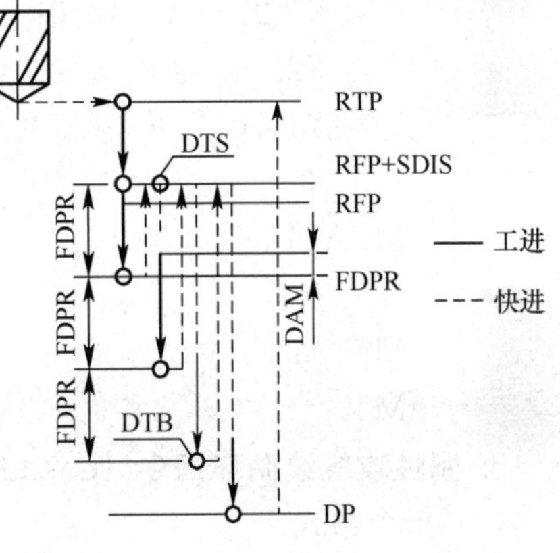

图 4—17 CYCLE83 指令动作

图 4—17

（3）编程实例

例 用 CYCLE83 指令编写如图 4—18 所示孔的加工程序。

```
AA402.MPF;
 G90 G94 G40 G71 G54 F100;        （程序初始化）
 G74 Z0;
 T1 D1;
 G00 X0 Y0;
     Z30 M08;                     （Z 向快速定位到加工开始平面）
 M03 S600;
 MCALL CYCLE83（10.0，0，3.0，-35.0，，-5.0，5.0，2.0，1.0，1.0，
1.0，0）;                          （固定循环模态调用）
```

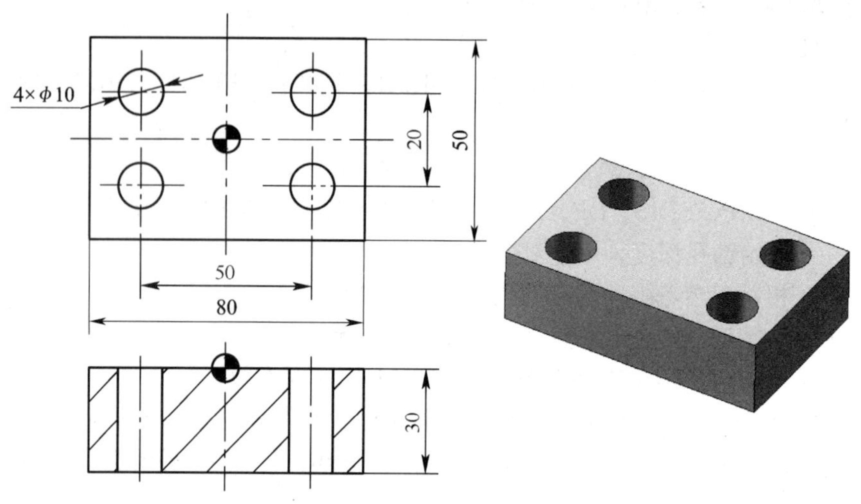

图 4—18 CYCLE83 指令编程实例

```
G00 X-25.0 Y-10.0;          (加工第一个孔)
    X25.0;                  (加工第二个孔)
    Y10.0;                  (加工第三个孔)
    X-25.0;                 (加工第四个孔)
MCALL;                      (取消模态调用)
G74 Z0;
M05 M09;
M02;
```

3. 刚性攻螺纹循环指令（CYCLE84）与柔性攻螺纹循环指令（CYCLE840）

（1）指令格式

CYCLE84（RTP，RFP，SDIS，DP，DPR，DTB，SDAC，MPIT，PIT，POSS，SST，SST1）；

CYCLE840（RTP，RFP，SDIS，DP，DPR，DTB，SDR，SDAC，ENC，MPIT，PIT）；

RTP、RFP、SDIS、DP、DPR、DTB 参数说明参照 CYCLE82。

SDAC——循环结束后的旋转方向。取 3、4、5、分别代表 M03、M04、M05。

MPIT——标准螺距，螺距由螺纹尺寸决定。取值范围为 3～48，分别表示 M03～M48，符号代表旋转方向。

PIT——螺距由数值决定，符号代表旋转方向。

POSS——主轴的准停角度。

SST——攻螺纹进给速度。

SST1——退回速度。

SDR——返回时的主轴旋转方向。取值 0、3、4，SDR＝0 时主轴返回时的旋转方向自动颠倒，3、4 分别代表 M03、M04。

ENC——是否带编码器攻螺纹。ENC＝0 为带编码器，ENC＝1 为不带编码器。

例 CYCLE84（30，0，2，-20，，0，3，10，，0，50，50）；

CYCLE840（30，0，2，-20，，0，4，3，0，，2）；

（2）动作说明

CYCLE84 指令与 CYCLE840 指令动作如图 4—19 所示。其中，CYCLE84 循环为刚性攻螺纹循环。执行该循环时，根据螺纹的旋向选择主轴的旋转方向。刀具以 G00 方式快速移动到加工开始平面，执行攻螺纹到达孔底，攻螺纹进给速度由参数“SST”指定；主轴以攻螺纹的相反旋转方向退回到加工开始平面，退回速度由参数“SST1”指定，再以 G00 方式快速退到返回平面，完成攻螺纹动作，主轴旋转方向回到 SDAC 状态。

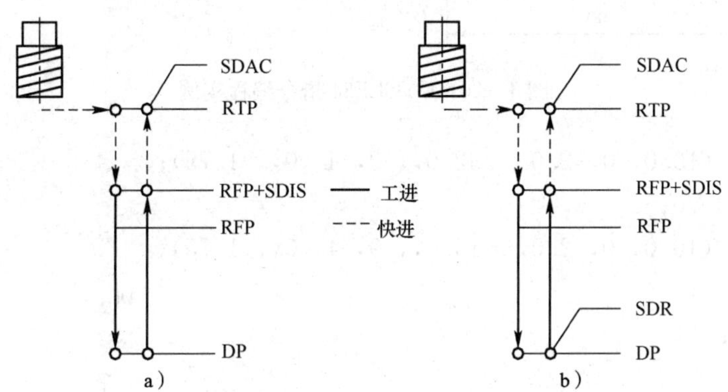

图 4—19

图 4—19 CYCLE84 指令动作和 CYCLE840 指令动作

a）CYCLE84 b）CYCLE840

CYCLE840 指令动作与 CYCLE84 指令动作基本类似，只是 CYCLE840 指令在刀具到达最后钻孔深度后，回退时的主轴旋转方向由 SDR 决定。

在 CYCLE84 指令与 CYCLE840 指令攻螺纹期间，进给倍率、进给保持均被忽略。

（3）编程实例

例 用攻螺纹循环指令编写如图 4—20 所示的两个螺纹孔（攻螺纹前已加工出 ϕ10.3 mm 底孔）的加工程序。

```
AA403.MPF；
 G90 G94 G40 G71 G54 F100；        （程序初始化）
 G74 Z0；
 T1 D1；
 G00 X-30.0 Y0；
     Z30 M08；
 M03 S200；                        （攻螺纹用较低的转速）
```

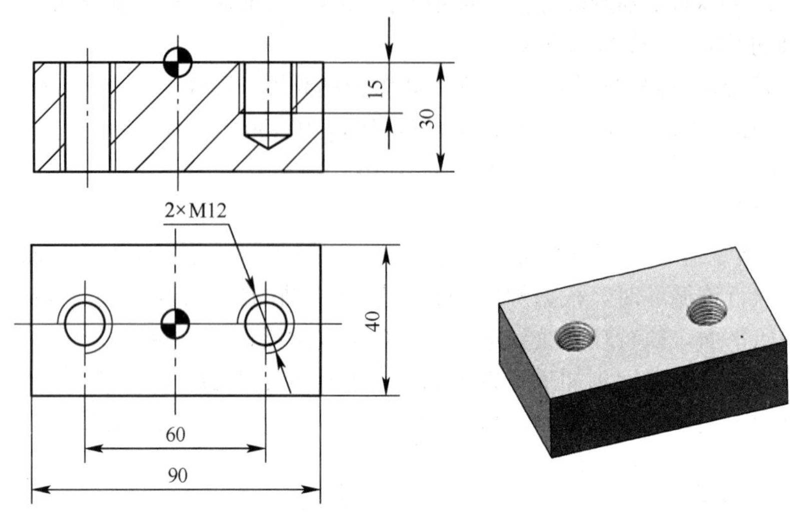

图 4—20　CYCLE84 指令编程实例

```
CYCLE84 (10.0, 0, 2.0, -32.0,, 0, 4, 0,, 1.75);
G00 X30.0 Y0;
CYCLE84 (10.0, 0, 2.0, -15.0,, 0, 4, 0,, 1.75);
G74 Z0;
M05 M09;
M02;
```

4. 镗孔循环指令（CYCLE85、CYCLE89）

（1）指令格式

CYCLE85 (RTP, RFP, SDIS, DP, DPR, DTB, FFR, RFF);

CYCLE89 (RTP, RFP, SDIS, DP, DPR, DTB);

RTP、RFP、SDIS、DP、DPR、DTB 参数说明参照 CYCLE82。

FFR——刀具切削进给时的进给速度。

RFF——刀具从最后加工深度退回加工开始平面时的进给速度。

例　CYCLE85 (10, 0, 2, -30,, 0, 100, 200);

　　CYCLE89 (10, 0, 2, -30,, 2);

（2）动作说明

镗孔循环 CYCLE85 指令和 CYCLE89 指令动作如图 4—21 所示。当执行 CYCLE85 循环时，刀具快速移动到加工开始平面，再以切削进给方式加工到孔底，然后以切削进给方式返回到加工开始平面，再以快速进给方式回到返回平面。因此该指令除用于较精密的镗孔外，还可用于铰孔、扩孔的加工。

CYCLE89 指令动作与 CYCLE85 指令动作基本类似，不同的是 CYCLE89 指令动作在孔底增加了暂停。因此，该指令常用于台阶孔的加工。

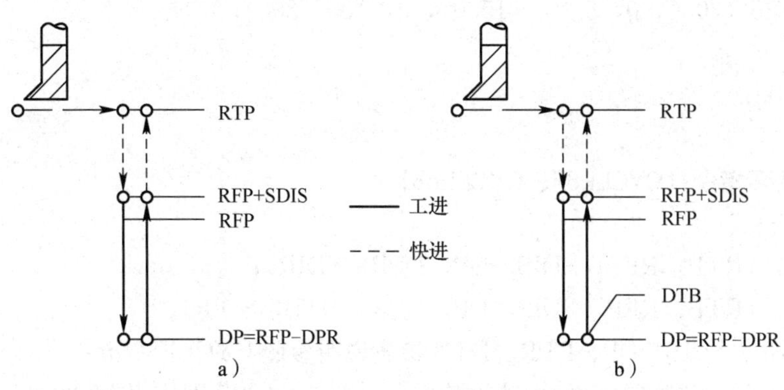

图 4—21a

图 4—21b

图 4—21　CYCLE85 指令动作与 CYCLE89 指令动作
a) CYCLE85　b) CYCLE89

(3) 编程实例

例　精加工如图 4—22 所示零件中的两个 ϕ8H7 孔（加工前底孔直径已加工至 ϕ7.8 mm），编写该孔的加工程序。

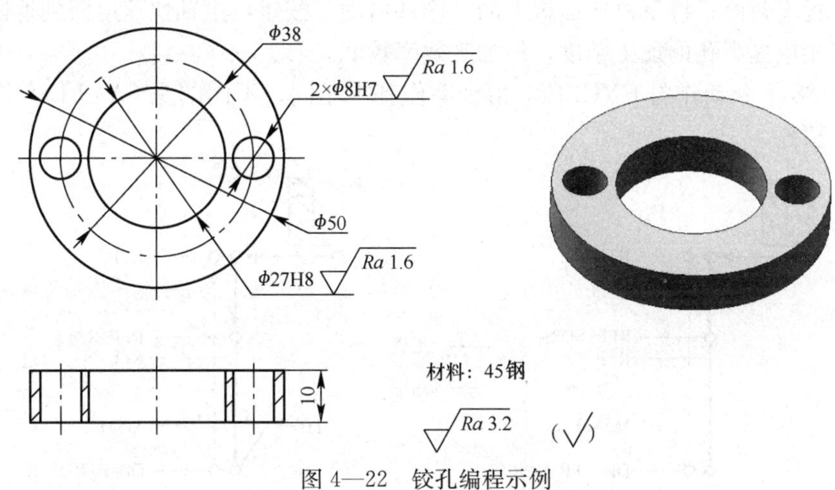

图 4—22　铰孔编程示例

```
AA404. MPF;
  G90 G94 G40 G71 G54 F100;            (程序初始化)
  G74 Z0;
  T1 D1;
  G00 X-19.0 Y0;
       Z30 M08;
  M03 S200;                            (铰孔用较低的转速)
  CYCLE85 (30.0, 0, 5.0, -15.0,, 0, 100, 200);
  G00 X19.0 Y0;
```

```
CYCLE85 (30.0, 0, 5.0, -15.0,, 0, 100, 200);
G74 Z0;
M05 M09;
M02;
```

5. 镗孔循环指令（CYCLE87、CYCLE88）

（1）指令格式

CYCLE87（RTP，RFP，SDIS，DP，DPR，SDIR）；

CYCLE88（RTP，RFP，SDIS，DP，DPR，DTB，SDIR）；

RTP、RFP、SDIS、DP、DPR、DTB 参数说明参照 CYCLE82 指令。

SDIR——刀具切削进给时的主轴旋转方向。取 3、4，分别代表 M03、M04。

例　CYCLE87（10，0，3，-20，，3）；

　　CYCLE88（10，0，3，-20，，2，3）；

（2）动作说明

CYCLE87 指令和 CYCLE88 指令动作如图 4—23 所示。执行 CYCLE87 循环时，刀具以切削进给方式加工到孔底，此时主轴的旋转方向由参数 SDIR 决定；刀具在孔底位置执行主轴停转，程序暂停；按下机床面板上的“循环启动”按钮，主轴快速退回到返回平面。这种方式虽能相应提高孔的加工精度，但加工效率较低。

CYCLE88 指令动作与 CYCLE87 指令动作基本相同，不同的是 CYCLE88 指令动作在孔底增加了暂停。

图 4—23a

图 4—23b

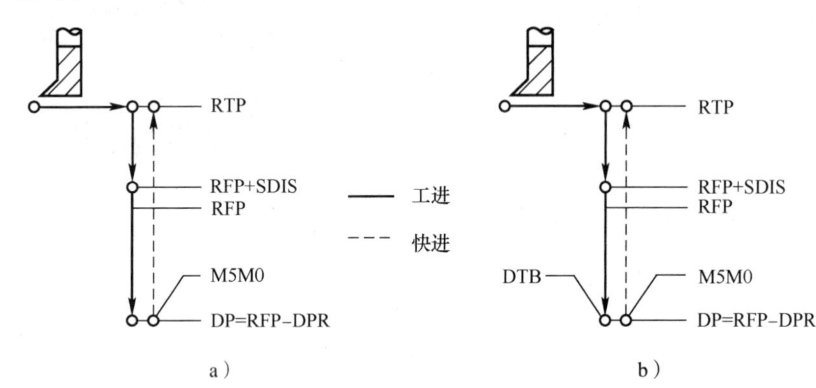

图 4—23　CYCLE87 指令动作和 CYCLE88 指令动作

a）CYCLE87　b）CYCLE88

（3）编程实例

例　用镗孔循环指令 CYCLE87 和 CYCLE88 编写如图 4—24 所示的 2×ϕ30 mm 孔（镗孔前已将底孔加工至 ϕ29.5 mm）的加工程序。

```
AA405.MPF;
  ……
  G00 X-25.0 Y0;
```

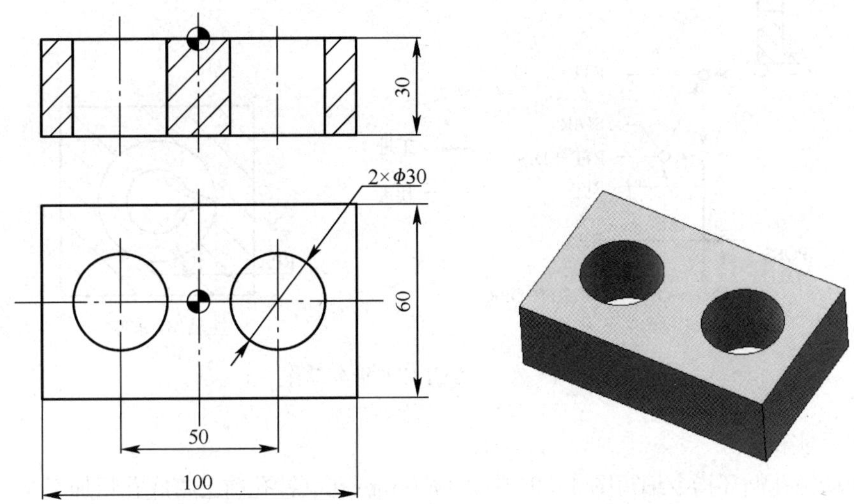

图 4—24 CYCLE87 指令与 CYCLE88 指令编程实例

```
CYCLE87 (30.0, 0, 5.0, -32.0,, 3,);
G00 X25.0 Y0;
CYCLE88 (30.0, 0, 5.0, -32.0,, 0, 3);
……
```

6. 精镗孔循环指令（CYCLE86）

（1）指令格式

CYCLE86（RTP，RFP，SDIS，DP，DPR，DTB，SDIR，RPA，RPO，RPAP，POSS）；

RTP、RFP、SDIS、DP、DPR、DTB 参数说明参照 CYCLE82 指令。

SDIR——主轴旋转方向。取 3、4，分别代表 M03、M04。

RPA——平面中第一轴（如 G17 平面中的 X 轴）方向的让刀量。该值用带符号增量值表示。

RPO——平面中第二轴（如 G17 平面中的 Y 轴）方向的让刀量。该值用带符号增量值表示。

RPAP——镗孔轴上的返回路径，该值用带符号增量值表示。

POSS——固定循环中用于规定主轴的准停位置，其单位为（°）。

例 CYCLE86（30，0，2，-30，，0，3，3，0，2，0）；

（2）动作说明

CYCLE86 指令动作如图 4—25 所示。执行 CYCLE86 循环，刀具以切削进给方式加工到孔底，实现主轴准停；刀具在加工平面第一轴方向移动 RPA，在第二轴方向移动 RPO，镗孔轴方向移动 RPAP，使刀具脱离工件表面，保证刀具退出时不擦伤工件表面，主轴快速退回至加工开始平面；然后，主轴快退回返回平面程序的循环起点，主轴恢复 SDIR 旋转方向。该指令主要用于精密镗孔加工。

图 4—25

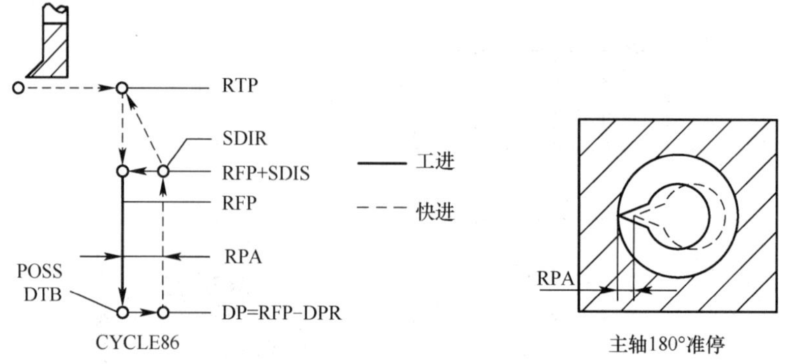

图 4—25　CYCLE86 指令动作

（3）编程实例

例　用精镗孔循环指令编写图 4—24 中 2×ϕ30 mm 孔（镗孔前已将底孔粗加工至 ϕ29.5 mm）的加工程序。

```
AA406. MPF；
 ……
 G00 X－25. 0 Y0；
 CYCLE86（30. 0，0，5. 0，－32. 0，，1. 0，3，0. 5，0，0. 5，180. 0）；
 G00 X25. 0 Y0；
 CYCLE86（30. 0，0，5. 0，－32. 0，，1. 0，3，0. 5，0，0. 5，180. 0）；
 ……
```

三、孔加工样式循环指令

1. 排孔加工样式循环指令（HOLES1）

排孔加工样式循环指令（HOLES1）与孔加工固定循环指令（如 CYCLE83）联用可用来加工沿直线均布的一排孔，通过简单变量计算及循环调用可加工矩形均布的网格孔。

（1）指令格式

HOLES1（SPCA，SPCO，STA1，FDIS，DBH，NUM）；

关于该循环指令中的参数说明如图 4—26 所示。

SPCA——排孔参考点的横坐标。

SPCO——排孔参考点的纵坐标。

STA1——排孔的中心线与横坐标的夹角。

FDIS——第一个孔到参考点的距离。

DBH——孔间距。

NUM——孔数。

例　MCALL CYCLE81（20. 0，0，2. 0，－25. 0）；
　　HOLES1（0，10. 0，30. 0，20. 0，15. 0，3）；

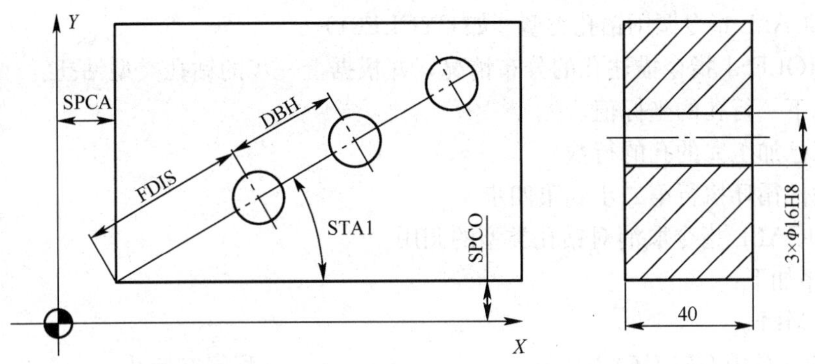

图 4—26 排孔加工样式循环指令中的参数说明

（2）指令说明

用排孔加工样式循环指令加工沿一条直线均布的孔时，第一步，必须先用 MCALL 指令调用任一种钻孔类型（如 CYCLE81）；第二步，用排孔指令描述孔的分布情况，并根据第一步中选用的钻孔类型钻孔；第三步，用 MCALL 指令取消对钻孔类型的调用。具体程序可参照如下格式：

……

MCALL CYCLE81（RTP，RFP，SDIS，DP，DPR）；

HOLES1（SPCA，SPCO，STA1，FDIS，DBH，NUM）；

MCALL；

……

（3）编程实例

例 用 HOLES1 指令加工如图 4—27 所示的网格孔 63×ϕ6 mm。网格孔共计 7 行 9 列，行距和列距均为 10 mm。

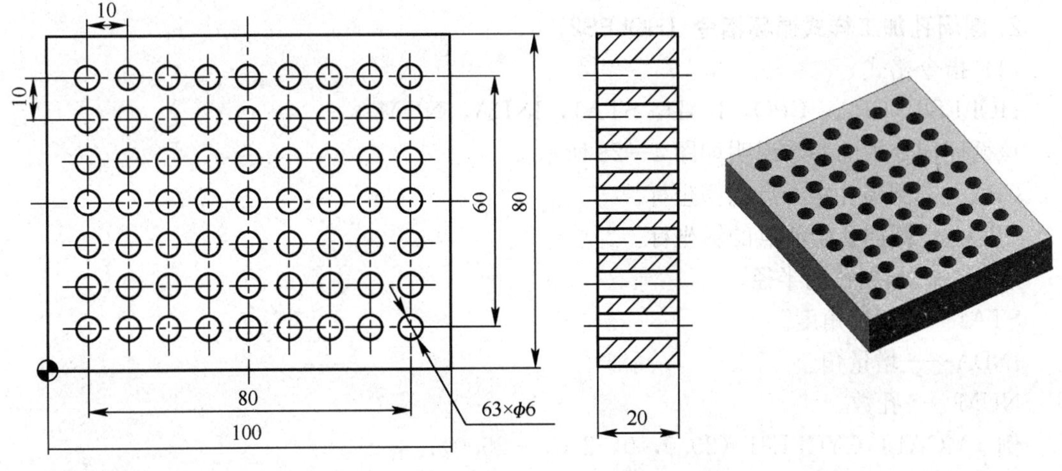

图 4—27 排孔钻孔样式循环编程实例

用 HOLES1 指令加工本例矩形网格孔的步骤：

1）用 MCALL 指令调用钻孔类型（如 CYCLE81）。

2）用 HOLES1 指令描述孔的分布情况，并根据上一步的钻孔类型钻孔。

3）计算下一行孔的坐标值。

4）计算已加工完的孔的行数。

5）有条件循环执行第二步到第四步。

6）用 MCALL 指令取消对钻孔类型的调用。

具体程序如下：

```
AA407. MPF;
  G90 G94 G40 G71 G54 F100;                    (程序初始化)
  G74 Z0;
  T1 D1;
  G00 X0 Y0;
       Z30 M08;
  M03 S800;
  R1=10.0;                                     (定义 SPCO 变量)
  MCALL CYCLE81 (20.0, 0, 2.0, -25.0);         (模态调用钻孔循环)
  MA1: HOLES1 (0, R1, 0, 10.0, 10.0, 9);       (钻孔样式循环钻排孔)
  R1=R1+10.0;
  IF R1≤70 GOTO MA1;
  MCALL;
  G74 Z0;
  M05 M09;
  M02;
```

实例涉及了 R 参数方式编程，关于这部分内容由读者自行参考相关资料。

2. 圆周孔加工样式循环指令（HOLES2）

（1）指令格式

HOLES2（CPA，CPO，RAD，STA1，INDA，NUM）；

该循环指令中的参数说明如图 4—28 所示。

CPA——圆周孔中心点的横坐标。

CPO——圆周孔中心点的纵坐标。

RAD——圆周孔的半径。

STA1——起始角度。

INDA——增量角。

NUM——孔数。

例 MCALL CYCLE81（20.0，0，2.0，－25.0）；

HOLES2（0，0，30.0，20.0，60.0，3）；

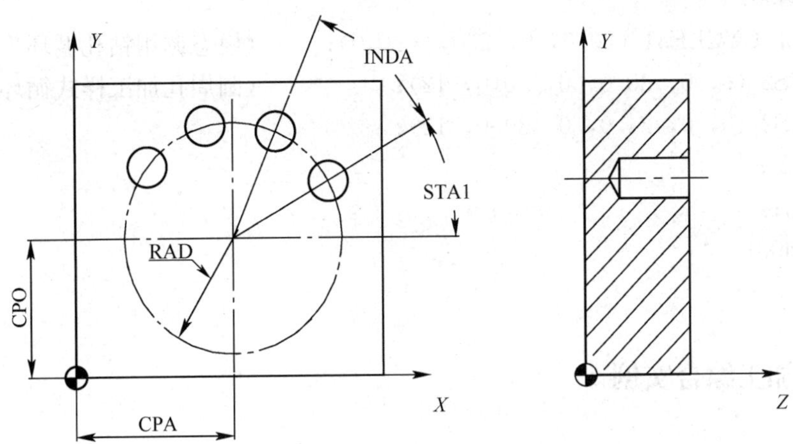

图 4—28 圆周孔加工样式循环指令中的参数说明

(2) 指令说明

圆周孔加工样式循环指令（HOLES2）与孔加工固定循环指令（如 CYCLE83）联用，可用来加工沿圆周均布的一圈孔。

(3) 编程实例

例 用 HOLES2 指令加工如图 4—29 所示的圆周均布孔，编写其数控铣削加工程序。

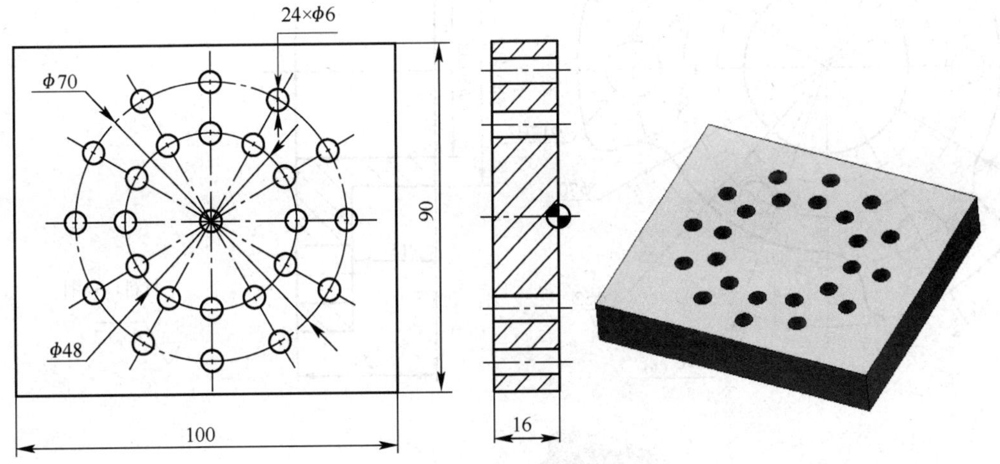

图 4—29 圆周孔加工样式循环指令编程实例

```
AA408.MPF;
  G90 G94 G40 G71 G54 F100;              (程序初始化)
  G74 Z0;
  T1 D1;
  G00 X0 Y0;
      Z30 M08;
```

```
M03 S800;
MCALL CYCLE81 (20.0, 0, 2.0, -20.0);        (模态调用钻孔循环)
HOLES2 (0, 0, 35.0, 0, 30.0, 12);          (圆周孔加工样式循环钻圆周孔)
HOLES2 (0, 0, 24.0, 0, 30.0, 12);
MCALL;
G74 Z0;
M05 M09;
M02;
```

四、孔加工综合实例

在加工中心上加工如图 4—30 所示零件，其外形轮廓已加工完成，编写该零件的孔加工程序。

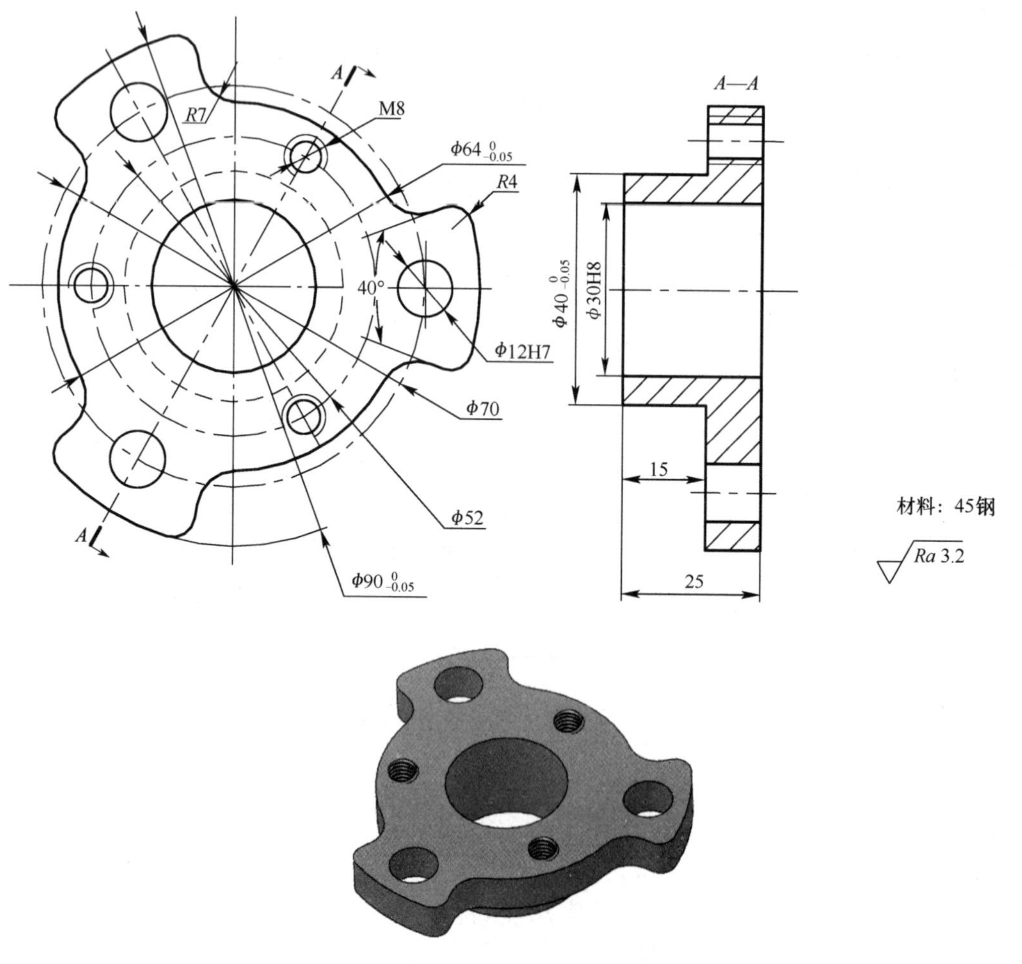

图 4—30　孔加工综合实例

加工步骤、加工过程中选用的刀具和切削用量见表 4—3。

表 4—3 加工步骤、加工过程中选用的刀具和切削用量

序号	加工步骤	刀具号	刀具规格	主轴转速 (r/min)	进给速度 (mm/min)	背吃刀量 (mm)
1	中心钻进行孔定位	T01	A2.5 mm 中心钻	2 000	50～100	$d/2$
2	钻七个孔	T02	ϕ6.7 mm 钻头	1000	50～100	$d/2$
3	扩底板上的孔	T03	ϕ11.8 mm 钻头	800	100～200	2.55
4	立铣刀扩孔（铣孔）	T04	ϕ20 mm 立铣刀	600	100～200	8
5	铰孔	T05	ϕ12 mm 铰刀	200	50～100	0.1
6	攻螺纹	T06	M8 丝锥	100	100	0.5
7	镗 ϕ30 mm 通孔	T07	ϕ30 mm 精镗刀	1 200	100～200	0.2
8	工件去毛刺、倒棱					

```
AA430.MPF;
 G90 G94 G40 G71 G54 F100;                 (程序开始部分)
 G74 Z0;
 T1 M6 D1;                                 (换中心钻)
 S2000 M03;                                (刀具换转速)
 G00 X0 Y0;                                (刀具定位)
     Z30 M08;
 MCALL CYCLE81 (20.0, 0, 2.0, -5.0);       (采用模态指令加工七个定位孔)
 G00 X0 Y0;
     X35.0 Y0;
     X-17.5 Y30.31;
     X-17.5 Y-30.31;
     X-26.0 Y0;
     X22.52 Y13.0;
     X22.52 Y-13.0;
 MCALL;                                    (取消模态指令)
 G74 Z0 M05 D0;
 T2 M6 D1;
 S1000 M03;
 G00 X0 Y0;                                (换 φ6.7 mm 钻头)
     Z30 M08;                              (换转速后刀具定位)
 CYCLE81 (20.0, 0, 2.0, -30.0);            (加工中间孔，加工深度为 30 mm)
 MCALL CYCLE81 (20.0, 0, 2.0, -15.0,,      (采用模态指令加工六个孔，孔深为
   0, 100, 200);                           15 mm)
```

```
G00 X35.0 Y0;
    X-17.5 Y30.31;
    X-17.5 Y-30.31;
    X-26.0 Y0;
    X22.52 Y13.0;
    X22.52 Y-13.0;
MCALL;                                      (取消模态指令)
G74 Z0 M05 D0;
T3 M6 D1;                                   (换φ11.8 mm扩孔钻头)
S800 M03;
G00 X0 Y0;                                  (刀具定位)
    Z30 M08;
MCALL CYCLE81 (20.0, 0, 2.0, -15.0);        (采用模态指令扩孔)
G00 X35.0 Y0;
    X-17.5 Y30.31;
    X-17.5 Y-30.31;
MCALL;
G74 Z0 M05 D0;
T4 M6 D1;                                   (换立铣刀)
S600 M03;
G00 X0 Y0;                                  (刀具定位)
    Z30 M08;
G01 Z0;
L430 P4;                                    (分层切削加工中间孔)
G74 Z0 M05 D0;
T5 M6 D1;                                   (换铰刀)
S200 M03;
G00 X0 Y0;                                  (刀具定位)
    Z30 M08;
MCALL CYCLE85 (20.0, 0, 2.0, -15.0);        (采用模态指令铰孔)
G00 X35.0 Y0;
    X-17.5 Y30.31;
    X-17.5 Y-30.31;
MCALL;                                      (取消模态指令)
G74 Z0 M05 D0;
T6 M6 D1;                                   (换M8丝锥)
S100 M03;
```

```
G00 X0 Y0;                                   (刀具定位)
    Z30 M08;
MCALL CYCLE840 (10.0, 0, 2.0, -14.0,,        (采用模态指令加工螺纹)
  0, 0, 3, 0,, 1.25);
G00 X-26.0 Y0;
    X22.52 Y13.0;
    X22.52 Y-13.0;
MCALL;                                       (取消模态指令)
G74 Z0 M05 D0;
T7 M6 D1;                                    (换精镗刀)
S1200 M03;
G00 X0 Y0;                                   (刀具定位)
    Z30 M08;
CYCLE86 (30.0, 0, 5.0, -28.0,,               (精镗孔)
  1.0, 3, 0.5, 0, 0.5, 180.0);
G74 Z0 M05 D0;                               (程序结束部分)
M09;
M02;

L430.SPF;                                    (扩孔子程序)
 G91 G01 Z-6.5 F100;
 G90 G41 X15.0 Y0;                           (扩孔，保留 0.2 mm 的精加工余量)
 G03 I-15.0;
 G40 G01 X0 Y0;
 M17;                                        (返回主程序)
```

第四节 SINUMERIK 802D 系统数控铣床/加工中心的操作

数控机床的生产厂家众多，同一系统数控机床的操作面板各不相同。但由于同一系统的系统功能相同，因此操作方法也基本相似。现以 SINUMERIK 802D 系统为例进行叙述，其机床(数控铣床/加工中心) 总面板如图 4—31 所示。为了便于读者阅读，本书中将面板上的按钮分成以下三组。

机床控制面板按钮：这类按钮（旋钮）为机床厂家自定义按钮，本书用加“ ”的字母或文字表示，如“机床启动”等。

MDI 功能键：这类按键位于显示屏幕下方或右侧，只要系统型号相同，其功能键的含义及位置也相同。本书中用加方框的字母表示，如 [OFFSET PARAM]、[CUSTOM] 等。

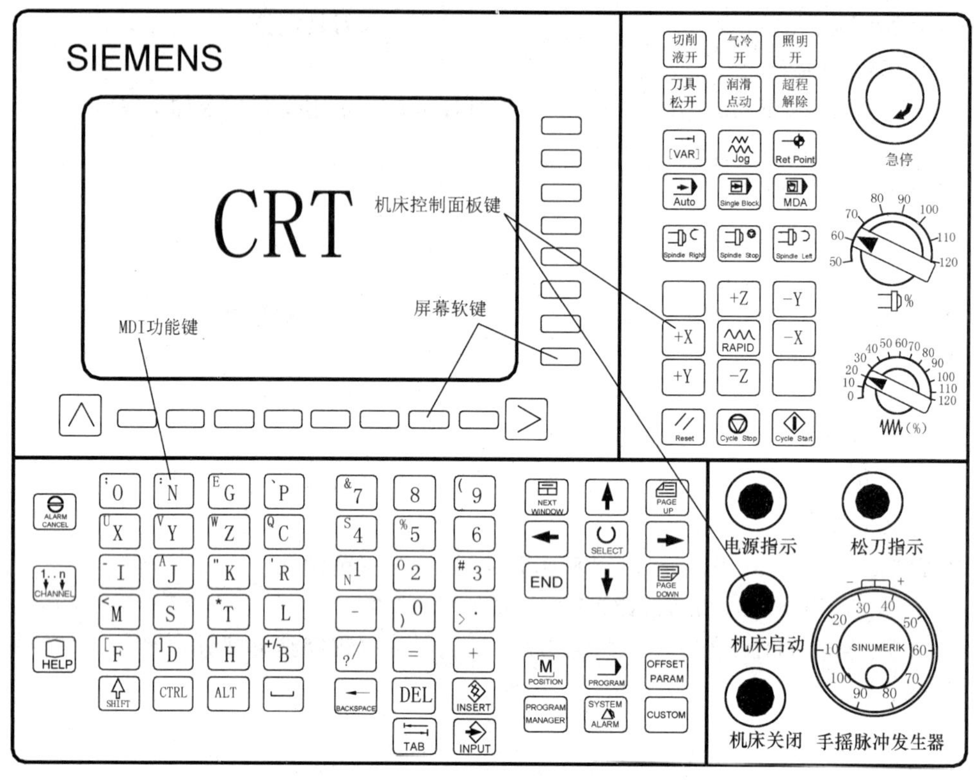

图 4—31　SINUMERIK 802D 系统机床（数控铣床/加工中心）总面板

CRT 屏幕下的软键：这类软键在本书中用加［　］的字母或文字表示，如［参数］、［综合］等。

一、数控系统机床控制面板按钮及功能介绍

1. 机床控制面板按钮功能

SINUMERIK 802D 系统机床控制面板按钮及功能见表 4—4。

表 4—4　SINUMERIK 802D 系统机床控制面板按钮及功能

名　称	图例	功　　能
机床总电源开关	0　1	机床总电源开关一般位于机床的背面。置于“1”位时，总电源接通，置于“0”位时，总电源断开
系统电源开关	机床启动　机床关闭	按下“机床启动”按钮，机床润滑、冷却系统等及数控系统通电；按下“机床关闭”按钮，机床润滑、冷却系统等及数控系统断电

续表

名 称	图例	功 能
指示灯	电源指示 松刀指示	当机床总电源接通后，电源指示灯亮；在装卸刀具时，按下“松刀”按钮，松刀指示灯亮
紧急停止	急停	当出现紧急情况而按下“急停”按钮时，在屏幕上出现“EMG”字样，机床报警指示灯亮
厂家自定义	切削液开 气冷开 照明开 刀具松开 润滑点动 超程解除	分别控制机床切削液的启动与关闭、气动冷却的开启与关闭、机床照明的开启与关闭、刀具松开、给机床进行点动润滑及超程解除
模式选择	[VAR] Jog Ret Point Auto Single Block MDA	“VAR”（步进增量）模式：点击“VAR”按钮，可选择步进增量，配合“轴方向”按钮进行点动增量进给操作 “Jog”（手动）模式：在该模式下可进行手动切削连续进给、手动快速进给、程序编辑、对刀等操作 “Ret Point”（回零）模式：在该模式下可进行回参考点操作 “Auto”（自动）模式：可使机床自动运行程序 “Single Block”（单段加工）模式：自动运行模式下的单段运行 “MDA”（录入）模式：手动数据（如参数）输入的操作 以上模式按钮中，除“Single Block”按钮与“Auto”按钮可复选外，其余按钮均为单选按钮，只能选择其中的一个
主轴功能	Spindle Right Spindle Stop Spindle Left	“Spindle Right”按钮：主轴正转 “Spindle Stop”按钮：主轴停转 “Spindle Left”按钮：主轴反转 以上按钮仅在“Jog”或“VAR”模式下有效
“Jog”进给及其进给方向	+Z -Y +X RAPID -X +Y -Z	“Jog”模式下，按下指定“轴方向”按钮不松开，即可指定刀具沿指定轴方向进行手动连续慢速进给。进给速率可通过“进给速度倍率”旋钮进行调节 按下中间位置的“RAPID”按钮（快速移动）不松开，再按下指定“轴方向”按钮不松开，即可实现该方向上的快速进给
主轴速度倍率	50 60 70 80 90 100 110 120 %	在主轴旋转过程中，可以通过“主轴速度倍率”旋钮对主轴转速进行50%～120%的无级调速。同样，在程序执行过程中，也可对程序中指定的转速进行调节
进给速度倍率	0 10 20 30 40 50 60 70 80 90 100 110 120 (%)	在手动连续进给中，可以通过“进给速度倍率”旋钮对进给速度进行调节，范围为0%～120%。同样，在程序执行过程中，也可对程序中指定的进给速度进行调节

续表

名称	图例	功能
自动运行控制	Reset　Cycle Stop　Cycle Start	“Reset”按钮用于系统复位，使系统返回初始状态 “Cycle Stop”按钮为循环暂停按钮，又称为进给保持按钮 “Cycle Start”按钮为循环启动按钮

2. 数控系统的 MDI 功能键

数控系统的 MDI 功能键及其功能见表 4—5。

表 4—5　　数控系统的 MDI 功能键及其功能

名称	图例	功能
数字 运算	(9　+	用于数字 1～9 及运算符“+”“−”“*”“/”“(”等字符的输入
字母	; O　[F	用于 A、B、C、X、Y、Z、I、J、K 等字母的输入
退格	BACKSPACE	按下该键，删除光标前一个字符
删除	DEL	按下该键，删除光标当前位置的字符
插入	INSERT	该键用于程序编辑过程中程序字的插入
制表	TAB	按下该键，在当前光标位置前插入五个空格
确认	INPUT	该键用于确认输入内容；编程时按该键，光标另起一行
上档	SHIFT	为上档键，结合其他功能键可输入功能键上档字母、符号等
控制	CTRL	为控制键
替代	ALT	用于程序编辑过程中程序字的替代
空格	␣	该键用于在文本或程序中插入空格
下个窗口	NEXT WINDOW	该键未使用
结束	END	按下该键，使光标移动至该程序段的结尾处
选择	SELECT	该键用于机床模式的选择与转换
翻页	PAGE UP	用于向程序开始的方向翻页
	PAGE DOWN	用于向程序结束的方向翻页

续表

名　称	图例	功　　能
光标移动	↑ ← → ↓	光标移动键共四个，使光标上下或前后移动
位置显示	M POSITION	按该键，显示当前加工位置的机床坐标值/工件坐标值
程序	PROGRAM	按该键，将显示正在执行或编辑的程序内容
参数设置	OFFSET PARAM	按该键，可用于设置、显示刀具补偿值、工件坐标系
程序管理	PROGRAM MANAGER	按该键，将显示内存中的所有程序号列表
报警	SYSTEM ALARM	按该键，可显示各种系统报警信息
自定义	CUSTOM	该键用于厂家自定义
报警取消	ALARM CANCEL	该键用于消除数控系统（包括机床）的一些报警信号
通道转换	1..n CHANNEL	为通道转换键
帮助	HELP	该键用于为操作人员提供报警信息与帮助

3. 屏幕划分与屏幕软键

SINUMERIK 802D 系统屏幕划分与屏幕软键如图 4—32 所示，分为状态区、应用区、说明及软键区三部分。SINUMERIK 802D 系统的屏幕软键较为复杂，本书将在讲述机床操作时介绍其软键功能。

二、机床操作

1. 机床电源的开关及返回参考点操作

（1）开电源

1）检查机床和数控系统各部分初始状态是否正常。

2）将机床电气柜上的总电源开关顺时针扳到“1”位，接通机床总电源。

3）按下机床面板上的“机床启动”按钮，数控系统开始启动，系统引导内容完成后，显示如图 4—33 所示的开机画面。

4）检查“急停”按钮是否被按下。如果它被按下，需顺时针转动“急停”按钮，使按钮向上弹起。

5）屏幕右上角闪烁“003000”报警信息时，按下“复位”键数秒后，“003000”报警信息取消，系统复位。

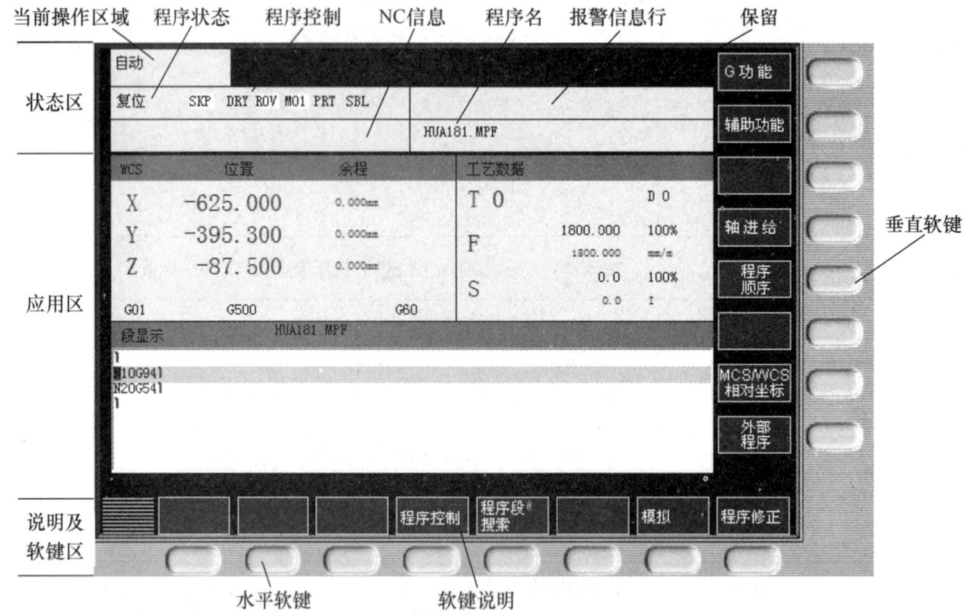

图 4—32　SINUMERIK 802D 系统屏幕划分与屏幕软键

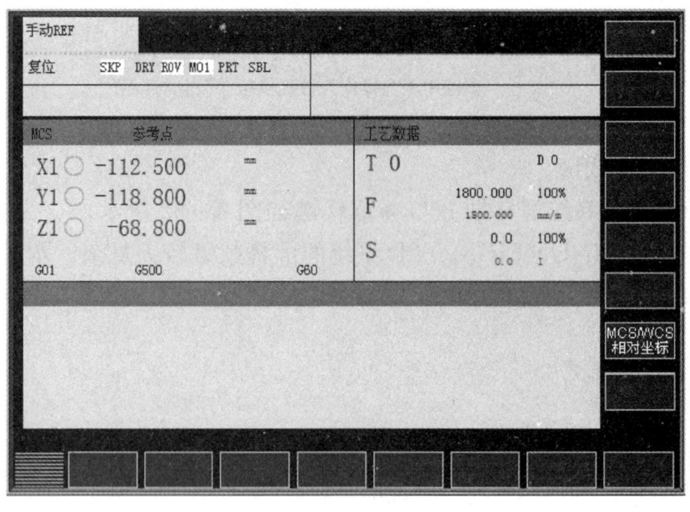

图 4—33　开机画面

（2）关电源

关电源的操作与开电源的操作相反，其操作步骤如下：

1）按 POSITION 键，回到系统主界面。

2）按下“急停”按钮。

3）按下“机床关闭”按钮，关闭系统电源。

4）将机床电气柜上的总电源开关逆时针扳到“0”位置，关闭机床总电源。

(3) 返回参考点（简称“回零”）

1）旋转“进给速度倍率”旋钮，使其上的箭头指向 100%。

2）选择“Ret Point（回零）”运行方式，按下 POSITION 键，进入如图 4—34 所示界面，界面中“X1”“Y1”“Z1”后如果显示“○”，表示坐标轴未回到参考点；如果显示“◕”，则表示坐标轴已经返回参考点。

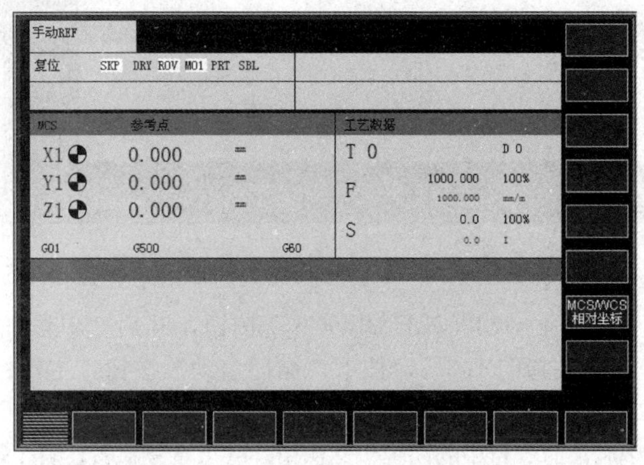

图 4—34 机床返回参考点后的界面

3）按住“+Z”按钮，使刀架向 Z 轴正向移动，屏幕上的图标由“Z1 ○”变成“Z1 ◕”，表示 Z 轴已经回到参考点。

4）按照同样的方法，分别使 X 轴和 Y 轴返回参考点。

X 轴、Y 轴、Z 轴回参考点后，屏幕显示如图 4—34 所示。通常情况下，在返回参考点结束后还需采用“Jog”（手动）运行方式，来结束回参考点状态，并按住“−X”“−Y”“−Z”按钮，使刀架回移一段距离，以离开机床的极限位置，才能进行机床的其他操作。

5）在返回参考点过程中，有以下几方面的注意事项：

①开机后，首先应进行机床回参考点操作，机床坐标系的建立必须通过该操作来完成。

②即使机床已经回过参考点，但出现下列三种情况时，必须重新进行回参考点操作：机床系统断电后重新接通电源、机床解除急停状态后、机床超程报警解除后。

③在 X 轴、Y 轴、Z 轴回参考点过程中，如果选择了错误的回参考点方向，刀架不会移动。

④在 X 轴、Y 轴、Z 轴回参考点过程中，注意不要发生任何碰撞。

2. 手摇进给操作和手动进给操作

(1)“MDA”（手动数据输入）运行方式

在这种方式下，可以输入程序段并执行其内容。先按下“MDA”按钮，进入手动数据输入运行方式，然后按 POSITION （位置显示）键，进入图 4—35 所示界面。

如果要在“MDA”方式下控制主轴的启动和停止，可在 MDA 界面的命令行中，输入

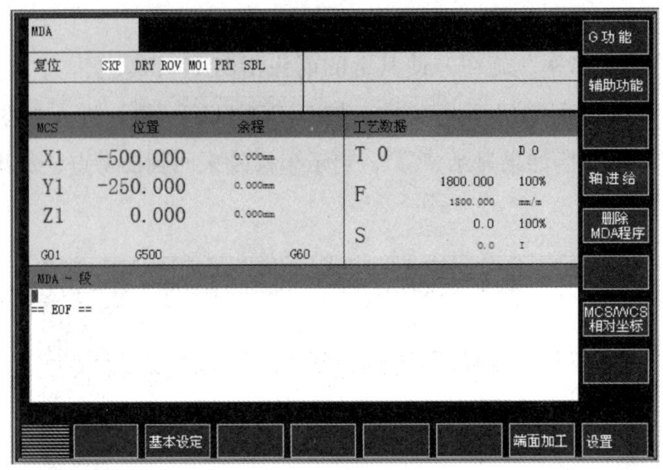

图 4—35　MDA 显示界面

“M03 S600；M05;”，再按下“SINGLE BLOCK”按钮，开启“单段加工”模式，将“主轴速度倍率”旋钮上的箭头指向 100%，按下“循环启动”按钮，主轴将以 600 r/min 的转速正转。再次按下“循环启动”按钮，主轴停止。

该程序段执行完毕后，命令行中的内容仍然保留，并可重复执行，直至输入新的内容替换它。“Auto”方式下的程序控制（单段加工、程序测试等）功能在“MDA”方式下同样有效。

（2）“Jog”（手动）运行方式

按“Jog”按钮，进入手动运行方式后，屏幕显示如图 4—36 所示界面。在这种方式下，主要可以进行以下几种操作：

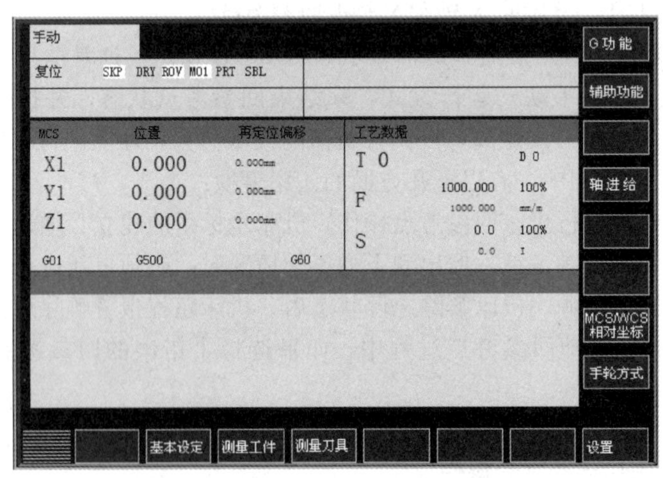

图 4—36　Jog 运行方式显示界面

1）慢速工进　按住某个“轴方向选择”按钮，可以使工作台、主轴沿相应的方向轴向移动，移动速度可以通过“进给速度倍率”旋钮进行调节。

2）快速进给　按住某个“轴方向选择”按钮不松开，同时按住“RAPID”（快速运行）

按钮，可以使工作台、主轴沿该轴快速移动。

3）增量进给　按下“VAR”（步进增量）按钮，进入“增量”模式，并选择增量步长（1 INC、10 INC、100 INC、1 000 INC）后，每按一次“轴方向选择”按钮，刀架向相应方向移动一个步进增量。采用这种方式，可对坐标位置进行精确调节。

在“VAR”模式下，按下“Jog”按钮，可结束“增量”模式，进入“手动运行”方式。

（3）手轮进给

在图 4—36 所示界面中，按下垂直软键［手轮方式］，进入如图 4—37 所示的手轮操作界面。如果要使机床朝-Y 方向移动 1 mm，可按下“VAR”（步进增量）按钮，选择增量步长为 100INC；再按下界面上垂直软键［Y］，使界面右下部“Y”位置后出现“√”符号；逆时针转动手轮 10 小格，即可完成机床的移动。

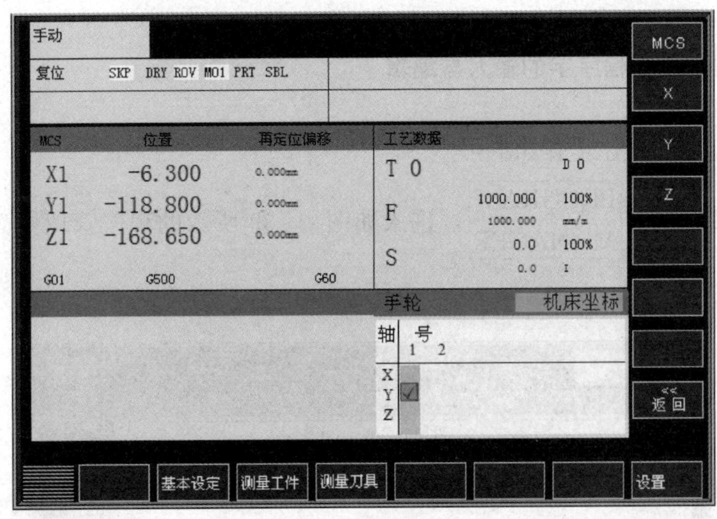

图 4—37　手轮操作界面

按图 4—37 中垂直软键［返回］，即可取消手轮进给，回到“手动运行”方式。

提示

如果连续摇动手轮，可使刀具沿相应轴连续进给。在利用手轮进给时，如果刀具远离工件或夹具，可选择增量步长为 100 INC、1 000 INC；如果刀具接近工件、夹具或在切削加工状态时，可选择增量步长为 1 INC、10 INC。

当有些机床采用如图 4—38 所示的带有轴选择和增量步长选择的综合手轮时，只要手轮的轴选择开关没有位于“OFF（关闭）”挡位，则系统默认当前机床运行方式为手轮方式，且轴的选择、增量步长的选择都默认为手轮上的

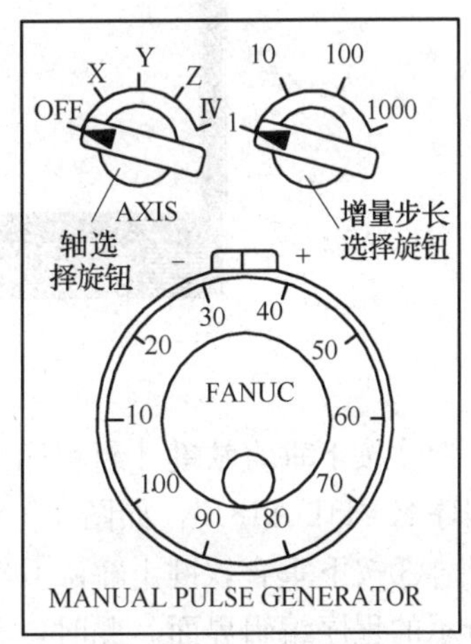

图 4—38　综合手轮

选择。如果要进行“回零”操作或利用“Jog”模式手动进给，应先把手轮的轴选择旋钮的挡位拨至“OFF”处，再进行相关操作。

提示

手动进给操作时，进给方向一定不能搞错，这是数控机床操作的基本技能。

（4）机床超程解除

在手轮或手动进给过程中，由于进给方向错误，常会发生超程报警现象。其解除过程如下：

1）按下“超程解除”按钮不松开，同时连续按下“Reset”按钮，消除报警信号。

2）仍不松开“超程解除”按钮，利用手轮控制机床向超程轴的反向移动，退出超行程位置，使机床恢复正常。

3. 程序、程序段和程序字的输入与编辑

（1）程序编辑操作

1）建立新程序　操作步骤如下：

①按下 MDI 功能键 [PROGRAM MANAGER]，进入如图 4—39 所示的程序管理界面，显示系统中已存在的程序目录。

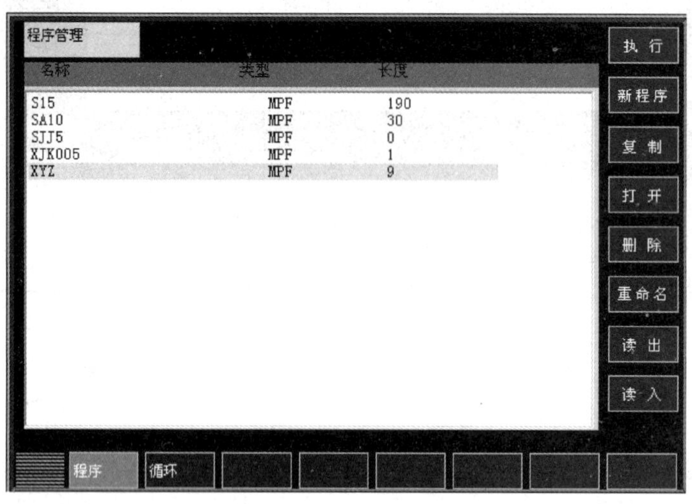

图 4—39　程序管理界面

②按下垂直软键［新程序］，屏幕中出现建立“新程序:”对话框，在该对话框中输入新程序名“HUA181”，如图 4—40 所示。

③按下垂直软键［确认］，生成名为“HUA181”的主程序文件，自动转入如图 4—41 所示的程序编辑界面。此时，程序名为“HUA181. mpf”，其中“. mpf”为主程序扩展名，由系统自动生成。

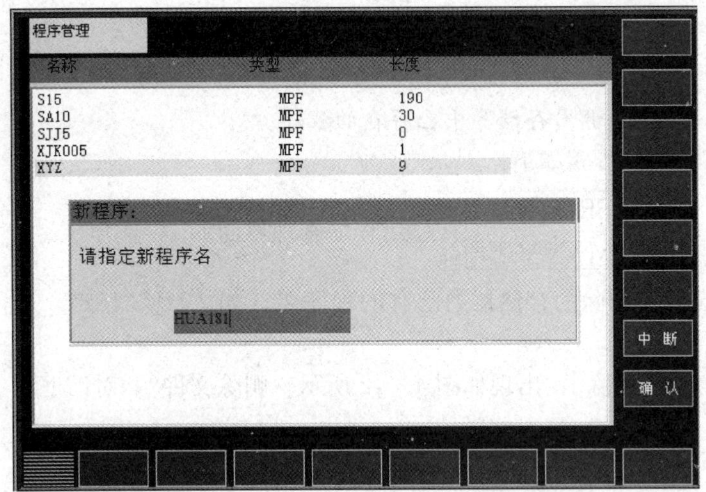

图 4—40　输入新程序名

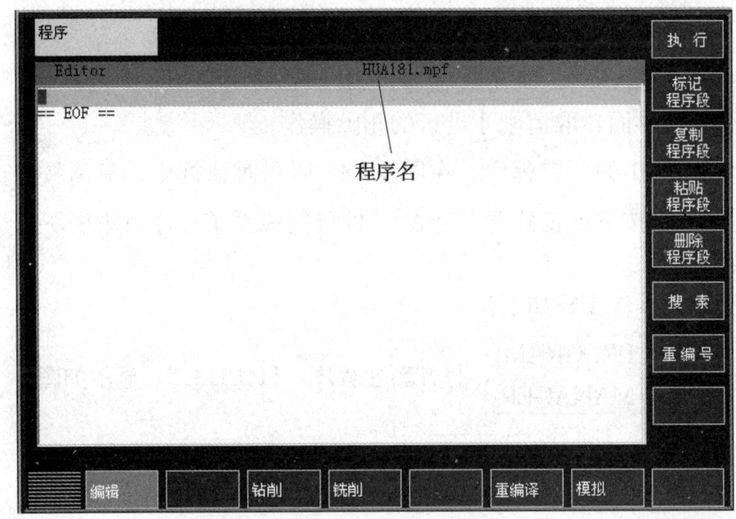

图 4—41　程序编辑界面

提示

建立新程序时，要注意新程序的文件名应为存储器内没有的名称。

2）调用存储器内的程序　操作步骤如下：

①按下 MDI 功能键 PROGRAM MANAGER，显示程序管理界面。

②按下 光标移动 键使光标移至所要调出的程序名上，或直接键入所要调出的程序名。

③按下垂直软键［打开］，即可完成该程序的打开。

 **提示**

程序调用时，一定要调用存储器中已存在的程序。

3）删除程序 操作步骤如下：

①按下 MDI 功能键 PROGRAM MANAGER，显示程序管理界面。

②移动光标至所要删除的存储器内已有的程序名（如“HUA181”）上，或直接键入所要删除的程序名。

③按下垂直软键［删除］，出现如图 4—42 所示“删除文件?”对话框。

图 4—42 “删除文件?”对话框

④按下垂直软键［确认］，即完成程序“HUA181”的删除。如果按下垂直软键［中断］，返回至程序管理界面，取消刚才进行的删除操作。

如果要删除存储器中的所有程序，在图 4—42 所示对话框中，只需按 光标下移 键，选中“删除全部文件?”，按下垂直软键［确认］，即可完成系统程序目录中所有程序的删除。

（2）程序段操作

1）输入程序段 操作步骤如下：

①按下 MDI 功能键 PROGRAM MANAGER，打开新建程序“HUA181”，显示如图 4—41 所示界面。

②输入程序段“G94;”，按下 INPUT 键，完成程序段的输入与换行。

③将剩余的所有程序段输入完毕，如图 4—43 所示。

④按下垂直软键［重编号］，完成程序段号的自动生成，如图 4—44 所示。

2）插入程序段 操作步骤如下：

①将光标移动至要插入位置的前一程序段的结束字符上。

②按下 INPUT 键，输入程序段内容。

③按下垂直软键［重编号］，系统进行程序段号的自动生成。

3）删除程序段 操作步骤如下：

①将光标停留在所要删除程序段的第一个字符上。

②按下垂直软键［标记程序段］。

③用 光标移动 键或 翻页 键，选中要删除的程序段。

④按下垂直软键［删除程序段］，将当前所标记的程序段全部删除。

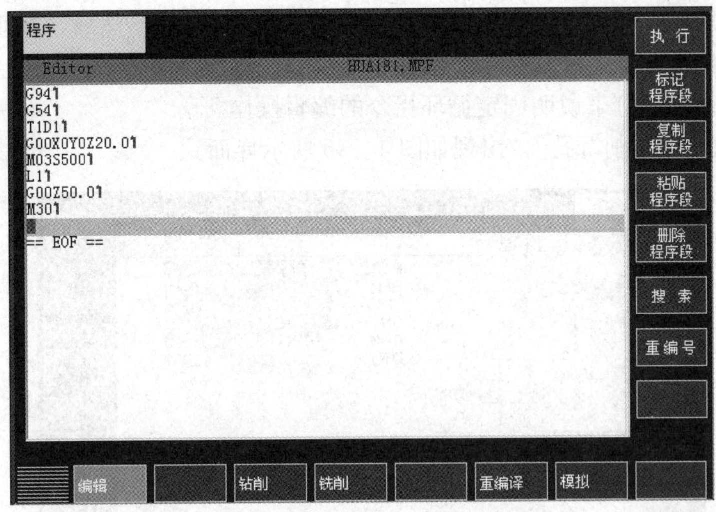

图 4—43 HUA181 程序界面

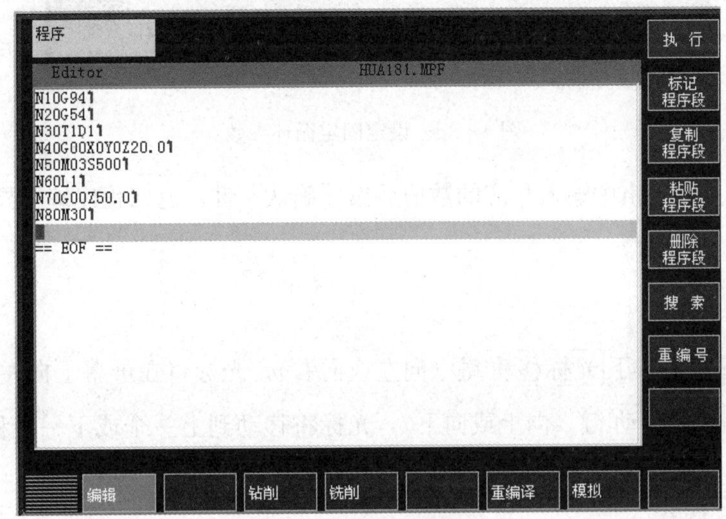

图 4—44 程序段号自动生成

4）复制、粘贴程序段　操作步骤如下：

①将光标停留在所要复制程序段的第一个字符上。

②按下垂直软键［标记程序段］，标记要复制的内容。

③按下垂直软键［复制程序段］。

④将光标移至需粘贴的位置。

⑤按下垂直软键［粘贴程序段］，完成当前所复制内容的粘贴。

5）编辑固定循环指令　除了在程序编辑界面直接手动输入外，固定循环指令还可以通过在程序界面上的对话框参数输入编辑方式输入，使得指令编辑更直观、简便，也更容易保证其准确度。

如图4—41所示，在程序编辑界面中，按水平软键［钻削］。然后，在垂直软键栏处出现［镗孔］、［钻削沉孔］、［深孔钻］、［刚性攻螺纹］、［非刚性攻螺纹］、［孔模式］等软键。下面以钻削沉孔循环为例来说明固定循环指令的编辑操作。

① 按垂直软键［钻削沉孔］，出现如图4—45所示界面。

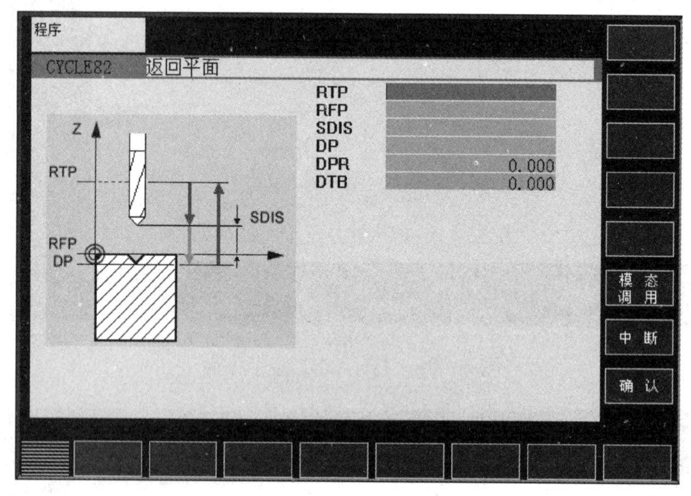

图4—45　设定固定循环参数

②在对应的参数表格中输入相应的数值后按［确认］键，返回程序编辑界面，完成固定循环指令的输入与编辑。

（3）程序字操作

操作步骤如下：

1）扫描程序字。按下光标移动键（向左或向右），光标将在屏幕上向左或向右移动一个地址字。按下光标移动键（向上或向下），光标将移动到上一个或下一个程序段的开头。

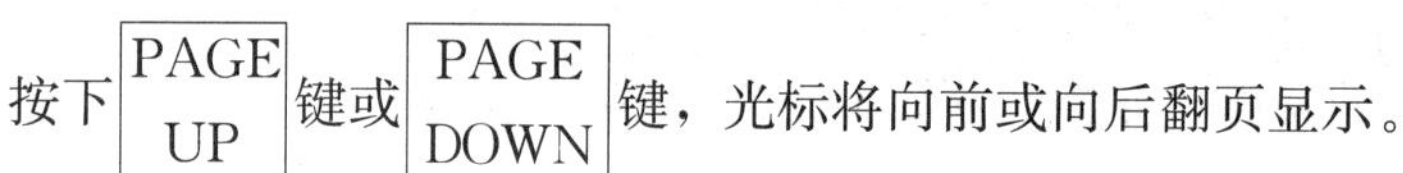
按下 PAGE UP 键或 PAGE DOWN 键，光标将向前或向后翻页显示。

2）跳到程序开头。利用翻页键，使光标跳到程序开头。

3）字符的编辑。按下DEL键，删除当前光标处的字符。按下BACKSPACE键，删除位于光标前的一个字符。

4）字符的检索。按下垂直软键［搜索］，输入要检索的文本或行号（如“G41”）；再按下垂直软键［确认］，光标自动搜索到“G41”的位置。

提示

如果程序、程序段和程序字的输入与编辑过程中出现系统报警，可通过按MDI功能键Reset来消除。程序编辑时的［标记］、［删除］、［拷贝］、［粘贴］功能，对单个字符也有效。只有零件程序未处于执行状态时，才可进行编辑。零件程序中进行的任何修改，均立即被存储。

4. **对刀与设定工件坐标系原点操作**

(1) *XY* 平面的对刀操作

1) 选择“Jog”（手动）运行方式，主轴上安装好找正器，将“进给速度倍率”旋钮和“主轴速度倍率”旋钮设置在 100%。

2) 选择“MDA”运行方式，输入“M03 S500;”；按下“循环启动”按钮，从而在“MDA”运行方式下开启主轴。

3) 选择“Jog”（手动）运行方式，选择机床坐标系，选择手轮方式。

4) 选择相应的轴，快速摇动手轮，使其接近工件 *X* 轴方向的一条侧边，如图 4—46 所示 *A* 点处，降低手动进给倍率，使找正器慢慢接近工件侧边，正确找正侧边 *A* 点处。记录屏幕显示画面中的机床坐标系（MCS）的 *X* 值，设为 X_1（假设 $X_1=-557.0$）。

5) 用同样的方法找正侧边 *B* 点处，记录尺寸 X_2 值（假设 $X_2=-443.0$）。

6) 计算出工件坐标系的 *X* 值，$X=(X_1+X_2)/2$。

7) 重复步骤 4)、5)、6)，用同样的方法测量并计算出工件坐标系的 *Y* 值。

8) 按下“Reset”按钮，使主轴停止。

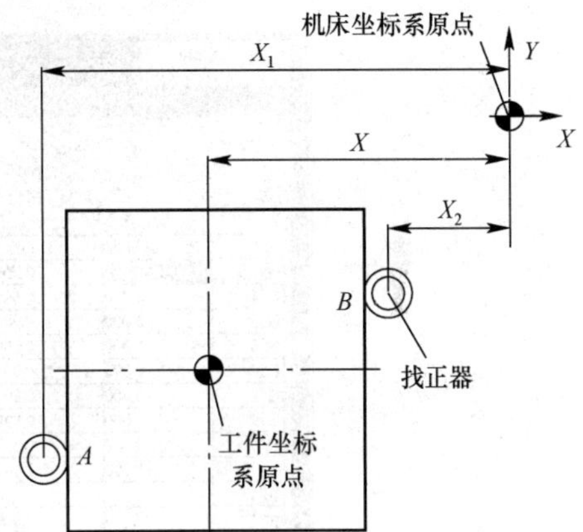

图 4—46　*XY* 平面内的对刀操作

(2) *Z* 轴方向的对刀

1) 将主轴停转，手动换上切削刀具。

2) 在工件上方放置一个 $\phi10$ mm 的测量心棒（或量块），摇动手轮，使刀具在 *Z* 轴方向快速接近心棒（图 4—47），然后降低手动进给倍率，使刀具与心棒微微接触。记录此时屏幕显示画面中机床坐标系的 *Z* 值，设为 Z_1（假设 $Z_1=-360.0$）。

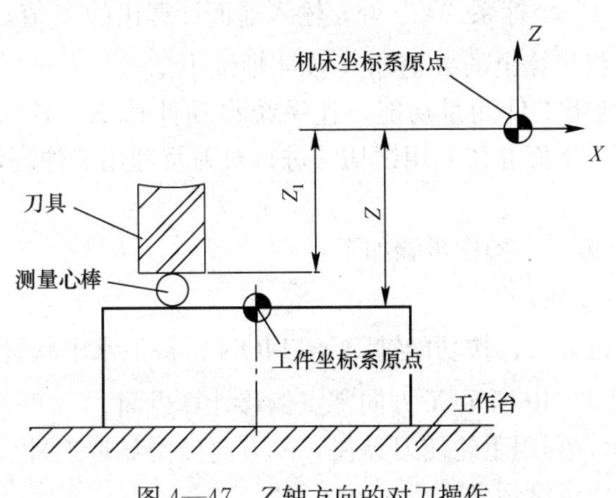

图 4—47　*Z* 轴方向的对刀操作

3）计算出工件坐标系的 Z 值，$Z=Z_1-10.0$（10.0 为心棒直径）。

如果采用加工中心加工，同时使用多把刀具进行加工，则可重复以上步骤，分别测出多把刀具各自的 Z 值。

（3）设定工件坐标系

1）设定方法一　将工件坐标系原点与机床坐标系原点间的零点偏移量手动输入 G54 地址中。其设定过程如下：

①按下 MDI 功能键 OFFSET SETTING。

②按下屏幕下的水平软键［零点偏移］，出现如图 4—48 所示的界面。

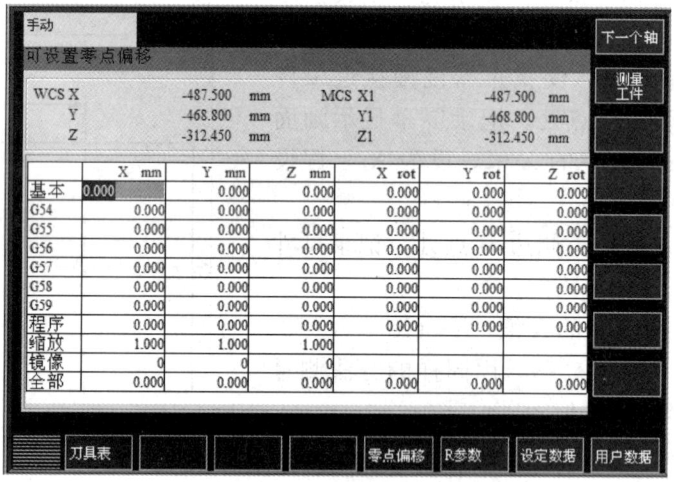

手动

下一个轴

可设置零点偏移

测量工件

WCS X	-487.500	mm	MCS X1	-487.500	mm	
Y	-468.800	mm	Y1	-468.800	mm	
Z	-312.450	mm	Z1	-312.450	mm	

	X mm	Y mm	Z mm	X rot	Y rot	Z rot
基本	0.000	0.000	0.000	0.000	0.000	0.000
G54	0.000	0.000	0.000	0.000	0.000	0.000
G55	0.000	0.000	0.000	0.000	0.000	0.000
G56	0.000	0.000	0.000	0.000	0.000	0.000
G57	0.000	0.000	0.000	0.000	0.000	0.000
G58	0.000	0.000	0.000	0.000	0.000	0.000
G59	0.000	0.000	0.000	0.000	0.000	0.000
程序	0.000	0.000	0.000	0.000	0.000	0.000
缩放	1.000	1.000	1.000			
镜像	0	0	0			
全部	0.000	0.000	0.000	0.000	0.000	0.000

刀具表　零点偏移　R参数　设定数据　用户数据

图 4—48　零点偏移界面

③向下移动光标至“G54”坐标系“X”处，输入前面计算出的 X 值（注意不要输地址 X），按下 INPUT 键。

④将光标移到“G54”坐标系“Y”处，输入前面计算出的 Y 值，按下 INPUT 键。

⑤用同样的方法，将计算出的 Z 值输入 G54 地址中。

2）设定方法二　利用工件测量功能，让系统自动计算 X、Y、Z 方向的零点偏移值，并自动完成偏移量设定。下面介绍利用试切法进行对刀及利用工件测量功能完成零点偏移值的设定。

①确定 X 方向零点偏移。操作步骤如下：

a. 装刀。启动主轴正转。

b. 选择“Jog”运行方式，按功能键 POSITION；按下水平软键［测量工件］，按下垂直软键［X］，进入如图 4—49 所示 X 方向零点偏移计算界面。

c. 如图 4—50 所示，利用手轮使刀具往 $-X$ 方向慢慢靠近工件一侧 A 点处，刀具接触到工件后，立即停止机床进给运动。

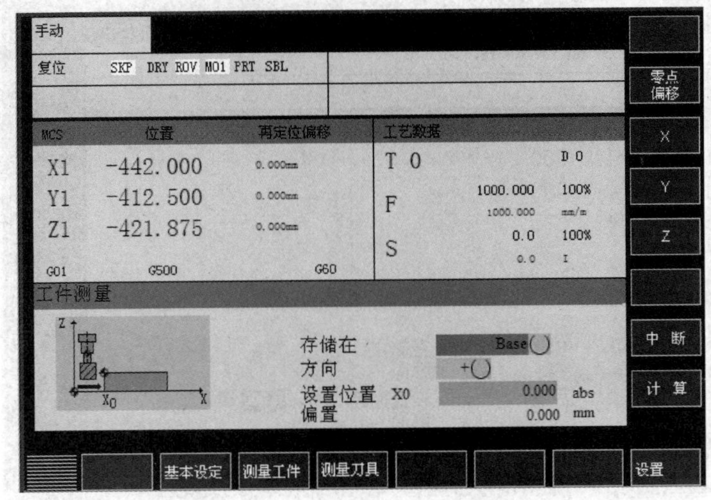

图 4—49 *X* 方向零点偏移计算界面

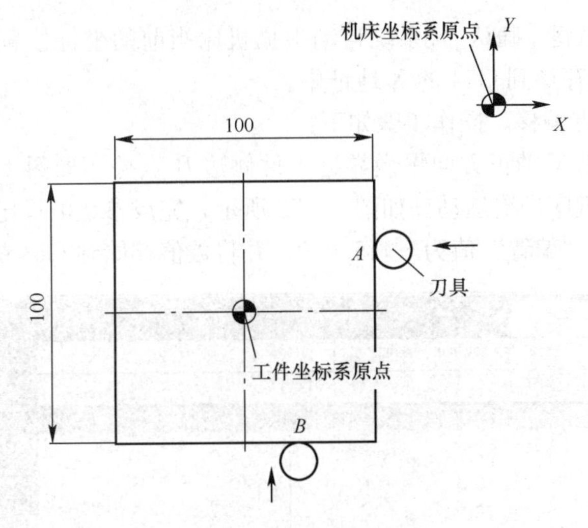

图 4—50 试切法对刀

d. 进行 *X* 方向零点偏移参数填写及偏移值计算，具体参数填写如图 4—51 所示。

首先，移动光标至 Base( )（图 4—49），按下选择键 ○，选择“G54”。该位置为工件坐标原点 *X* 机床坐标存储的地址项，选项有 BASE（基本）、G54、G55、G56 、G57、G58、G59，可利用选择键 ○ 选择存储地址。

其次，移动光标，利用［选择］键将“方向”选择为 -○。“方向”的选项有 -○、+○。它指定了刀具与工件的位置关系。如果刀具位于工件的正方向，则选择 -○。

再次，移动光标至“设置位置 X0”，在其后 0.000 处输入“58”，按 INPUT 键存储。“58.000”为当前刀具中心与工件原点在 *X* 向的距离，刀具直径为 16 mm。

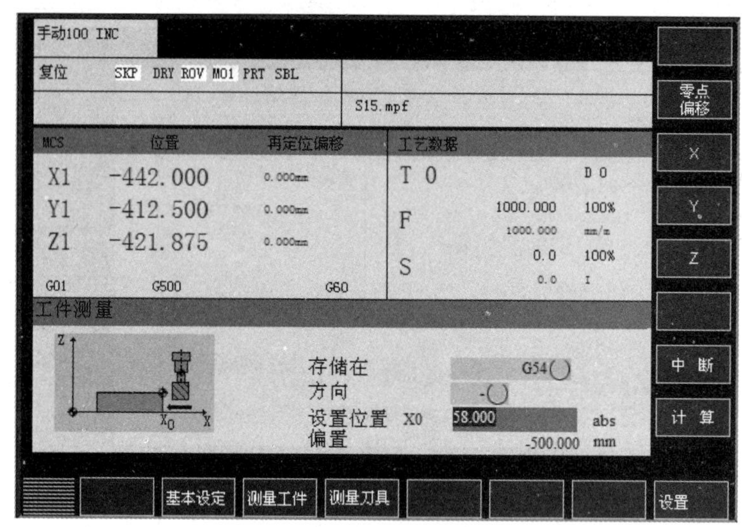

图 4—51　确定 *X* 方向零点偏移参数

最后，按下垂直软键［确认］，系统自动根据机床当前的坐标位置计算出“偏置”值为－500.000，并将数值存储到 G54 的 X 地址中。

②确定 *Y* 方向零点偏移。操作步骤如下：

利用手轮使刀具沿 *Y* 轴正方向慢慢靠近工件侧边 *B* 点处，如图 4—50 所示。刀具接触到工件后，立即停止机床进给运动。如图 4—52 所示，完成参数的设定，按下垂直软键［计算］，系统自动计算出“偏置”值为－415.000，并将数值存储到 G54 的 Y 地址中。

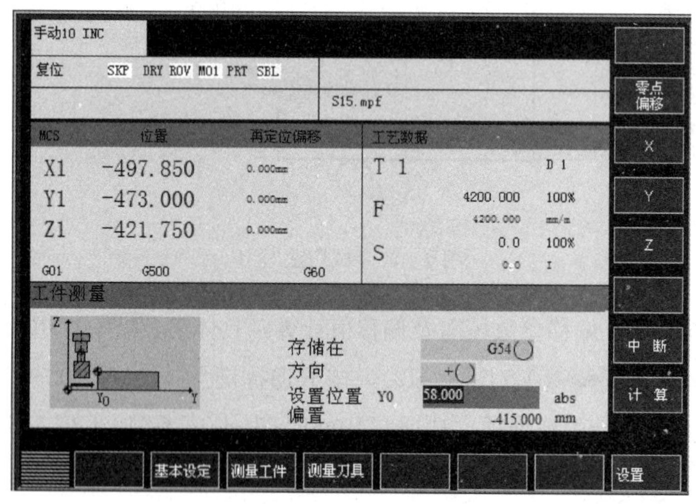

图 4—52　确定 *Y* 方向零点偏置参数

③确定 *Z* 方向零点偏移。参照前面的 *Z* 轴对刀，在刀具与心棒微微接触后，立即停止机床进给运动。如图 4—53 所示，完成参数的设定，按下垂直软键［计算］，系统自动计算出“偏置”值为－370.000，并将数值存储到 G54 的 Z 地址中。

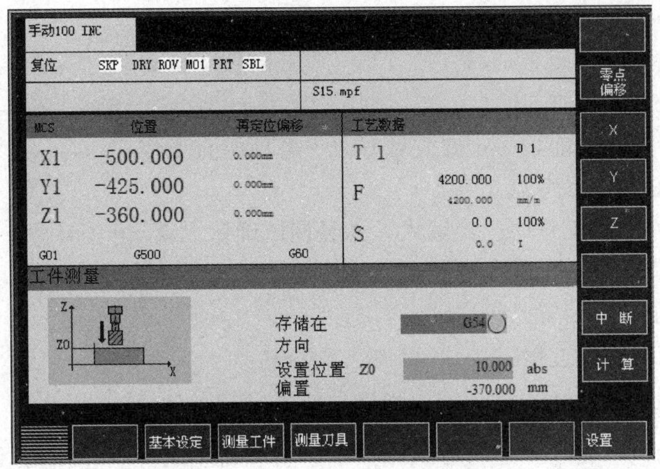

图 4—53 确定 *Z* 方向零点偏移

X、*Y*、*Z* 方向零点偏移设定完毕，可按下功能键 OFFSET PARAM ，按下水平软键［零点偏移］，进入如图 4—54 所示的界面，查看系统是否已在“G54”地址中完成了参数的存储。

手动

可设置零点偏移

WCS X	2.150 mm		MCS X1	-497.850 mm	
Y	-58.000 mm		Y1	-473.000 mm	
Z	-51.750 mm		Z1	-421.750 mm	

	X mm	Y mm	Z mm	X rot	Y rot	Z rot
基本	0.000	0.000	0.000	0.000	0.000	0.000
G54	-500.000	-415.000	-370.000	0.000	0.000	0.000
G55	0.000	0.000	0.000	0.000	0.000	0.000
G56	0.000	0.000	0.000	0.000	0.000	0.000
G57	0.000	0.000	0.000	0.000	0.000	0.000
G58	0.000	0.000	0.000	0.000	0.000	0.000
G59	0.000	0.000	0.000	0.000	0.000	0.000
程序	0.000	0.000	0.000	0.000	0.000	0.000
缩放	1.000	1.000	1.000			
镜像	0	0	0			
全部	0.000	0.000	0.000	0.000	0.000	0.000

下一个轴　测量工件

刀具表　零点偏移　R参数　设定数据　用户数据

图 4—54 零点偏移参数的存储

（4）对刀正确性校验

对刀结束后，为保证对刀的正确性，要进行对刀正确性的校验工作。可手动移动刀具靠近工件原点位置，然后观察刀具与工件间的实际相对位置，对照屏幕显示的机床坐标，判断零点偏移参数设定是否正确。

提示

记录坐标值时，请务必记录屏幕显示中的机床坐标值。工件坐标系设定完成后，在“MDA”方式下运行“G54;”程序段，然后再进入坐标系显示画面，看一看各坐标系的坐标值与设定前有什么区别。

5. 程序自动运行

（1）自动运行前的检查

使用自动运行功能之前，一定要先做好以下各项检查工作：

1）机床刀架必须回参考点。

2）待加工零件的加工程序已经输入，并经调试确认无误。

3）加工前的其他准备工作均已完成，如参数设置、对刀及刀补设置。

4）必要的安全锁定装置已经启动。

（2）自动加工的操作过程

1）按下功能键 PROGRAM，调出需使用的程序。

2）选择"Auto"（自动）运行方式，按下垂直软键［执行］，使屏幕显示正在执行的程序及坐标，如图 4—55 所示。

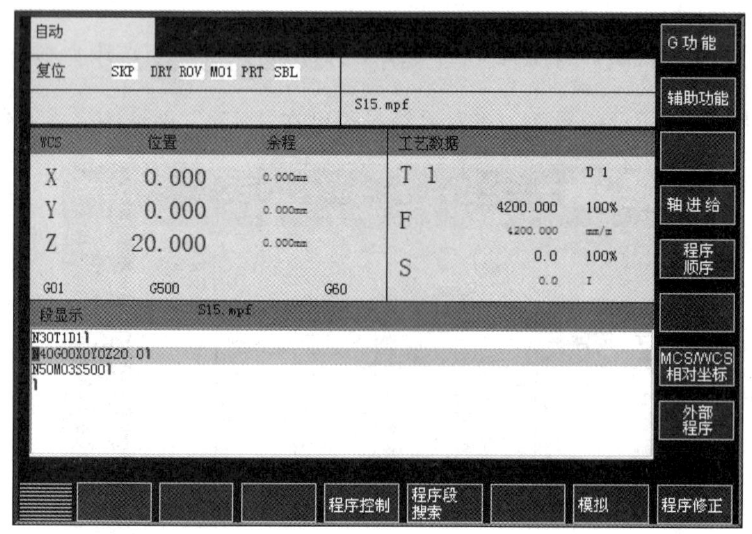

图 4—55　自动运行方式状态显示界面

3）重复按下垂直软键［相对坐标］，根据需要选择机床坐标系、工件坐标系或相对坐标系中的实际值。

4）按"循环启动"按钮，进入自动加工。

在加工过程中，可以通过图 4—55 所示界面，观察到当前刀尖的坐标位置（机床/工件）以及剩余行程、当前进给速度、主轴转速和当前刀具，还可以观察正在执行及待执行的程序段。

（3）自动加工过程中的程序控制

1）在图 4—55 所示界面中，按水平软键［程序控制］，进入如图 4—56 所示的程序控制界面。

2）按下该界面垂直软键栏中不同的软键，即可实现不同的程序控制。自动运行状态下，程序控制界面的垂直软键及其功能见表 4—6。

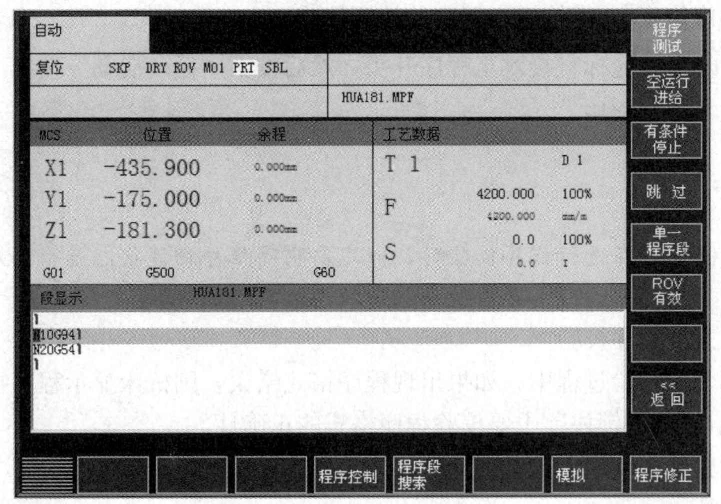

图 4—56　程序控制界面

表 4—6　　程序控制界面的垂直软键及其功能

垂直软键	功　能
程序测试（PRT）	程序运行，但机床不执行进给运动，用于检测程序格式的正确性
空运行进给（DRY）	刀具以空运行速度执行该程序，用于检测刀具轨迹的正确性
有条件停止（M01）	执行程序时，M01 指令的功能与 M00 指令功能相同
跳过（SKP）	执行程序时，跳过程序段前加“/”符号的程序段
单一程序段（SBL）	单段运行方式，每个程序段逐段解码，每段结束时有一暂停
ROV 有效（ROV）	按下该软键，“进给速度倍率”旋钮对于快速运行也有效

提示

程序测试对于“VAR”“Jog”“RET POINT”“MDA”“Auto”运行方式都有效。另外，在机床校验过程中，采用“单步运行”模式比“自动运行”模式合适。

（4）采用图形显示功能校验程序

图形显示功能可以显示自动运行期间的刀具移动轨迹，操作人员可通过观察屏幕显示的轨迹来检查加工过程。显示的图形可以进行放大及恢复。图形显示功能可以在“自动运行”“机床锁住”和“空运行”等模式下使用。其操作过程如下：

1）调出所要校验的程序。

2）选择“Auto”（自动）运行方式，按下垂直软键［执行］，选择程序测试状态。

3）按下水平软键［模拟］，进入图形显示界面。

4）按下“循环启动”按键，机床开始移动，并在屏幕上绘出刀具的运动轨迹。

5）观察图形轨迹，如果发现有误，可按下“Reset”按钮，使机床处于复位状态，再按下水平软键［程序修正］，直接进行程序的编辑修改。

6）利用翻页键使光标直接跳至程序开头，然后按下“循环启动”按钮，重新进行工件的模拟加工，直至模拟完毕。

提示

为了加工的安全，在进行程序校验时，一定要明确程序测试状态是否已启用。可直接通过观看界面状态栏中的“PRT”是否处于选中状态来判断。

（5）其他方式的程序校验

在“机床锁住”校验过程中，如果出现程序格式错误，则机床显示程序报警画面，机床停止运行。因此，“机床锁住”主要校验程序格式的正确性。

机床空运行校验主要用于校验程序轨迹的正确性。

（6）其他操作

在 SINUMERIK 802D 系统的屏幕操作中，除了上述操作外，还能进行［报警］、［维修信息］、［调试］、［机床数据］、［口令］、［语言转换］等功能键的操作。具体的操作过程请参阅与机床配套的操作说明书。

思考与练习

1. SIEMENS 系统中的孔加工循环调用有哪两种？与 FANUC 系统中的孔加工循环调用有什么区别？

2. 什么叫返回平面？什么叫加工开始平面？什么叫参考平面？什么叫孔底平面？

3. 分别写出 FANUC 系统和 SIEMENS 系统的子程序调用格式。

4. 写出 CYCLE81 与 CYCLE82 加工循环的指令格式，并说明两者的区别。

5. 描述 CYCLE83 孔加工循环的指令动作。

6. 写出 CYCLE85 与 CYCLE87 孔加工循环的指令格式，并说明两者的区别。

7. 简要介绍“模式选择”按钮的种类及各自的作用。

8. 如何进行开、关电源的操作？

9. 如何进行程序的检索？如何进行程序段的检索？

10. 如何进行机床的手动回参考点操作？程序中的回参考点程序如何编写？

11. 关于工件坐标系中的 Z 值，本章中为什么在加工中心上将 Z 值设为零，而将对刀测量到的 Z 值设在刀具长度补偿中？

12. 如何进行机床空运行操作？如何进行机床锁住试运行操作？两种试运行操作有什么不同？

13. 加工如图 4—57 所示零件（毛坯尺寸为 150 mm×130 mm×25 mm），编写其数控铣削加工程序。

4×ϕ12H8
通孔
R15
30
42
11
80
100
130
6
R10
13
30
R13
120
150
基点坐标
1（40.44，50.0）
2（49.81，56.52）
3（66.52，39.81）
4（60，30.44）
A
25
0.03
材料：45钢
Ra 3.2

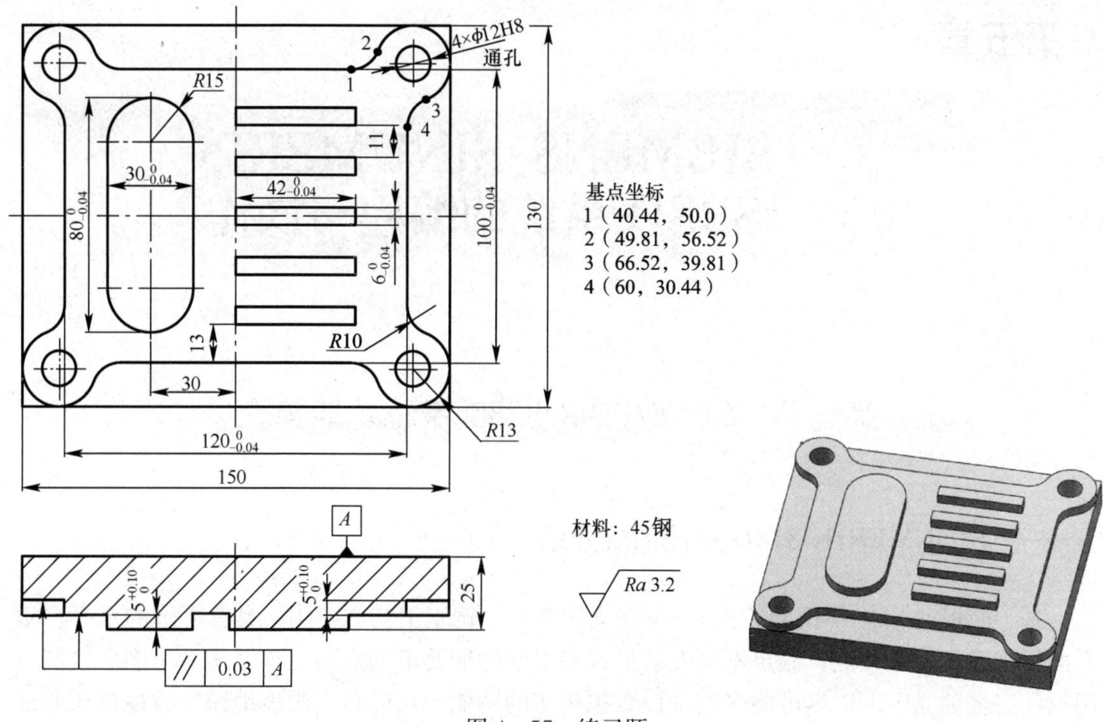

图 4—57　练习题

第五章

SIEMENS SINUMERIK 828D 系统的编程与操作

第一节　SINUMERIK 828D 系统功能简介

一、SINUMERIK 828D 数控系统介绍

基于面板的 SINUMERIK 828D 系统支持车工、铣工工艺的应用，具有可选的水平、垂直面板布局和两级性能，满足不同安装形式和不同性能要求的需要。该系统的车削和铣削应用软件完全独立，可以尽可能多地预设数控机床的功能，从而最大限度地减少数控机床调试所需时间。SINUMERIK 828D 系统集 CNC、PLC、视窗操作界面及轴控制功能于一体，通过 Drive-CLiQ 总线与全数字驱动系统 SINAMICS S120 实现高速、可靠的通信；PLC I/O 模块通过 PROFINET 连接可自动识别，无须额外配置。该系统具有大量高级的数控功能和丰富、灵活的工件编程方法，可以广泛应用于各种数控加工场合。

二、SINUMERIK 828D 系统功能指令介绍

目前，SINUMERIK 828D 系统是新一代的数控系统，主要用于数控车床和数控铣床/加工中心，具有一定的代表性。该系统常用功能指令主要分为三类，即准备功能指令、辅助功能指令及其他功能指令。

1. 准备功能指令

SINUMERIK 828D 系统常用准备功能指令（G 代码）见表 5—1。

表 5—1　　SINUMERIK 828D 系统常用准备功能指令（G 代码）

G 代码	组别	功能	程序格式及说明
G00	01	快速点定位	G00 IP _；
G01　▲		直线插补	G01 IP _ F _；
G02		顺时针圆弧插补	G02 X _ Y _ CR= _ F _；
G03		逆时针圆弧插补	G03 X _ Y _ I _ J _ F _；
G04　*	02	暂停	G04 F _ 或 G04 S _；
G05	01	通过中间点的圆弧	G05 X _ Y _ L _ XK _ Z _ F _；

续表

G 代码	组别	功能	程序格式及说明
G09 *	11	准停	G01 G09 IP；
G17 ▲	06	选择 *XY* 平面	G17；
G18		选择 *ZX* 平面	G18；
G19		选择 *YZ* 平面	G19；
G22	29	半径度量	G22；
G23 ▲		直径度量	G23；
G25 *	3	主轴低速限制	G25 S _ S1= _ S2= _；
G26 *		主轴高速限制	G26 S _ S1= _ S2= _；
G33	01	螺纹切削	G33 Z _ K _ SF _；（圆柱螺纹）
G331		攻螺纹	G331 Z _ K _；
G332		攻螺纹返回	G332 Z _ K _；
G40 ▲	07	刀具半径补偿取消	G40；
G41		刀具半径左补偿	G41 G01 IP _；
G42		刀具半径右补偿	G42 G01 IP _；
G53 *	9	解除零点偏置	G53；
G54	8	选择工件坐标系 1	G54；
G55		选择工件坐标系 2	G55；
G56		选择工件坐标系 3	G56；
G57		选择工件坐标系 4	G57；
G505～G599		调用第 5～99 零点偏置	G505～G599
G60 ▲	10	准停	G60 IP _；
G601 ▲	12	精确准停	指令一定要在 G60 或 G09 有效时才有效
G602		粗准停	
G603		插补结束时的准停	
G63	2	攻螺纹方式	G63Z-50 F _；
G64	10	轮廓加工方式	G64；
G641		过渡圆轮廓加工方式	G641 AD _ IS= _；
G70	13	英制	G70；
G71 ▲		公制	G71；
G74 *	2	返回参考点	G74 X1=0 Y1=0 Z1=0；
G75 *		返回固定点	G75 FP=2 X1=0 Y1=0 Z1=0；

续表

G代码	组别	功能	程序格式及说明
G90 ▲	14	绝对值编程	G90 G01 X_ Y_ Z_ F_;
G91		增量值编程	G91 G01 X_ Y_ Z_ F_;
G94		每分钟进给	mm/min
G95		每转进给	mm/r
G96		恒线速度	G96 S500 LIMS=;（500 m/min）
G97		每分钟转数	G97 S800;（800 r/min）
G110 *	3	相对于不同点为极点的极坐标编程	G110 X_ Y_ Z_;
G111 *			G111 X_ Y_ Z_;
G112 *			G112 X_ Y_ Z_;
G158 *		可编程平移	G158 X_ Y_ Z_;
G450 ▲	18	圆角过渡拐角方式	G450 DISC=;
G451		尖角过渡拐角方式	G451;
TRANS	框架指令	可编程平移	TRANS X_ Y_ Z_;
ATRANS			ATRANS X_ Y_ Z_;
ROT		可编程旋转	ROT RPL=_;
AROT			AROT RPL=_;
SCALE		可编程比例缩放	SCALE X_ Y_ Z_;
ASCALE			ASCALE X_ Y_ Z_;
MIRROR		可编程镜像	MIRROR X0 Y0 Z0;
AMIRROR			AMIRROR X0 Y0 Z0;
CYCLE81	固定循环	钻孔循环	CYCLE8（RTP，RFP，SDIS，DP，DPR，…）
CYCLE82		钻、锪孔循环	
CYCLE83		深孔加工循环	
CYCLE84		刚性攻螺纹循环	
CYCLE840		柔性攻螺纹循环	
CYCLE85		镗孔循环	
CYCLE86		精镗孔循环	
CYCLE87		镗孔循环	
CYCLE88		镗孔循环	
CYCLE89		镗孔循环	
HOLES1	样式循环	直线均布孔样式	HOLES1（RTP，RFP，SDIS，DP，DPR，…）
HOLES2		圆周均布孔样式	
SLOT1		圆形阵形槽铣削样式	SLOT（RTP，RFP，SDIS，DP，DPR，…）
SLOT2		环形槽铣削样式	
POCKET1		矩形槽铣削样式	POCKET（RTP，RFP，SDIS，DP，DPR，…）
POCKET2		圆形槽铣削样式	

关于准备功能的说明如下：

(1) 当电源接通或复位时，数控机床进入初始状态。此时，开机默认代码在表中以符号“▲”表示。但此时，原来的 G71 或 G70 保持有效。

(2) 表中的固定循环和固定样式循环及用“*”表示的 G 代码均为非模态代码。

(3) 不同组的 G 代码在同一程序段中可以指令多个。如果在同一程序段中指令了多个同组的 G 代码，仅执行最后指令的 G 代码。

2. 辅助功能指令

辅助功能以代码“M”表示。SIEMENS 系统的辅助功能代码与通用的 M 代码相类似，可参阅本书第一章。

3. 其他功能指令

常用的其他功能指令有刀具功能指令（T 指令）、转速功能代码（S 指令）、进给功能代码（F 指令）等，具体功能指令的含义及用途参阅本书第一章。

第二节 孔加工循环

一、孔加工固定循环概述

SINUMERIK 828D 系统的孔加工固定循环和 SINUMERIK 802D 系统的孔加工固定循环功能类似，区别在于 SINUMERIK 828D 系统在视窗操作界面中使用对话框输入方式进行编程。SINUMERIK 828D 系统编程的特点就是直观、简单、方便。编程操作人员可以根据编程向导按照自定义的步骤填写参数，大大缩短编程时间，同时确保了程序的准确度。SINUMERIK 828D 系统常用孔加工固定循环指令见表 5—2。

表 5—2　SINUMERIK 828D 系统常用孔加工固定循环指令

指令	加工动作（-Z 方向）	孔底部动作	退刀动作（+Z 方向）	用途
CYCLE81	切削进给	—	快速进给	钻削、钻中心孔循环
CYCLE82	切削进给	暂停	快速进给	钻、锪孔循环
CYCLE83	间歇进给	—	快速进给	深孔加工循环
CYCLE84	攻螺纹进给	暂停、主轴反转	切削进给	刚性攻螺纹循环
CYCLE840	切削进给	暂停、主轴反转	切削进给	柔性攻螺纹循环
CYCLE85	切削进给	—	切削进给	镗孔循环
CYCLE86	切削进给	准停	快速进给	精镗孔循环
CYCLE87	切削进给	M0、M05	手动	镗孔循环
CYCLE88	切削进给	暂停、M0、M05	手动	镗孔循环
CYCLE89	切削进给	暂停	切削进给	镗孔循环

二、孔加工固定循环指令

1. 钻削、钻中心孔循环指令（CYCLE81）

（1）指令格式

CYCLE81（RTP，RFP，SDIS，DP，DPR，DTB，_GMODE，_DMODE，_AMODE）；

钻中心孔是在钻削加工中比较常见的加工工序。为了防止钻头引偏，在钻孔过程中保证较高的孔的位置精度，在钻孔之前尤其在深孔钻削之前，通常需要安排一个钻削预定位孔的工序。钻中心孔的刀具一般是钻尖角为 90°的中心钻。

（2）参数输入界面编程

在如图 5—1 所示程序输入与编辑窗口中，按下水平软键［钻削］，再按下垂直软键［钻中心孔］，进入如图 5—2 所示“钻中心孔”对话框，填入钻中心孔参数，即可完成编程。

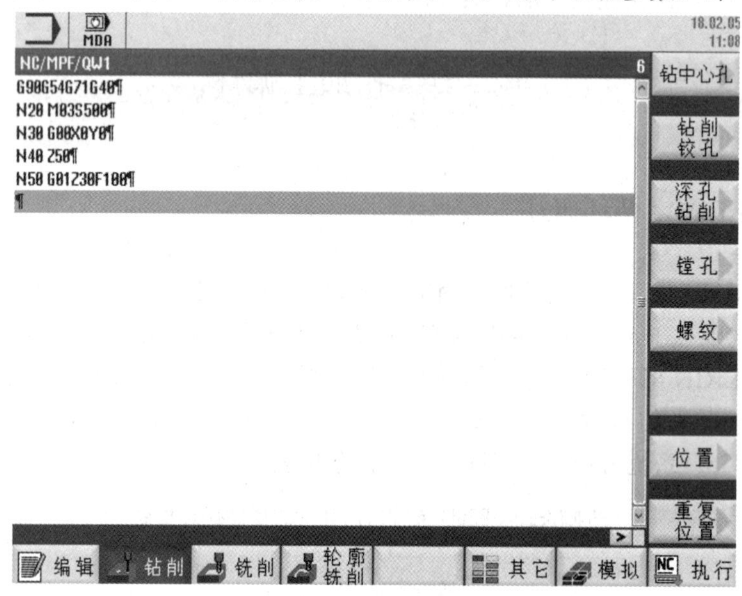

图 5—1 程序输入与编辑窗口

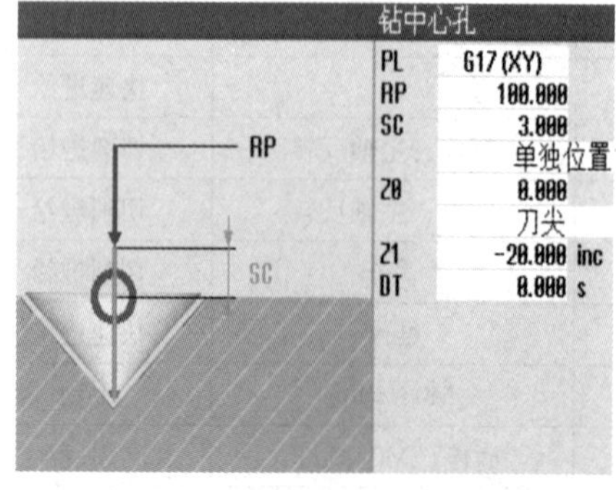

图 5—2 填写钻中心孔参数

（3）参数含义

CYCLE81 指令的动作轨迹参阅本书第四章第三节。执行该循环，刀具从加工开始平面切削进给至孔底平面，然后快速退回至返回平面。CYCLE81 指令对话框参数及其含义见表 5—3。

表 5—3　　CYCLE81 指令对话框参数及其含义

对话框参数	内部参数	含　义
PL	_DMODE	加工平面的选择，通过面板上（选择功能）键进行平面切换
RP	RTP	返回平面，用绝对值进行编程
SC	SDIS	安全距离，无符号编程。其值为参考平面到加工开始平面的距离
加工位置		选项：单独位置、位置模式（MCALL），通过键进行切换，具体参阅本书第四章第三节
Z0	RFP	参考平面，用绝对值进行编程
Z1	_GMODE _AMODE	选项：直径、刀尖，通过键进行切换 当选择“直径”方式来表示钻削深度时，实际钻削深度会由数控系统根据钻头的钻尖角度自动进行换算。编程人员只需在“直径”的下面一行给出所需的钻削直径即可 当选择“刀尖”的方式表示钻削深度时，直接在下一行 Z1 的后面写入钻削深度即可。钻削深度 Z1 可以使用增量坐标（inc），也可以使用绝对坐标（abs），通过键进行切换
DT	DTB	钻头在孔底的停留时间，以秒或转为单位。通过键进行切换

（4）编程实例

例　加工如图 5—3 所示中心孔，用 CYCLE81 指令进行编程。

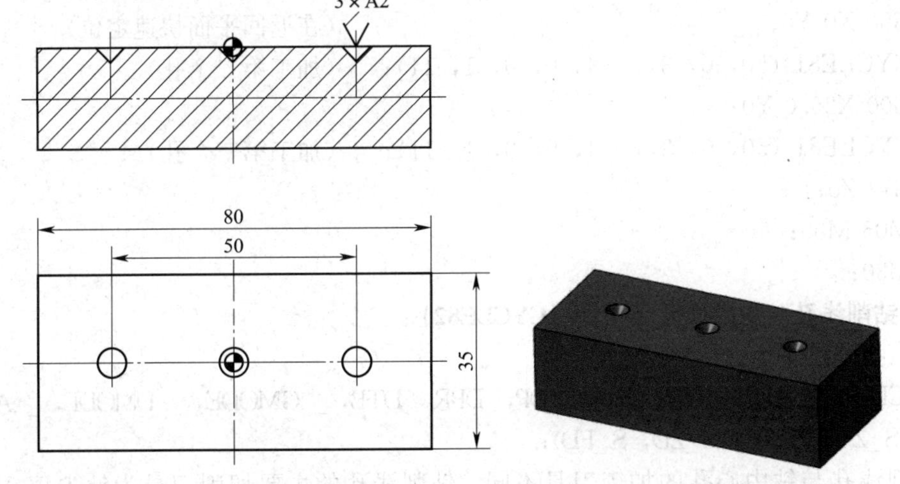

图 5—3

图 5—3　CYCLE81 指令编程实例

```
AB100. MPF;
  G90 G94 G40 G71 G54 F100;                    (程序初始化)
  G74 Z0;
  T1 D1;
  G00 X-25.0 Y0;                               (G17 平面快速定位)
  Z80 M08;                                     (Z 向定位至返回平面)
  M03 S600;                                    (主轴正转，600 r/min)
  CYCLE81 (50, 0, 3,, -4, 0, 0, 1, 11);        (固定循环加工孔)
```

说明：在如图 5—4 所示界面中，填写中心孔参数，按垂直软键［接收］，自动生成以上 CYCLE81 程序段。

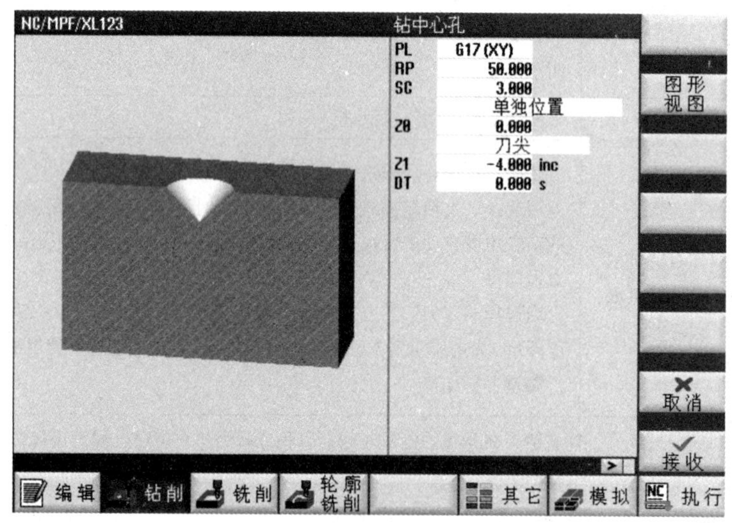

图 5—4 “钻中心孔”参数输入界面

```
  G00 X0 Y0;                                   (在返回平面快速定位)
  CYCLE81 (50, 0, 3,, -4, 0, 0, 1, 11);        (加工第二个孔)
  G00 X25.0 Y0;
  CYCLE81 (50, 0, 3,, -4, 0, 0, 1, 11);        (加工第三个孔)
  G74 Z0;
  M05 M09;
  M30;
```

2. 钻削浅孔、锪平面循环指令（CYCLE82）

（1）指令格式

CYCLE82（RTP，RFP，SDIS，DP，DPR，DTB，_GMODE，_DMODE，_AMODE，_VARI，S_ZA，S_FA，S_ZD，S_FD）；

钻削浅孔与钻中心孔的加工刀具不同，钻削浅孔的主要切削刀具为钻尖角 118°的麻花钻。

（2）对话框参数输入编程

在新建程序输入与编辑窗口中，按下水平软键［钻削］，按下垂直软键［钻削铰孔］；再按下垂直软键［钻削］，进入如图 5—5 所示“钻削”对话框，填入浅孔钻削参数，即可完成编程。

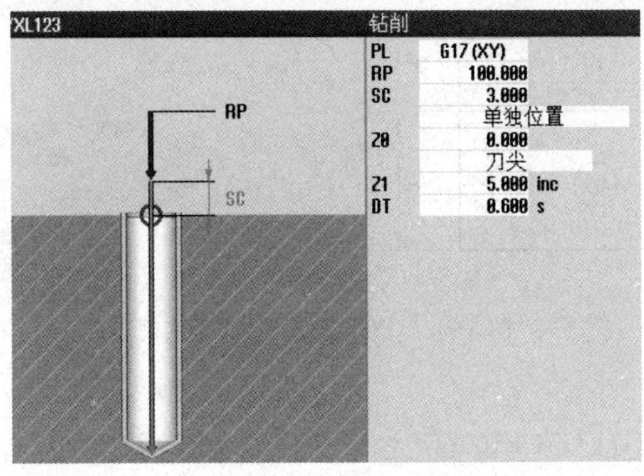

图 5—5 填写浅孔钻削参数

（3）参数含义

CYCLE82 指令的动作轨迹参阅本书第四章第三节。它与 CYCLE81 的区别在于浅孔的钻孔深度的表示方法有两种形式：刀杆和刀尖。CYCLE82 指令对话框参数及其含义见表 5—4。

表 5—4 CYCLE82 指令对话框参数及其含义

对话框参数	内部参数	含 义
PL	_DMODE	加工平面的选择，通过键进行平面切换
RP	RTP	返回平面，用绝对值进行编程
SC	SDIS	安全距离，无符号编程。其值为参考平面到加工开始平面的距离
加工位置		选项：单独位置、位置模式（MCALL），通过键进行切换 具体参阅本书第四章第三节
Z0	RFP	参考平面，用绝对值进行编程
钻削深度表示方式	_GMODE	选项：刀杆、刀尖，通过键进行切换 当选择“刀杆”的方式表示钻削深度时，Z1 尺寸表示除去钻尖部分的钻杆切入的净深度。钻尖部分的长度在加工时由数控系统根据钻头钻尖角的实际角度自动计算出来，并补偿在钻削深度中。这对于指定盲孔的钻削深度非常方便 当选择“刀尖”的方式表示钻削深度时，直接在下一行 Z1 的后面写入钻削深度即可，它包含钻尖在内的钻头所有长度
Z1	DP/DPR	钻削深度 Z1 可以使用增量坐标（inc），也可以使用绝对坐标（abs），通过键进行切换
DT	DTB	在孔底的停留时间，以秒为单位或以转为单位，通过键进行切换

（4）编程实例

例 用 CYCLE82 指令编写如图 5—6 所示孔的加工程序。

图 5—6

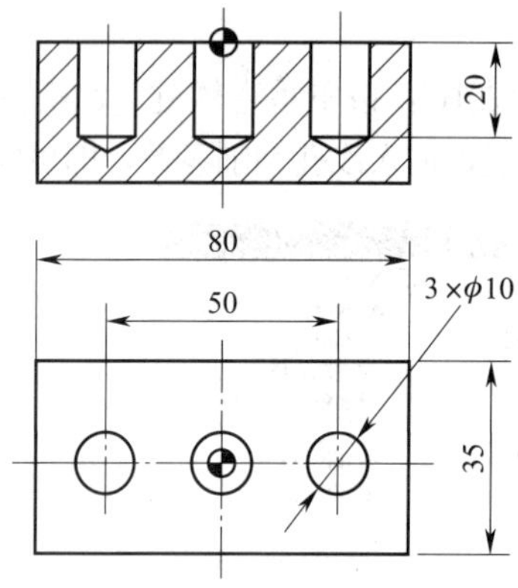

图 5—6　CYCLE82 指令编程实例

```
AB101. MPF;
  G90 G94 G40 G71 G54 F100;              (程序初始化)
  G74 Z0;
  T1 D1;
  G00 X-25.0 Y0;                         (G17 平面快速定位)
  Z80 M08;                               (Z 向定位至返回平面)
  M03 S500;                              (主轴正转，500 r/min)
  MCALL CYCLE82 (50, 0, 3,, -27.8, 0.6, 0, 1, 11)
                                         (固定循环加工孔)
```

说明：在如图 5—7 所示“钻削”对话框中，填写钻削浅孔参数，按垂直软键［接收］，自动生成以上 MCALL CYCLE82 程序段。

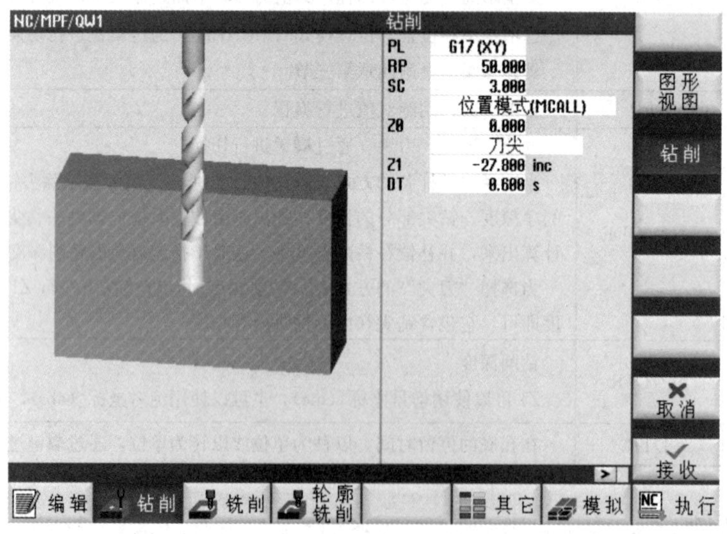

图 5—7　填入钻削浅孔（不通孔）参数

```
G00 X-25.0 Y0；          （加工第一个孔）
G00 X0 Y0；              （加工第二个孔）
G00 X25.0 Y0；           （加工第三个孔）
MCALL                    （取消模态循环）
G74 Z0；
M05 M09；
M30；
```

3. 深孔钻削循环指令 CYCLE83

在传统的机械加工中，深孔的定义一般是指孔的深度与孔的直径的比值大于等于 10 的孔。深孔加工的工艺要点在于对切屑的特别处理。如果切屑不能顺利排出，轻则影响孔壁的加工质量，重则可能会导致钻头折断。所以，在深孔钻削循环中，系统特别采用了孔内断屑或者孔外排屑的处理方法。

（1）指令格式

CYCLE83（RTP，RFP，SDIS，DP，DPR，FDEP，FDPR，_DAM，DTB，DTS，FRF，VARI，_AXN，_MDEP，_VRT，_DTD，_DIS1，_GMODE，_DMODE，_AMODE）；

（2）参数输入界面

在程序输入与编辑窗口中，按下水平软键［钻削］，再按下垂直软键［深孔钻削］，进入“深孔钻削”参数输入编程界面。根据实际加工孔的工艺，在填写钻削深孔参数时，确定参数的选项（断屑、排屑），从而界面显示如图 5—8 所示的孔内断屑方式对话框，或如图 5—9 所示的孔外排屑方式对话框；再继续填入深孔钻削参数，即可完成编程。

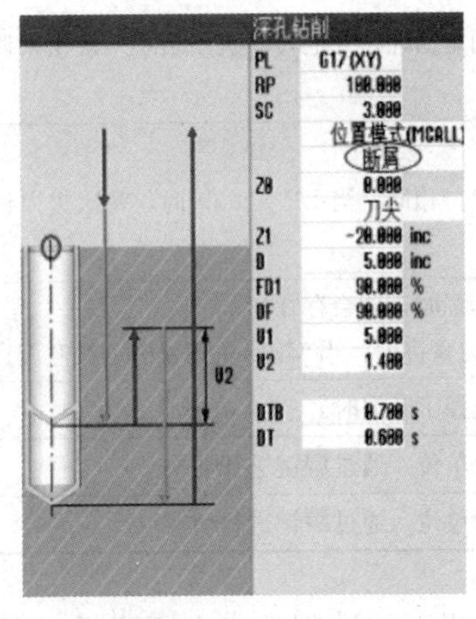

图 5—8　填入孔内断屑方式的深孔钻削参数

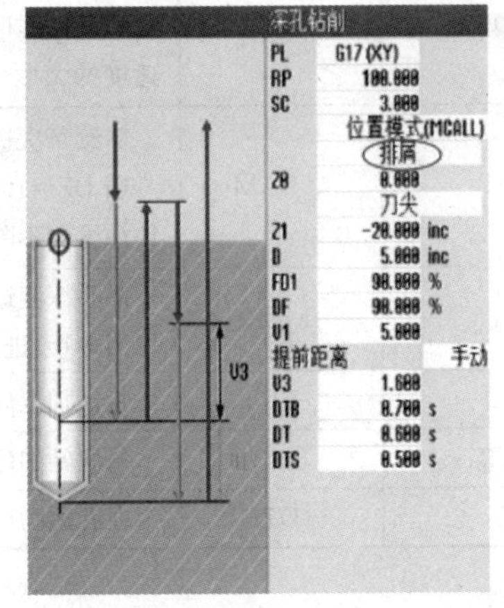

图 5—9　填入孔外排屑方式的深孔钻削参数

（3）参数含义

CYCLE83 指令的动作轨迹参阅本书第四章第三节。孔内断屑是一种加工效率比较高的处理切屑的方法。其特点是钻头每次钻削一定的深度，就沿着刀具轴线方向做一次短距离的退刀动作，并且做一次短暂的进给保持，然后再继续钻削一定的深度，再退刀，并短时间进给保持……如此循环往复地钻削，直至达到最终的钻孔深度。CYCLE83 指令孔内断屑方式对话框参数及其含义见表 5—5。

表 5—5　　CYCLE83 指令孔内断屑方式对话框参数及其含义

对话框参数	内部参数	含　义
PL	_DMODE	加工平面的选择，通过键进行平面切换
RP	RTP	返回平面，用绝对值进行编程
SC	SDIS	安全距离，无符号编程，其值为参考平面到加工开始平面的距离
加工位置		选项：单独位置、位置模式（MCALL），通过键进行位置切换，具体参阅本书第四章第三节
攻螺纹过程	VARI	选项：断屑（VARI=0）、排屑（VARI=1）
Z0	RFP	参考平面，用绝对值进行编程
切削深度	_GMODE	选项：刀杆、刀尖，通过键进行切换 当选择“刀杆”的方式表示切削深度时，Z1 尺寸表示除去钻尖部分的钻杆切入的净深度。钻尖部分的长度在加工时由数控系统根据钻头钻尖角的实际角度自动计算出来，并补偿在钻削深度中。这对于指定盲孔的钻削深度非常方便 当选择“刀尖”的方式表示钻削深度时，直接在下一行 Z1 的后面写入钻削深度即可，它包含钻尖在内的钻头所有长度
Z1	DP/DPR	钻削深度 Z1 可以使用增量坐标（inc），也可以使用绝对坐标（abs），通过键进行切换
D	FDPR/FDEP	首次钻削深度 D 可以使用增量坐标（inc），也可以使用绝对坐标（abs），通过键进行切换
FD1	FRF	首刀进给率百分比 将前面程序中的进给速度用于固定循环，并通过“进给倍率”旋钮来调整进给速度的大小
DF	_DAM	后续每次进刀量的百分比 当 DF=100%时，每次进刀量保持相同；当 DF<100%时，每次进刀量向最终钻深方向不断减小
V1	_MDEP	最小深度进刀量（只有 DF<100%时，才会存在） 当 V1<进刀量时，按编写的进刀量进刀；当 V1> 进刀量时，按照 V1 进刀
V2	_VRT	每次加工后的回退量（仅限于选择了断屑时）
DTB	DTB	每次钻削停留时间，以秒或转为单位，通过键进行切换
DT	_DTD	在孔底的停留时间，以秒或转为单位，通过键进行切换

孔外排屑的方式与孔内断屑的方式相比，虽然其方式下的钻削效率有所降低，但是排屑的方法相对更好些。其方式是钻头每次钻削一定的深度，就沿着刀具轴线方向将钻头完全退出孔外进行排屑，并且做一次短暂的进给保持，然后再快速返回到距离刚才钻削深度的提前距离位置继续进行下一段的钻削，再完全退刀、排屑……如此循环往复地钻削，直至达到最终的钻孔深度。CYCLE83 指令孔外排屑方式对话框参数及其含义见表 5—6。

表 5—6　　CYCLE83 指令孔外排屑方式对话框参数及其含义

对话框参数	内部参数	含　义
PL	_DMODE	加工平面的选择，通过键进行平面切换
RP	RTP	返回平面，用绝对值进行编程
SC	SDIS	安全距离，无符号编程。其值为参考平面到加工开始平面的距离
加工位置		选项：单独位置、位置模式（MCALL），通过键进行位置切换 具体参阅本书第四章第三节
攻螺纹过程	VARI	选项：断屑（VARI=0）、排屑（VARI=1），通过键进行切换
Z0	RFP	参考平面，用绝对值进行编程
切削深度	_GMODE	选项：刀杆、刀尖，通过键进行切换 当选择“刀杆”的方式表示切削深度时，Z1 尺寸表示除去钻尖部分的钻杆切入的净深度。钻尖部分的长度在加工时由数控系统根据钻头钻尖角的实际角度自动计算出来，并补偿在钻削深度中。这对于指定盲孔的钻削深度非常方便 当选择“刀尖”的方式表示钻削深度时，直接在下一行 Z1 的后面写入钻削深度即可，它包含钻尖在内的钻头所有长度
Z1	DP/DPR	钻削深度 Z1 可以使用增量坐标（inc），也可以使用绝对坐标（abs），通过键进行切换
D	FDPR/FDEP	首次钻削深度 D 可以使用增量坐标（inc），也可以使用绝对坐标（abs），通过键进行切换
FD1	FRF	首刀进给率百分比 将前面程序中的进给速度用于固定循环并通过“进给倍率”旋钮来调整进给速度的大小
DF	_DAM	后续每次进刀量的百分比 当 DF=100%时，每次进刀量保持相同；当 DF<100%时，每次进刀量向最终钻深方向不断减小
V1	_MDEP	最小深度进刀量（只有 DF<100%时，才会存在） 当 V1<进刀量时，按编写的进刀量进刀；当 V1> 进刀量时，按照 V1 进刀
提前距离	_DIS1	当钻头完成退刀排屑动作之后，需要快速定位到距上一次钻削深度一定距离的位置，然后再次转入进给模式。这段距离就是提前距离 选项：手动、自动，通过键进行切换 当选择“手动”时，在下面的加工参数 V3 中指定；当选择“自动”时，提前距离由系统指定，默认为 1 mm
V3	_AMODE	指定的提前距离
DTB	DTB	每次钻削停留时间，以秒或转为单位，通过键进行切换
DT	_DTD	在孔底的停留时间，以秒或转为单位，通过键进行切换
DTS	DTS	刀具退到孔外排屑时的暂停时间，以秒或转为单位，通过键进行切换

（4）编程实例

例　用 CYCLE83 指令编写如图 5—10 所示工件的四个孔的加工程序。

图 5—10

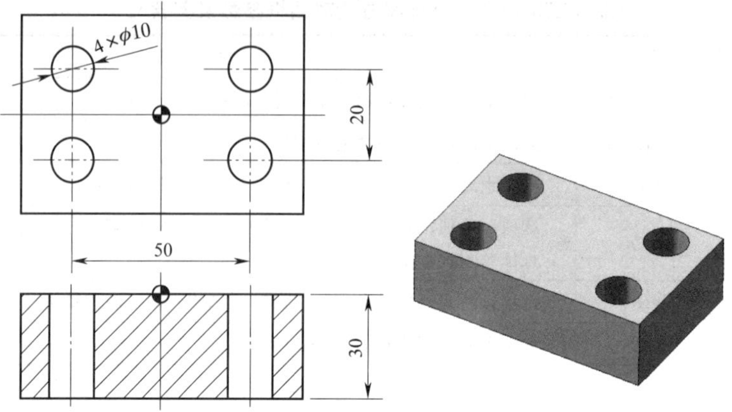

图 5—10　CYCLE83 指令编程实例

AB102. MPF；
G90 G94 G40 G71 G54 F100；　　　　（程序初始化）
G74 Z0；
T1 D1；
G00 X0 Y0；
Z30 M08；　　　　　　　　　　　　（Z 向快速定位到初始平面）
M03 S600；
MCALL CYCLE83（50，0，3，，-35，，5，100，0.7，0.5，100，1，0，5，1.4，1，1.6，0，1，11211111）；

说明：在如图 5—11 所示"深孔钻削"对话框中，填写深孔钻削参数，按垂直软键［接收］，系统自动生成以上 MCALL CYCLE83 程序段。

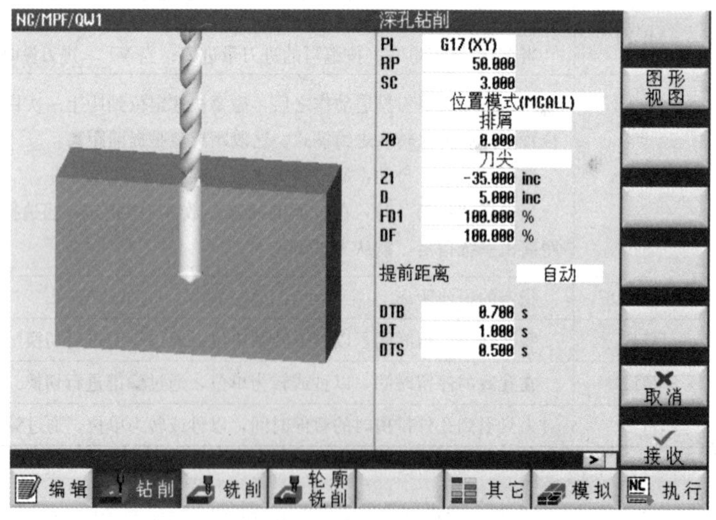

图 5—11　填入深孔钻削参数

```
G00 X-25.0 Y-10.0;                (加工第一个孔)
  X25.0;                          (加工第二个孔)
  Y10.0;                          (加工第三个孔)
  X-25.0;                         (加工第四个孔)
MCALL;                            (取消模态循环)
G74 Z0;
M05 M09;
M02;
```

4. 攻螺纹循环指令（CYCLE84、CYCLE840）

（1）指令格式

CYCLE84/CYCLE840（RTP，RFP，SDIS，DP，DPR，DTB，SDAC，MPIT，PIT，POSS，SST，SST1，_AXN，_PITA，_TECHNO，_VARI，_DAM，_VRT，_PITM，_PTAB，_PTABA，_GMODE，_DMODE，_AMODE)；

（2）刚性攻螺纹循环指令（CYCLE84）

刚性攻螺纹对机床的主轴要求较高，必须使用带编码器的伺服主轴，同时攻螺纹的刀柄是刚性的，没有自动调整间隙的功能。

1）参数输入界面　在程序输入与编辑窗口中，按下水平软键［钻削］，再按下垂直软键［螺纹］，进入如图5—12所示界面；按下垂直软键［攻丝］，进入如图5—13所示“攻丝”对话框，填入刚性攻螺纹参数，即可完成编程。

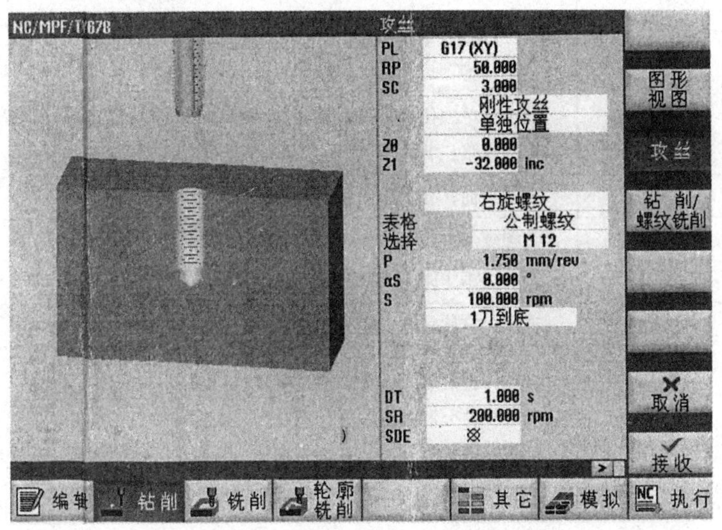

图5—12　CYCLE84刚性攻螺纹输入编程界面

2）参数含义　CYCLE84刚性攻螺纹循环指令的动作轨迹参阅本书第四章第三节。在攻螺纹过程中，主轴旋转的位置与丝锥进给轴的位移之间必须严格保持同步。因此，刚性攻螺纹可用于较高转速的攻螺纹。CYCLE84指令对话框参数及其含义见表5—7。

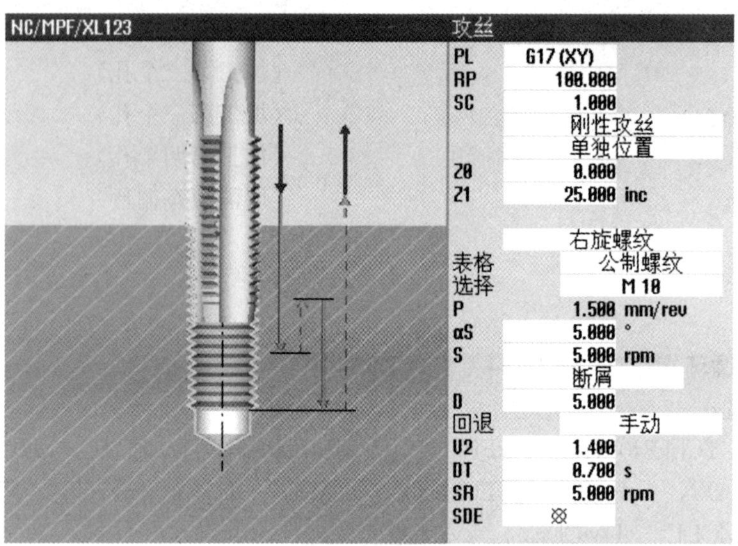

图 5—13　填入刚性攻螺纹参数

表 5—7　　CYCLE84 指令对话框参数及其含义

对话框参数	内部参数	含　义
PL	_DMODE	加工平面的选择，通过键进行平面切换
RP	RTP	返回平面，用绝对值进行编程
SC	SDIS	安全距离，无符号编程。其值为参考平面到加工开始平面的距离
攻螺纹模式		选项：刚性攻螺纹、带补偿夹具攻螺纹（即柔性攻螺纹），通过键进行切换
加工位置		选项：单独位置、位置模式（MCALL），通过键进行位置切换，具体参阅本书第四章第三节
Z0	RFP	参考平面，孔上表面的绝对坐标
Z1	DP/DPR	攻螺纹深度 Z1 可以使用增量坐标（inc），也可以使用绝对坐标（abs），通过键进行切换
螺纹旋向	_AMODE	选项：右旋螺纹、左旋螺纹，通过键进行切换
表格		选项：公制螺纹、无，通过键进行切换 当选择“公制螺纹”时，螺纹为公制标准螺纹，应在下一行的“选择”中继续选择螺纹的公称尺寸，系统会在下一行自动显示出相应的螺距值 P 当选择“无”时，螺纹为其他类型，应继续在下一行选项“P”后填入待加工螺纹的螺距值
选择	_PTABA	选择标准螺纹，通过键进行切换
P	_PITM	非公制螺纹的螺距（仅限“表格”选项选择“无”时），通过键进行切换
αS	POSS	丝锥切入工件时主轴方向的角度值（仅限选择了“无补偿夹具”时）
S	SST	主轴转速（仅限选择了“无补偿夹具”时）

续表

对话框参数	内部参数	含　义
加工方法	_VARI	选项：一刀到底、断屑、排屑（仅限选择了“无补偿夹具”时提供），通过键进行切换
D	_DAM	在排屑、断屑方式下，每一次攻螺纹的深度
回退		选项：手动、自动（仅限选择了“断屑”时提供），通过键进行切换
V2	_VRT	每次加工后的回退距离（仅限选择了“刚性攻螺纹”“断屑”和“手动回退”时）
DT	_DTD	停留时间，以秒为单位
SR	SST1	回退时的主轴转速（仅限选择了“无补偿夹具”时）
SDE	SDAC	循环结束之后的旋转方向（仅限G代码程序） 选项：（顺时针旋转）、（逆时针旋转）、（主轴停转），通过键进行切换

（3）柔性攻螺纹循环指令（CYCLE840）

柔性攻螺纹（又称为浮动攻螺纹）状态下，攻螺纹的夹头和刀柄之间能够自动调整间隙。

1）参数输入界面　CYCLE840对话框编程如图5—14所示。其参数输入和编程与刚性攻螺纹循环指令基本相同。

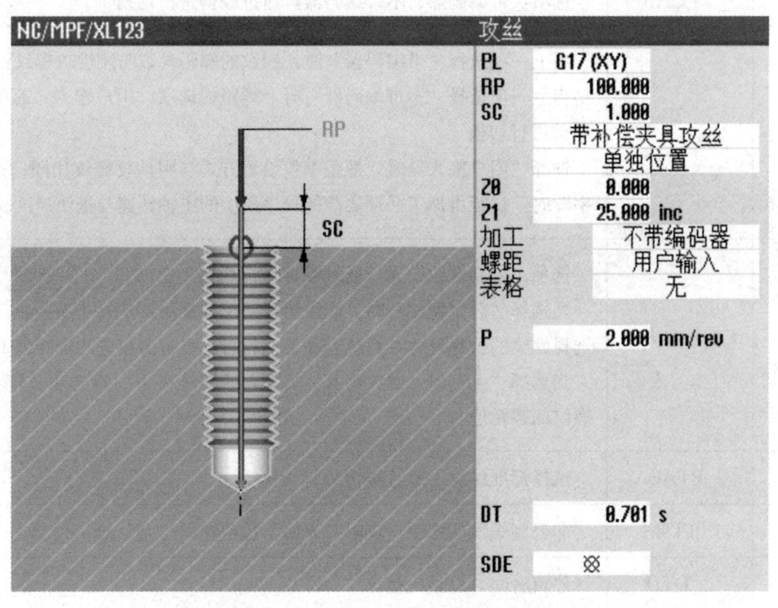

图5—14　填入柔性攻螺纹参数

2）参数含义　CYCLE840柔性攻螺纹循环指令的动作轨迹参阅本书第四章第三节。柔性攻螺纹可以弥补主轴转速与丝锥进给轴之间位置同步的匹配误差。用这种方法加工精度要求不高的螺纹孔可以满足其精度要求；但是，用这种方法加工精度要求较高（如精度6H或以上）的螺纹孔以及材质较软（如铜或铝）的零件的螺纹孔，则螺纹精度将不能得到保证。

还有一点要注意的是，攻螺纹的主轴转速越高时，Z 轴进给与螺距累积量之间的误差就越大，就要求弹簧夹头的伸缩范围足够大。由于弹簧夹头机械结构的限制，柔性攻螺纹时主轴转速只能限制在 600 r/min 以下。CYCLE840 指令对话框参数及其含义见表 5—8。

表 5—8　　CYCLE840 指令对话框参数及其含义

对话框参数	内部参数	含　义
PL	_DMODE	加工平面的选择，通过键进行平面切换
RP	RTP	返回平面，用绝对值进行编程
SC	SDIS	安全距离，无符号编程。其值为参考平面到加工开始平面的距离
模式		选项：刚性攻螺纹、带补偿夹具攻螺纹（即柔性攻螺纹），通过键进行切换
加工位置		选项：单独位置、位置模式（MCALL），通过键进行位置切换，具体参阅本书第四章第三节
Z0	RFP	参考平面，孔上表面的绝对坐标
Z1	DP/DPR	攻螺纹深度 Z1 可以使用增量坐标（inc），也可以使用绝对坐标（abs），通过键进行切换
加工	_TECHNO	选项：带编码器、不带编码器，通过键进行切换
螺距		当上一项选择“带编码器”时，螺纹的螺距参数与刚性攻螺纹设置相同 当上一项选择“不带编码器”时，螺距的选项：用户输入、有效进给率，通过键进行切换 选择“用户输入”时，螺距参数设置方式与刚性攻螺纹相同；选择“有效进给率”时，螺距由加工循环之前的程序段中的主轴转速与进给速度决定
表格		选项：公制螺纹、无，通过键进行切换 当选择“公制螺纹”时，螺纹为公制标准螺纹，应在下一行的“选择”中继续选择螺纹的公称尺寸，系统会在下一行自动显示出相应的螺距值 P 当选择“无”时，螺纹为其他类型，应继续在下一行选项“P”后填入待加工螺纹的螺距值
选择	_PTABA	选择标准螺纹，通过键进行切换
P	_PITM	非公制螺纹的螺距（仅限“表格”选项选择“无”时）
DT	_DTD	停留时间，以秒为单位
SDE	SDAC	循环结束之后的旋转方向（仅限 G 代码程序），通过键进行切换

（4）编程实例

例　用刚性攻螺纹循环指令 CYCLE84 编写如图 5—15 所示工件的两个螺纹孔（攻螺纹前已加工出 ϕ10.3 mm 底孔）的加工程序。

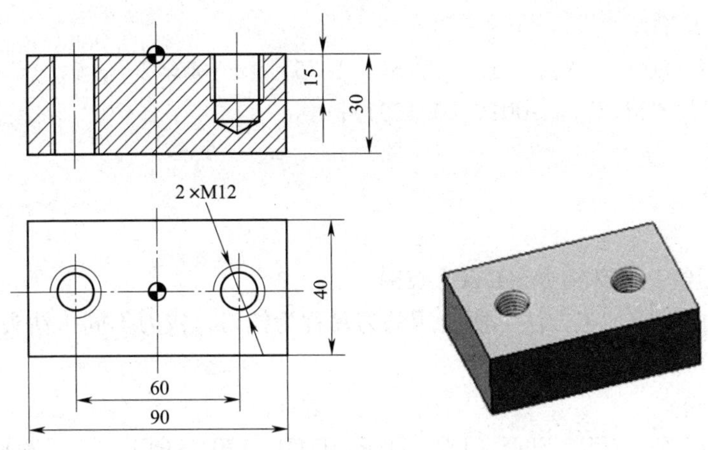

图 5—15

图 5—15　CYCLE84 指令编程实例

AB103. MPF；
G90 G94 G40 G71 G54 F100；　　　　（程序初始化）
G74 Z0；
T1 D1；
G00 X-30.0 Y0；
Z30 M08；
CYCLE84（50，0，3，，-32，1，5，，1.75，0，100，200，0，1，0，0，5，1.4，，"ISO_METRIC"，"M12"，，1001，2001001）；

说明：在如图 5—16 所示"攻丝"对话框中，填写刚性攻螺纹参数，按垂直软键［接收］，系统自动生成以上 CYCLE84 程序段。

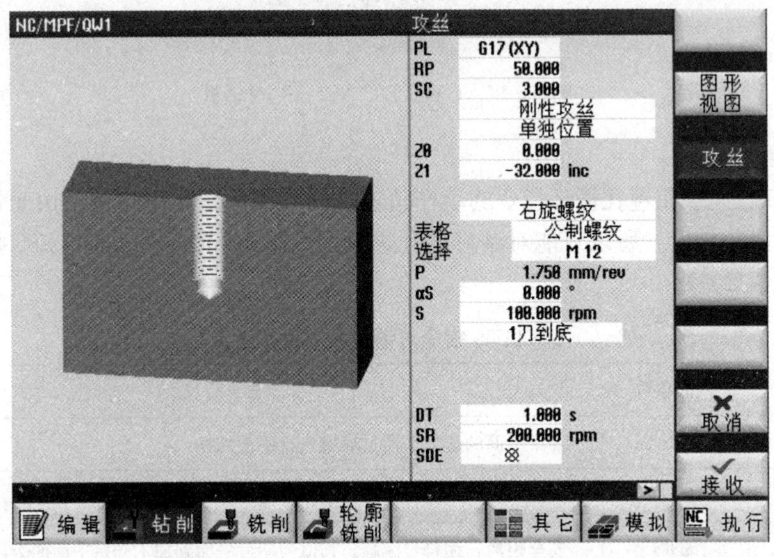

图 5—16　填入刚性攻螺纹循环的参数

G00 X30.0 Y0；

CYCLE84（50，0，3，，－18，1，5，，1.75，0，100，200，0，1，0，0，5，1.4，，"ISO _ METRIC"，"M12"，，1001，2001001）；

G74 Z0；

M05 M09；

M02；

5. 铰孔、粗镗孔循环指令（CYCLE85）

铰孔属于孔的精密加工方法，所使用的刀具称为铰刀。铰刀不同于钻头，底部没有切削刃，只在侧面有可以切削的刃口。

（1）指令格式

CYCLE85（RTP，RFP，SDIS，DP，DPR，DTB，FFR，RFF，_ GMODE，_ DMODE，_ AMODE）；

（2）参数输入界面

在程序输入与编辑窗口中，按下水平软键［钻削］，并按下垂直软键［钻削铰孔］；再按下垂直软键［铰孔］，进入如图 5—17 所示"铰孔"对话框，填入铰孔参数，即可完成编程。

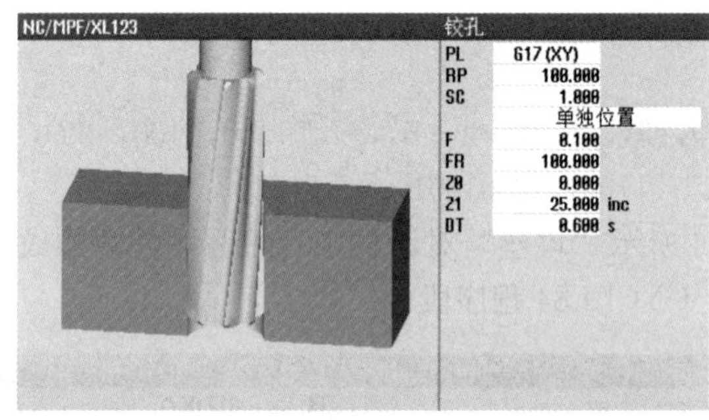

图 5—17 CYCLE85"铰孔"对话框

（3）参数含义

CYCLE85 铰孔、粗镗孔循环指令的动作轨迹参阅本书第四章第三节。由于铰刀的刃口很浅，直径尺寸都很精确，所以只能对钻好的孔进行尺寸精整和修光。CYCLE85 指令对话框参数及其含义见表 5—9。

表 5—9 **CYCLE85 指令对话框参数及其含义**

对话框参数	内部参数	含 义
PL	_ DMODE	加工平面的选择，通过◐键进行平面切换
RP	RTP	返回平面，用绝对值进行编程
SC	SDIS	安全距离，无符号编程。其值为参考平面到加工开始平面的距离

续表

对话框参数	内部参数	含　义
加工位置		选项：单独位置、位置模式（MCALL），通过键进行切换，具体参阅本书第四章第三节
F	FFR	铰入或镗入时的进给速度
FR	RFF	铰出或镗出时的进给速度
Z0	RFP	参考平面，用绝对值进行编程
Z1	DP/DPR	钻削深度 Z1 可以使用增量坐标（inc），也可以使用绝对坐标（abs），通过键进行切换
DT	DTB	在孔底的停留时间，以秒或转为单位，通过键进行切换

（4）编程实例

例 精加工如图 5—18 所示零件中的两个 ϕ8H7 的孔（加工前底孔直径已加工至 ϕ7.8 mm）。编写两孔精加工的加工程序。

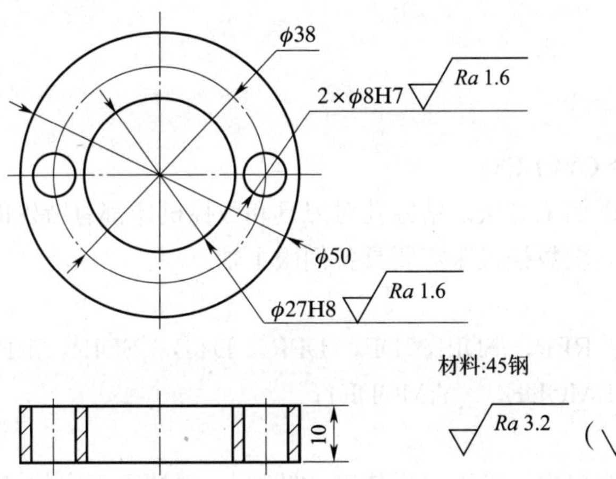

图 5—18

图 5—18　CYCLE85 指令编程实例

```
AB104.MPF;
  G90 G94 G40 G71 G54 F100;            (程序初始化)
  G74 Z0;
  T1 D1;
  G00 X-30.0 Y0;
  Z30 M08;
  M03 S200;                            (铰孔用较低的转速)
  MCALL CYCLE85 (50, 0, 3,, -15, 1, 50, 100,, 1, 11);
```

说明：在如图 5—19 所示“铰孔”对话框中，填写铰孔参数，按垂直软键［接收］，系统自动生成以上 MCALL CYCLE85 程序段。

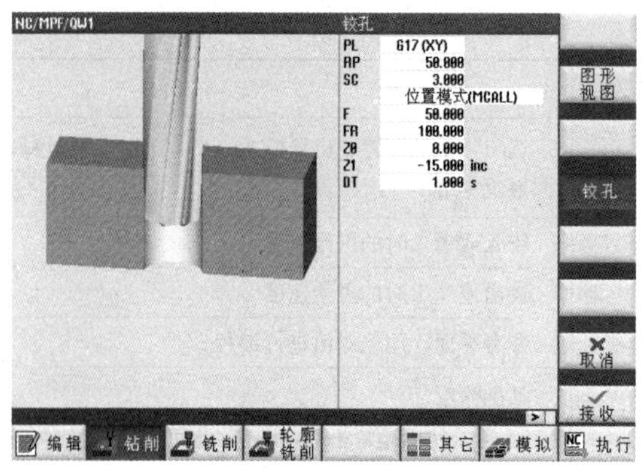

图 5—19　填入铰孔参数

```
G00 X-19.0 Y0;
    X19;
MCALL                                   (取消模态调用)
G74 Z0;
M05 M09;
M02;
```

6. 精镗孔循环指令 CYCLE86

精镗孔加工属于精密加工方法。精镗孔对刀具和数控机床都有特殊的要求：首先刀具必须是单刀头的精镗刀，其次数控机床需要具备伺服主轴。

（1）指令格式

CYCLE86（RTP，RFP，SDIS，DP，DPR，DTB，SDIR，RPA，RPO，RPAP，POSS，_GMODE，_DMODE，_AMODE）；

（2）参数输入界面

在程序输入与编辑窗口中，按下水平软键［钻削］，再按下垂直软键［镗孔］，进入如图 5—20 所示“镗孔”对话框，填入精镗孔参数，即可完成编程。

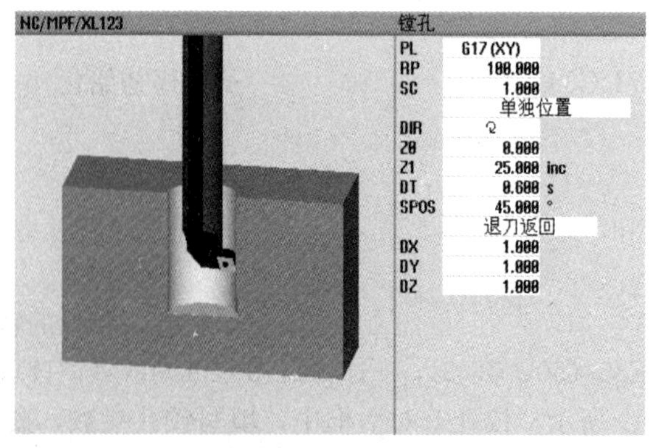

图 5—20　填入精镗孔参数

（3）参数含义

CYCLE86 精镗孔循环指令的动作轨迹参阅本书第四章第三节。镗孔刀以切削进给方式加工到孔底，实现主轴准停；刀具在加工平面第一轴方向移动 RPA，在第二轴方向移动 RPO，镗孔轴方向移动 RPAP，使刀具脱离工件表面，保证刀具退出时不擦伤工件表面；主轴快速退回至加工开始平面，然后主轴快退回至返回平面的循环起点，主轴恢复 SDIR 旋转方向。CYCLE86 指令对话框参数及其含义见表 5—10。

表 5—10　　CYCLE86 指令对话框参数及其含义

对话框参数	内部参数	含　义
PL	_DMODE	加工平面的选择，通过键进行平面切换
RP	RTP	返回平面，用绝对值进行编程
SC	SDIS	安全距离，无符号编程。其值为参考平面到加工开始平面的距离
加工位置		选项：单独位置、位置模式（MCALL），通过键进行位置切换，具体参阅本书第四章第三节
DIR	SDIR	即主轴的旋转方向。这个选项需要根据所用的精镗刀结构确定 选项：（主轴正转）、（主轴反转）、（主轴停转），通过键进行切换 如果是正镗刀，就应该选择主轴正转；如果是反镗刀，就应该选择主轴反转
Z0	RFP	参考平面，用绝对值进行编程
Z1	DP/DPR	钻削深度 Z1 可以使用增量坐标（inc），也可以使用绝对坐标（abs），通过键进行切换
DT	DTB	在孔底的停留时间，以秒或转为单位，通过键进行切换
SPOS	POSS	主轴的定向角度，即当镗刀进给至孔的底部时，需要主轴停止旋转并且将主轴定位到某一固定的角度，以便向镗刀刀尖相反的方向进行退刀
退刀方式	_GMODE	选项：不退刀返回、退刀返回，通过键进行切换 选择“不退刀返回”，可以避免反向退刀时产生的反向间隙，使镗孔时的定位更加精确。但是，在抬刀的过程中镗刀的刀尖会在孔壁上划出一道细微的痕迹 选择“退刀返回”，系统可以让镗刀在抬刀之前先进行 *X*、*Y*、*Z* 三个方向上的偏移，让刀尖脱离工件表面，然后再快速退回到返回平面
DX	RPA	*X* 轴的退刀返回量（带方向的增量）
DY	RPO	*Y* 轴的退刀返回量（带方向的增量）
DZ	RPAP	*Z* 轴的退刀返回量（带方向的增量）

三、孔加工综合实例

例　在加工中心上完成如图 5—21 所示工件的孔加工（在加工前，工件外形轮廓均已加工完成）。用 SINUMERIK - 828D 系统的孔加工固定循环指令编写加工程序。

加工图 5—21 所示工件时，加工工序及各工序选用的刀具、切削用量见表 5—11。

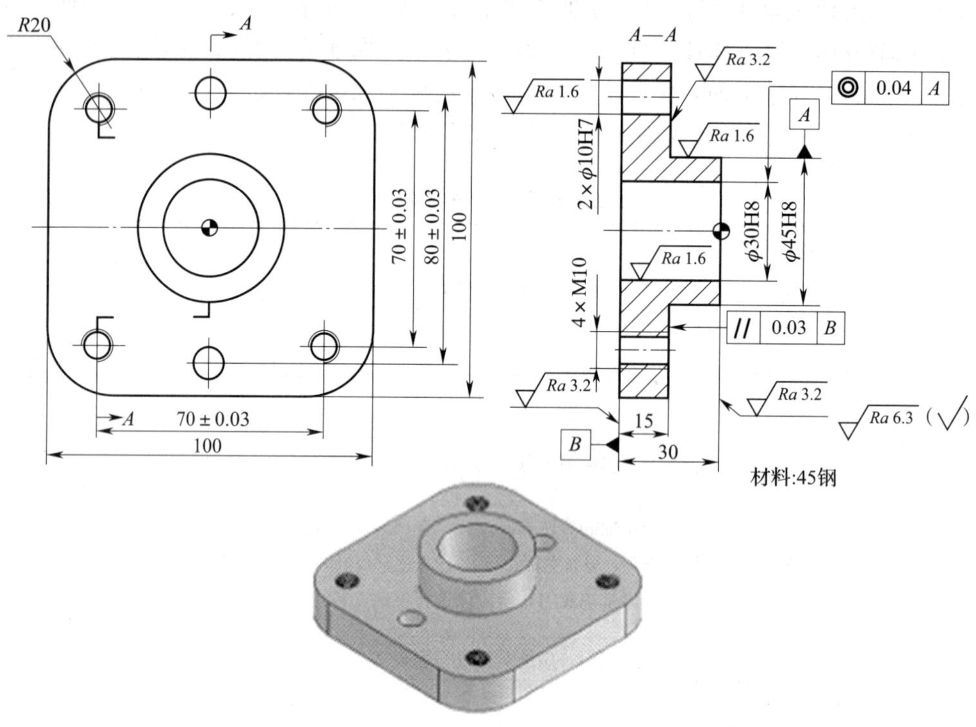

图 5—21　孔加工综合实例

表 5—11　　加工工序及各工序选用的刀具、切削用量

加工工序	刀具号	刀具规格	主轴转速 (r/min)	进给量 (mm/min)	背吃刀量 (mm)
中心钻进行孔定位	T01	A2.5 mm 中心钻	2 000	50～100	$d/2$
钻七个孔	T02	ϕ8.5 mm 钻头	800	50～100	$d/2$
扩底板上的孔	T03	ϕ9.8 mm 钻头	700	100～200	2.55
立铣刀扩孔（铣孔）	T04	ϕ16 mm 立铣刀	500	100～200	8
铰孔	T05	ϕ10H7 铰刀	200	50～100	0.1
攻螺纹	T06	M10 丝锥	100	100	0.5
镗 ϕ30 mm 通孔	T7	ϕ30 mm 精镗刀	1 200	100～200	0.2
工件去毛刺、倒棱					

```
JL120.MPF
  G90 G94 G40 G71 G54 F100;          （程序开始部分）
  G74 Z0;
```

```
T= "1" M06 D1;                  (换 1 号中心钻)
M03 S2000;
G00 X0 Y0;
    Z100.0 M08;
MCALL CYCLE81 (50, 0, 2,, -3, 0, 0, 1, 11);
                                (采用浅孔钻削循环模态指令加工七个定位孔)
G00 X-35 Y35;
    X0 Y40;
    X35 Y35;
    X0 Y0;
    X35 Y-35;
    X0 Y-40;
    X-35 Y-35;
MCALL;                          (取消模态循环指令)
G74 Z0 M09;
M05 D0;
T= "2" M06 D1;                  (换 2 号 φ8.5 mm 钻头)
M03S800;
G00 X0 Y0;                      (换转速后刀具定位)
Z100.0 M08;
MCALL CYCLE83 (50, 0, 3,, -35,, 5, 100, 0.7, 0.5, 90, 1, 0, 5, 1.4, 1,
1.6, 0, 1, 11211111);           (采用深孔钻削循环模态指令加工七个孔)
G00 X-35 Y35;
    X0 Y40;
    X35 Y35;
    X0 Y0;
    X35 Y-35;
    X0 Y-40;
    X-35 Y-35;
MCALL;                          (取消模态循环指令)
G74 Z0 M09;
    M05 D0;
T= "3" M06 D1;                  (换 3 号 φ9.8 mm 钻头)
M03 S700;
G00 X0 Y0;                      (换转速后刀具定位)
  Z100.0 M08;
MCALL CYCLE82 (50, 0, 3,, -35, 0.6, 0, 1, 11);
```

```
                                        （采用模态指令扩孔）
    X0 Y40；
    X0 Y-40；
MCALL；                                 （取消模态循环指令）
G74 Z0 M09；
M05 D0；
T= "4" M06 D1；                         （换 4 号 ϕ16 mm 立铣刀）
M03 S500；
G00 X0 Y0；                             （换转速后刀具定位）
    Z100.0 M08；
    Z10.0；
G01 Z0.0 F100；
M98 P111 L6；                           （调用 O111 子程序 6 次）
G00 Z100；
M05；
M30；
T= "5" M06 D1；                         （换 5 号 ϕ10H7 铰刀）
    M03 S200；
G00 X0 Y0；                             （换转速后刀具定位）
    Z100.0 M08；
MCALL CYCLE85 (50, 0, 3,, -35, 1, 50, 100,, 1, 11)；
                                        （采用模态指令铰孔）
    X0 Y40；
    X0 Y-40；
MCALL；                                 （取消模态循环指令）
G74 Z0 M09；
M05 D0；
T= "6" M06 D1；                         （换 6 号 M10 丝锥）
M03 S100；
G00 X0 Y0；                             （换转速后刀具定位）
    Z100.0 M08；
MCALL CYCLE84 (50, 0, 3,, -36, 1, 5,, 1.5, 5, 100, 200, 0, 1, 0, 0, 5,
1.4,," ISO_METRIC"," M10",, 1001, 2001001)；
                                        （采用模态指令攻螺纹）
G00 X-35 Y35；
    X35；
    Y-35；
```

```
    X-35;
MCALL;                              (取消模态循环指令)
G74 Z0 M09;
M05 D0;
T="7" M06 D1;                       (换7号精镗刀)
M03 S1200;
G00 X0 Y0;                          (换转速后刀具定位)
  Z100.0 M08;
CYCLE86 (50, 0, 2,, -32, 0.6, 3, 0.5, 0.5, 0.5, 45, 0, 1, 11);
                                    (精镗φ30 mm孔)
G74 Z0 M09;
M05 D0;
M30;                                (程序结束)
O111                                (子程序)
  G91 G01 Z-5.0 F100;
  G90 G41 G01 X15.0 Y0.0 D01;
  G03 X15.0 Y0.01-15.0 J0;
  G40 G01 X0 Y0;
  M99;                              (返回主程序)
```

第三节　SINUMERIK 828D系统数控铣床/加工中心操作

SINUMERIK 828D系统采用彩色TFT（薄膜晶体管）液晶显示屏和全键盘（QWERTY），可以直接输入程序文本、刀具名称以及文本语言指令。系统操作简便，具有良好的人机交互性能。

数控铣床/加工中心总面板主要由数控系统面板和机床控制面板两部分组成。数控系统面板主要由数控系统生产厂家原装配置，而机床控制面板主要根据机床制造企业的实际需求可自行设计配置。本书主要以TOM850A型加工中心为例对数控铣床/加工中心的总面板进行介绍，如图5—22所示。

一、数控系统面板与机床控制面板介绍

1. 数控系统面板

(1) 数控系统面板分区及功能

828D操作面板介绍

SINUMERIK 828D系统面板主要由各种功能按键区、屏幕显示区组成，如图5—23所示。该系统面板各分区及功能介绍见表5—12。

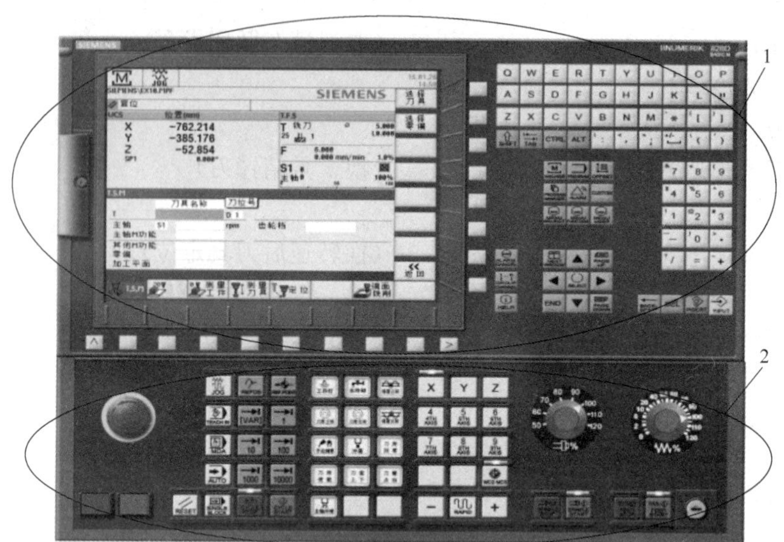

图 5—22　TOM850A 型加工中心总面板

1—数控系统面板　2—机床控制面板

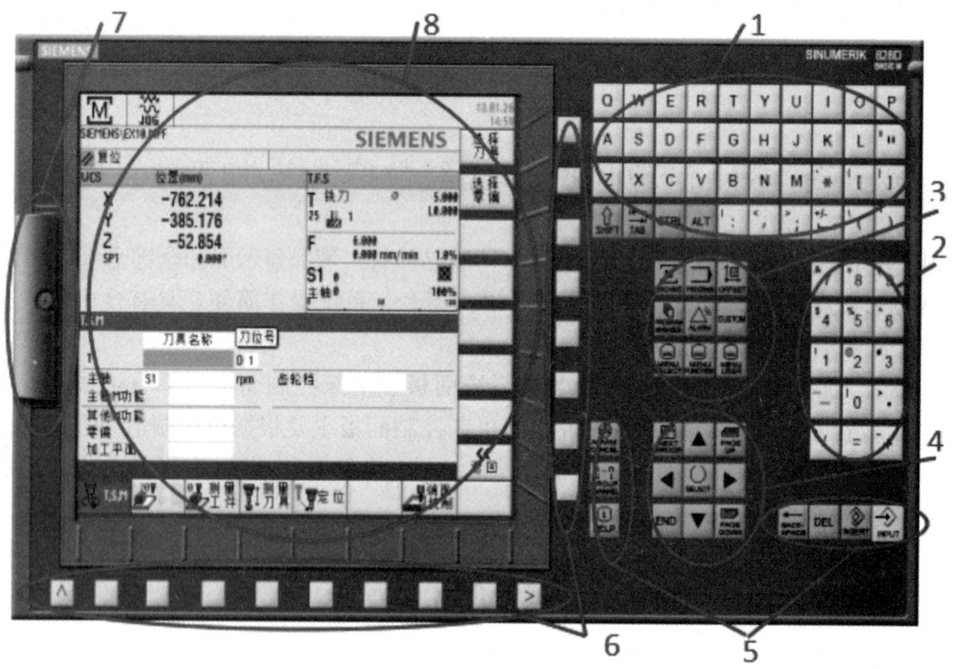

图 5—23　SINUMERIK 828D 系统面板

1—字母区　2—数字区　3—热键区　4—光标区　5—控制键区

6—软键区　7—用户接口区　8—屏幕显示区

表 5—12　　SINUMERIK 828D 系统面板分区及功能

名称	图示	功能
字母区	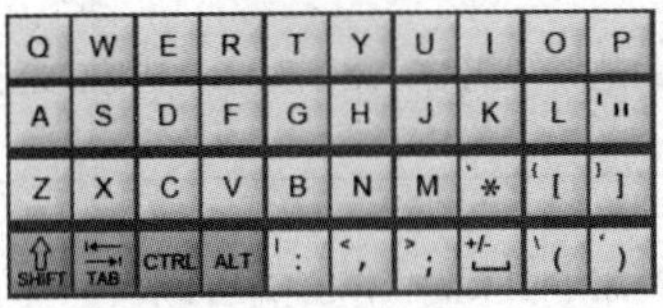	用于字母 A～Z 的输入
		用于“、”“＊”“(”“)”“[”“]”“<”“>”“:”等符号的输入
		SHIFT 为上档键，用于输入双字符键上部字符
		TAB 为跳格键，用于将光标缩进若干字符
		CTRL ALT 与其他键组合实现快捷功能
数字区	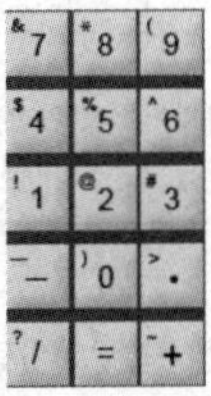	用于数字 0～9 及“＋”“－”“＊”“/”“＝”等运算字符的输入 与 SHIFT 上档键结合，可以完成“&”“%”“#”“@”等上档符号的输入
热键区	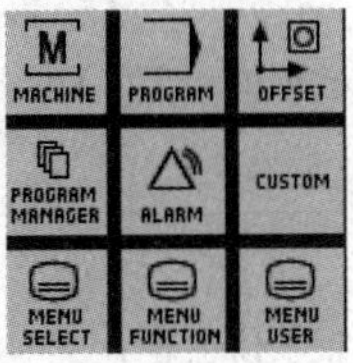	按  MACHINE 键，显示当前加工位置的机床坐标值/工件坐标值
		按  PROGRAM 键，将显示正在执行或编辑的程序内容
		按  OFFSET 键，可以打开操作区域“参数”，设置刀具清单、刀具磨损、刀库、零偏、用户变量等
		按  PROGRAM MANAGER 键，可以打开操作区域“程序管理器”，管理程序列表
		按  ALARM 键，可以打开报警清单窗口，查看报警信息
		MENU SELECT 为选择菜单键，用于打开功能选择窗口
		CUSTOM 为机床厂自定义按键

续表

名称	图示	功能
光标区	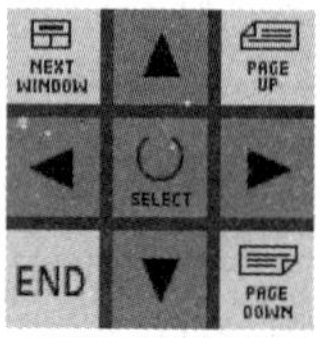	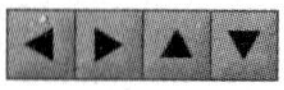 为光标键，将光标移至屏幕中各个不同的字段或者行
		 为选择功能键，用于对多个选项进行选择
		 键用于在实际工作窗口中激活下一个子窗口
		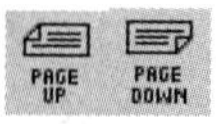 键用于上下翻页
		 键用于将光标置于参数窗口中的最后一个输入字段
控制键区	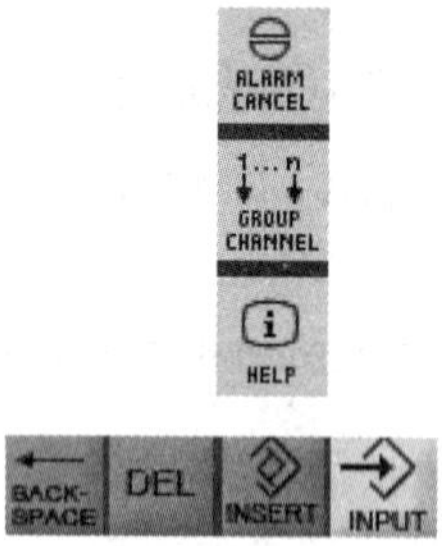	 用于清除活动的输入字段中光标前的字符
		 用于清除参数字段中的光标后的字符
		 用于程序编辑过程中程序字的插入
		 用于输入数据值、开和关目录、打开文件
		 用于清除报警信息显示
		 用于通道选择
		 为帮助功能键，为操作人员提供报警信息与帮助

续表

名称	图示	功能
软键区	∧…□…＞	∧ 为回调键，用于跳转至下一个菜单级别
		为软键选择键，用于选择软键对应菜单功能
		＞ 为扩展键，用于扩展水平软键栏
用户接口区	1 2 3 4	1 为以太网插口，通过网络传输数据
		2 为 RDY、NC、CF 状态 LED 指示灯
		3 为 USB 插口，通过 U 盘传输数据
		4 为 CF 插口，通过 CF 传输数据
屏幕显示区	SIEMENS X -73.612 Y -42.500 Z 900.000	用于数控系统屏幕显示，详见图 5—24 及表 5—13

（2）屏幕显示区的划分及分区功能

屏幕显示区是编程操作人员进行人机交互的界面，其中包含了数控机床各种参数（如运行参数、报警信息等）以及编程操作人员对数控机床的控制信息（如数控程序指令等）。编程操作人员必须对屏幕显示区的组成及相关功能有详细的了解。屏幕显示区划分如图 5—24 所示。其分区名称及功能见表 5—13。

2. 机床控制面板

数控机床控制面板是由机床制造商根据机床所配置的系统及机床的具体功能而设计的控制模块。机床厂家、型号、规格不同，机床控制面板往往也有很大差异。TOM850A 型加工中心的机床控制面板如图 5—25 所示，其功能键名称及功能见表 5—14。

二、数控铣床/加工中心基本操作

1. 开机和关机操作

（1）开机操作

1）检查机床和数控系统各部分的初始状态是否正常。

2）将机床背面电气柜上的电源开关向右扳至“1”位，接通机床总电源。

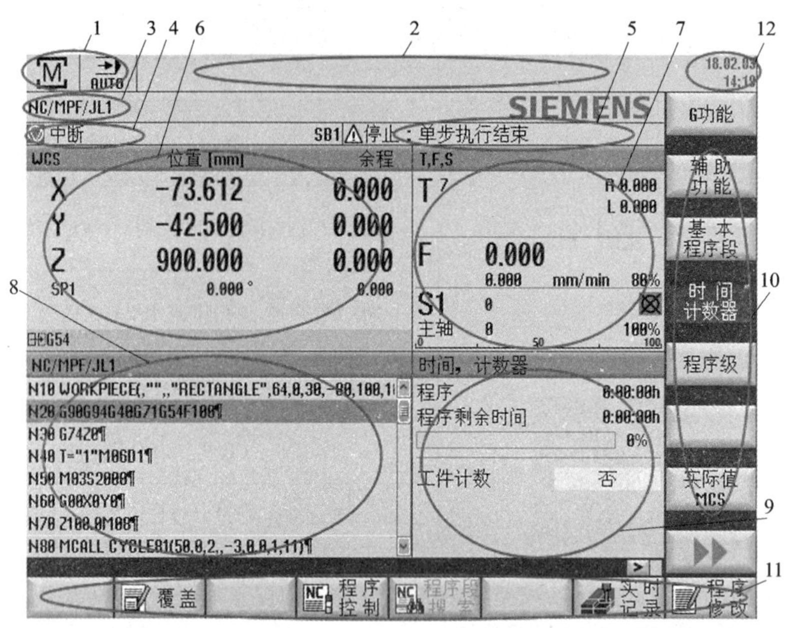

图 5—24　屏幕显示区划分

1—有效操作区域和操作模式　2—报警或信息　3—程序路径显示　4—通道状态和程序控制　5—通道运行信息　6—坐标值显示　7—T、F、S 信息显示　8—加工程序显示　9—辅助信息显示　10—垂直软键栏　11—水平软键栏　12—系统时间显示

表 5—13　　屏幕显示区分区名称及功能

分区名称	功　能
有效操作区域和操作模式	有效操作区域显示：加工 M、参数、程序、程序管理器、诊断、调试六种状态
	操作模式显示包括：手动进给 JOG、手动数据输入 MDA、自动运行 AUTO、重新定位和重新接近轮廓 REPOS、返回参考点 REFPOINT 五种模式
报警或信息	NC 或 PLC 信息：信息编号和文本以黑色字体显示
	报警显示：在红色背景下，白色字体显示报警编号，红色字体显示报警信息
	程序信息：绿色字体显示相关信息
程序路径显示	显示当前选择程序名称及存储路径信息
通道状态和程序控制	复位：使用 RESET，使机床处于初始状态
	有效：正在处理程序，无异常状况
	中断：使用 CYCLE STOP 中断程序

续表

分区名称	功　能
通道状态和程序控制	SB1 SKP DRF M01 RG0 DRY PRT：显示有效的程序段控制 SB1：粗略单步执行；SB2：计算程序段；SB3：精准单步执行；SKP：跳转程序段；DRF：手轮偏移；M01：有条件停止 1；RG0：快速倍率有效；DRY：空运行进给；PRT：程序测试
通道运行信息	⚠停止：需要操作，如 ⚠停止：单步执行结束
	⊙等待：不需要操作，如 ⊙等待：G4 S90 还有：90.0 U
坐标值显示	WCS 或 MCS：显示为工件坐标系或机床坐标系。通过软键 实际值 MCS 切换
	位置 [mm]：显示机床各轴的实际坐标值，单位为 mm
	余程：运行程序时显示当前数控程序段的剩余行程
T、F、S 信息显示	T 区显示刀具信息 T ROUGHING_T80 A R0.800 1 D1 Z39.000 X55.000：有效刀具 T ROUGHING_T80 A 为刀具名称；D1 为当前刀具的刀沿号；▣ 为当前刀具类型符号；R0.800 为刀尖圆弧半径；Z39.000 X55.000 为刀具长度尺寸
	F 区显示进给率信息 F 0.000 0.300 mm/rev 60%：进给率 F 0.000 为实际进给率；0.300 mm/rev 为程序制定进给率；60% 为进给倍率百分比
	S 区显示主轴信息 S1 1000 主轴 700 70%：主轴参数 S S1 主轴 为当前运行主轴号；1000 为程序主轴转速设定值；700 为实际主轴转速；▣ 为主轴顺时针旋转；70% 为主轴旋转倍率百分比
加工程序显示	显示当前正在执行的程序内容
辅助信息显示	显示程序运行时间、程序剩余时间和工件计数
水平软键栏	显示各种功能菜单
垂直软键栏	显示各种功能菜单和有效 G 功能
系统时间显示	14.06.02 21:17：显示当前系统时间

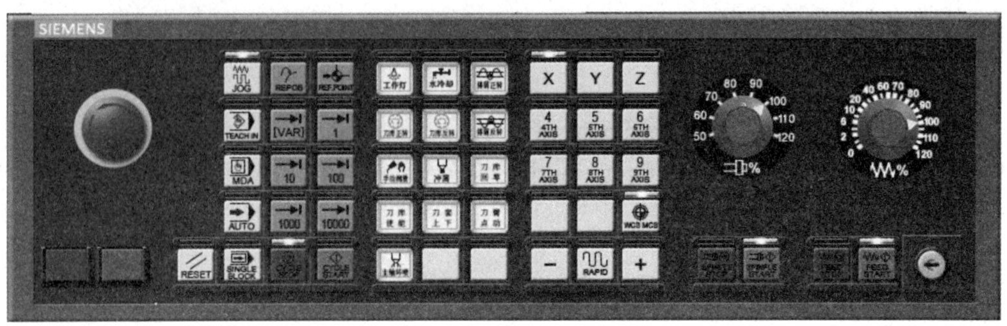

图 5—25　TOM850A 型加工中心的机床控制面板

表 5—14　　TOM850A 型加工中心的机床控制面板功能键名称及功能

名称	图例	功　能
机床总电源开关		机床总电源开关位于机床背面，“0”位为总电源关闭，“1”位为总电源接通
系统电源开关		绿色键为系统电源接通，红色键为系统电源断开
紧急停止按钮		简称急停按钮。出现紧急情况时按下急停按钮，在屏幕上出现“EMG”字样，机床报警指示灯亮
主轴控制键		：按该键，停止主轴
		：按该键，启动主轴
进给控制键		：按该键，停止当前正在运行的加工程序，停止机床轴
		从当前程序段继续运行，并将进给速度提高到设定值
数据钥匙开关		可通过钥匙开关的不同位置设置不同的数据访问级别
模式选择键		模式：在该模式下，可进行手动切削进给、手动快速进给、程序编辑、对刀等操作
		模式：在该模式下，重新定位和重新接近轮廓
		模式：在该模式下，可进行回参考点操作

续表

名称	图例	功　能
模式选择键	TEACH IN MDA AUTO	TEACH IN 模式：在该模式下，可以与机床采用人机交互进行编程
		MDA 模式：在该模式下，手动数据输入操作
		AUTO 模式：在该模式下，自动运行加工操作
复位键	RESET	按下复位键，使机床进入准备就绪状态，可开始执行程序；使机床停止正在执行的加工程序；清除激活报警
自动运行控制键	CYCLE STOP CYCLE START	CYCLE START 为循环启动键
		CYCLE STOP 为循环暂停键，又称为进给保持键
单段运行选择键	SINGLE BLOCK	自动运行模式下的程序单段运行选择键
增量进给选择键	[VAR] 1 10 100 1000 10000	[VAR] 为增量进给变量，以可变步长移动一段增量距离
		1 ~ 10 000 为增量进给步长，以 1～10 000 倍增量值的指定步长移动一段增量尺寸距离。增量步长的长度取决于机床基准
切削液开关	水冷却	用于打开或关闭机床冷却系统
照明开关	工作灯	用于打开或关闭机床照明系统
手动换刀键	手动换刀	可以实现手动转动刀库，实现换刀功能
主轴旋转选择键	主轴反转 主轴停 主轴正转	主轴反转、停转、正转键，在“JOG”或“REF”模式下有效

续表

名称	图例	功　　能
轴进给及进给方向键	X Y Z 4 4TH AXIS　5 5TH AXIS　6 6TH AXIS 7 7TH AXIS　8 8TH AXIS　9 9TH AXIS WCS MCS － RAPID ＋	JOG 模式下，按住指定轴键，再按正号或负号，即可使指定刀具沿指定轴的方向连续慢速手动进给。进给率可通过“进给倍率”旋钮进行调节。按下中间位置的快速移动键 RAPID，再按住指定轴的方向键不松开，即可实现该方向上的快速进给
坐标系选择键	WCS MCS	用于切换工件坐标系（WCS）和机床坐标系（MCS）
主轴倍率旋钮	50 60 70 80 90 100 110 120 %	用于增减编程设定的转速。编程设定的转速相当于100%，转速变化可在50%～120%。新的调节值在屏幕中转速状态的显示部分中显示为绝对值和百分比值
进给倍率旋钮	0 2 6 10 20 40 60 70 80 90 100 110 120 %	用于增减编程设定的进给速度。编程设定的进给速度表示为100%，进给速度变化可在0%～120%，但是在快速行程中最高只能达到100%。新的调节值在屏幕中进给状态的显示部分中显示为绝对值和百分比值

3）按下机床控制面板上绿色的系统电源开按钮，数控系统启动，系统引导内容完成后，显示开机画面，如图5—26所示。

4）如果屏幕右上角闪烁“＃3000”（急停报警信息），应顺时针松开机床控制面板和手轮上的急停按钮，然后按下复位键，即可取消此报警信息。如果仍有“＃70000”（报警信息），则按下和按键中的绿色键，即可使系统复位。

由于应用该系统的数控铣床/加工中心采用了带有绝对编码器的伺服电动机，断电后系统不需要返回参考点（简称“回零”）。因为它有位置存储记忆功能（有的由电池保持），所以系统断电后能记住当前的位置，重新通电后系统能够将保存的位置调用出来。

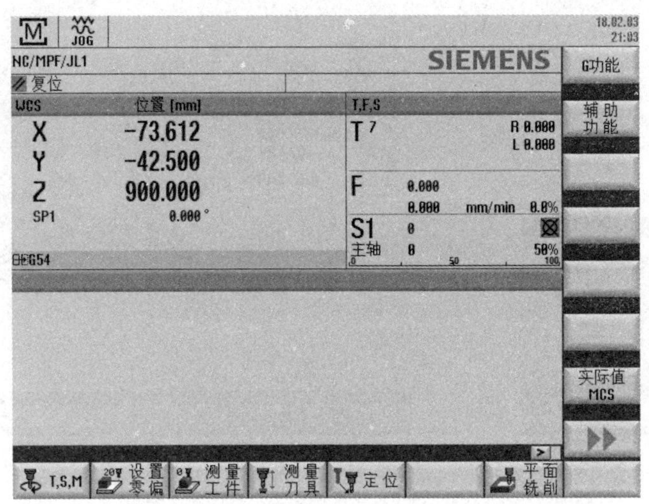

图 5—26　机床开机画面

（2）关机操作

1）按下 M MACHINE 键，回到主界面。

2）卸下工件和刀具。

3）在“JOG”运行方式下，将工作台移动至安全位置，然后按下急停按钮。

4）按下机床控制面板上红色的系统电源开关 ，断开数控系统电源。

5）将机床背面的机床电气柜上的总电源开关旋至“0”位，关闭机床总电源。

2. 对刀操作

对刀操作

（1）*XY* 平面的对刀操作

1）按水平软键 T,S,M ，出现如图 5—27 所示窗口。在“T，S，M”的参数对话框中输入相应的参数数值，然后按下机床控制面板上绿色的循环启动键 CYCLE START ，开启主轴正转。

2）按下水平软键 设置零偏 ，出现如图 5—28 所示窗口。选择“JOG（手动）”运行方式，然后选择手轮方式；选择相应的轴，快速摇动手轮，使其接近 *X* 轴方向的一条侧边，如图 5—29 所示 *A* 点处；降低手动进给倍率，使找正器慢慢接近工件侧边，从而正确地找正侧边 *A* 点处。按下垂直软键［X=0］（图 5—28），此时显示屏显示“X”为 0→Z 轴。抬高并移动 *X* 轴到工件的另一侧，慢慢接近如图 5—29 所示 *B* 点处，降低手动进给倍率，使找正器慢慢接近工件侧边，从而正确地找正侧边 *B* 点处。按系统面板上的“=”，出现如图 5—30 所示小型计算器窗口；在计算器窗口中，按软键［/］（除号），除以“2”；再按软键［=］，观察显示屏界面中此时 *X* 坐标轴的变化。按垂直软键 接收 ，按系统面板上的 OFFSET ，按垂直软键 G54… G57 ，观察显示屏界面中“G54”一栏的 *X* 坐标值。如果该值会自动更改，这就表示 *X* 方向对刀值已生效。

3）用同样的方法在 *Y* 向上完成对刀操作。

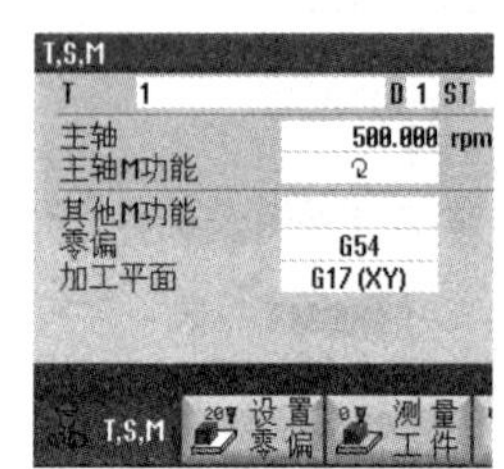

图 5—27 设定主轴转速

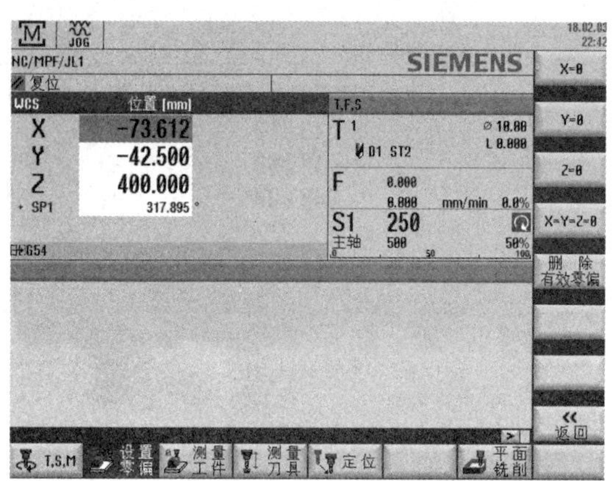

图 5—28 显示位置坐标

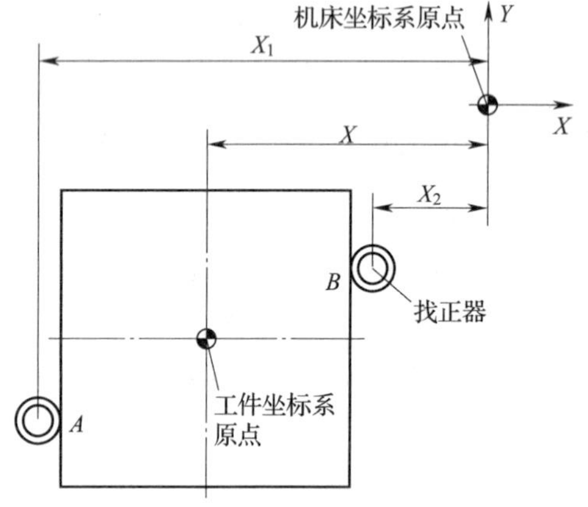

图 5—29 *XY* 平面对刀操作

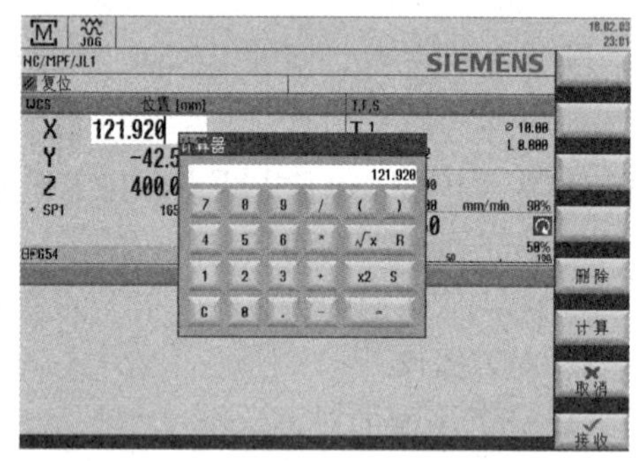

图 5—30 小型计算器窗口

(2) *Z* 轴方向的对刀操作

1) 按机床控制面板上红色的主轴控制键，停止主轴旋转，手动更换上刀具。

2) 在工件上方放置一个 ϕ10 mm 的测量用心棒（或量块）。在“JOG”（手动）运行方式下，选择手轮方式；选择相应的轴，快速摇动手轮使刀具在 *Z* 轴方向快速接近心棒，如图 5—31 所示；然后，降低手动进给倍率，使刀具与心棒微微接触。按垂直软键 [Z=0]，然后按系统面板上的“=”键，出现如图 5—30 所示小型计算器窗口；在计算器窗口中按软键 [−]（减号）减“10”，再按 [=]；观察界面显示的此时 *Z* 坐标值的变化。按垂直软键 ，按下系统面板上的 ，按垂直软键 ，观察显示屏界面中 G54 的 *Z* 坐标值。如果该值会自动更改，就表示 *Z* 方向对刀值已生效。

(3) 对刀正确性校验

为保证对刀的正确性，对刀结束后要进行对刀正确性的校验工作。具体操作如下：

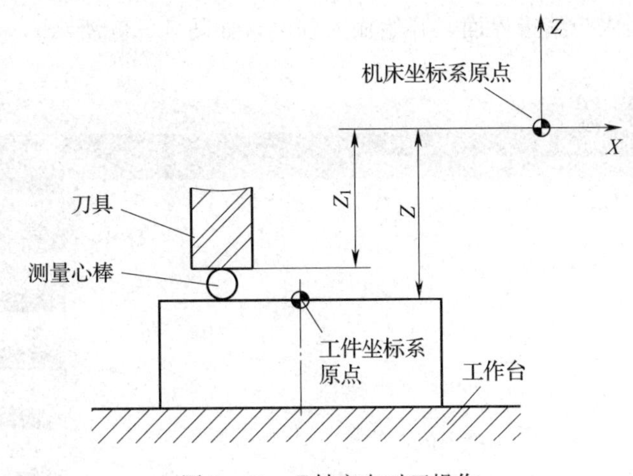

图 5—31　Z 轴方向对刀操作

手动移动刀具靠近工件原点位置，然后观察刀具与工件间的实际相对位置，对照屏幕显示的机床坐标，判断零点偏移参数设定是否正确；还可以在“MDI”运行方式下输入程序“M03 S500；G54 G00 X0 Y0 Z10.0；”，按绿色循环启动键，观察刀具是否移动到工件的对刀位置。

三、数控程序编辑与运行操作

程序编辑与运行

编程操作人员通过程序管理器可以即时访问程序，利用各种功能软键或快捷键完成数控程序的新建、打开和关闭、输入与编辑，固定循环指令的编辑，数控程序的自动运行等操作。

1. 建立新程序

（1）按键，打开程序管理器。

（2）移动光标，在目标目录中选择零件程序（即 MPF 主程序）、子程序（即 SPF 子程序）或工件（即 WPD 工件），如图 5—32 所示。

（3）按垂直软键，出现如图 5—33 所示对话框，输入程序名“AA001”，并按软键，完成新程序的创建。程序管理器界面如图 5—34 所示。

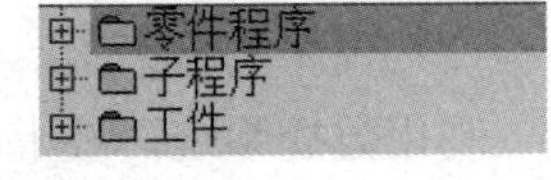

图 5—32　程序管理器目录

新的G代码程序
类型　MPF主程序
名称　AA001

图 5—33　创建“AA001”主程序

名称	类型
零件程序	DIR
AA001	MPF
子程序	DIR
工件	DIR

图 5—34　新建程序后程序管理器界面

（4）进入程序输入与编辑界面，开始输入程序，如图 5—35 所示。

图 5—35 程序输入与编辑界面

2. 打开和关闭程序

（1）按 PROGRAM MANAGER 键，打开程序管理器。

（2）移动光标至目标目录或程序名上。

（3）按垂直软键 打开 、光标键 ▶ 或按键 INPUT ，打开光标所在的目录或程序。

（4）按垂直软键 关闭 、光标键 ◀ ，则关闭当前打开的程序。

（5）按光标键 ◀ ，则光标返回文件夹开头第一个程序；再按光标键 ◀ ，则关闭该文件夹。

3. 程序的输入与编辑

程序输入与编辑窗口如图 5—35 所示，程序输入与编辑的操作如下。

（1）程序的输入

利用数控系统面板上的按键完成相应程序代码的输入。

例 G90 G71 G40 G94； INSERT

T1 D1； INSERT

G00 X100.0 Y100.0； INSERT

…

（2）程序的编辑

如果在输入的程序中发现有错误的字符，只需将光标移动至该字符的右侧（或左侧），然后用 BACKSPACE 键（或 DEL 键）删除错误的字符，重新输入正确的字符即可。

在输入界面的垂直软键菜单中，按下软键 [选中]，然后利用光标键选中所需的程序或程序部分内容，按垂直软键 [复制]、[粘贴]、[剪切] 等对程序进行相应的编辑操作。

(3) 程序编辑时的注意事项

1) 只有零件程序处于非执行状态时，才可进行编辑处理。

2) 如果需要对原有程序进行编辑时，可以通过“程序管理器”用光标选择需要编辑的程序，然后选择软键 [打开]，即可编辑程序。

3) 加工程序中的任何修改均被数控系统即时存储。

4. 固定循环指令的编辑

在数控铣削加工程序编辑过程中，固定循环指令可以通过程序编辑窗口手动输入，但 SINUMERIK 828D 系统具有较好的人机交互性能，可以通过会话式编程对话框输入，更直观、便捷，也更容易保证程序的准确度。下面以深孔钻削循环指令 CYCLE83 为例介绍。

(1) 手动输入

如果手动输入，需要在程序输入与编辑界面中输入下列程序内容：

MCALL CYCLE83 (50, 0, 3,, -35,, 5, 100, 0.7, 0.5, 90, 1, 0, 5, 1.4, 1, 1.6, 0, 1, 11211111);

(2) 对话框式输入

在系统视窗操作界面的对话框中输入，应按照以下操作进行：

1) 在程序输入与编辑窗口中，按下水平软键 [钻削]。

2) 按下垂直软键 [深孔钻削]，出现如图 5—36 所示窗口。

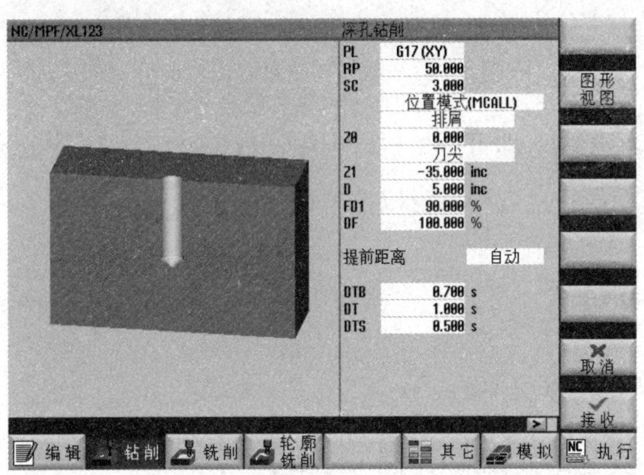

图 5—36 “深孔钻削”参数输入编程窗口

3) 在对应的参数对话框中填写相应的参数值，然后按软键 [接收]，系统自动生成 MCALL CYCLE83 固定循环程序段。

5. 数控程序的自动运行（AUTO）

（1）自动运行前的准备

1）机床刀架必须回参考点。

2）待加工零件的加工程序已经输入，并经调试确认无误。

3）加工前的其他准备工作已就绪，如对刀、刀补等参数设置。

4）必要的安全锁定装置已经启动。

（2）自动加工的操作

1）在程序管理器中打开要运行的程序，按下功能键或水平软键，系统自动切换到“加工”操作区域，如图 5—37 所示。

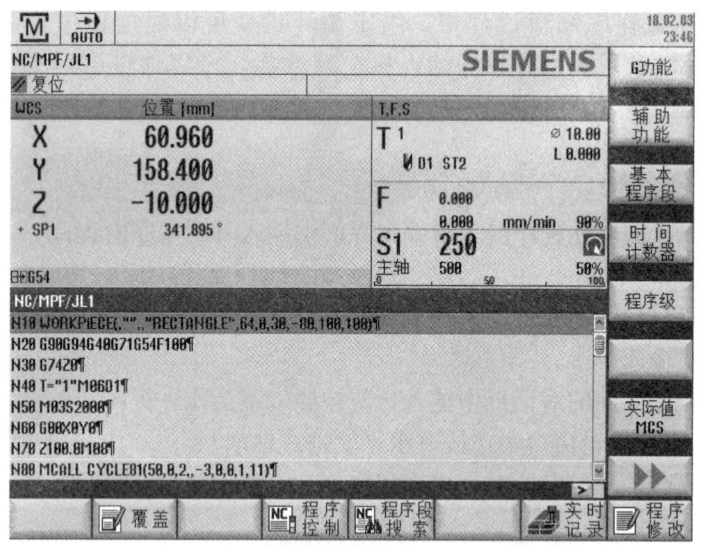

图 5—37　数控程序自动运行窗口

2）按下程序启动键，即可开始执行程序，数控铣床/加工中心自动加工工件。另外，在程序自动执行过程中，可以按下程序停止键，暂停程序运行。

思考与练习

1. 如何开启、关闭系统电源？
2. SINUMERIK 828D 系统的屏幕可划分为哪些区域？
3. 简述 CYCLE83 固定循环指令的孔加工动作。
4. 用孔加工循环编写如图 5—38 所示孔加工程序。

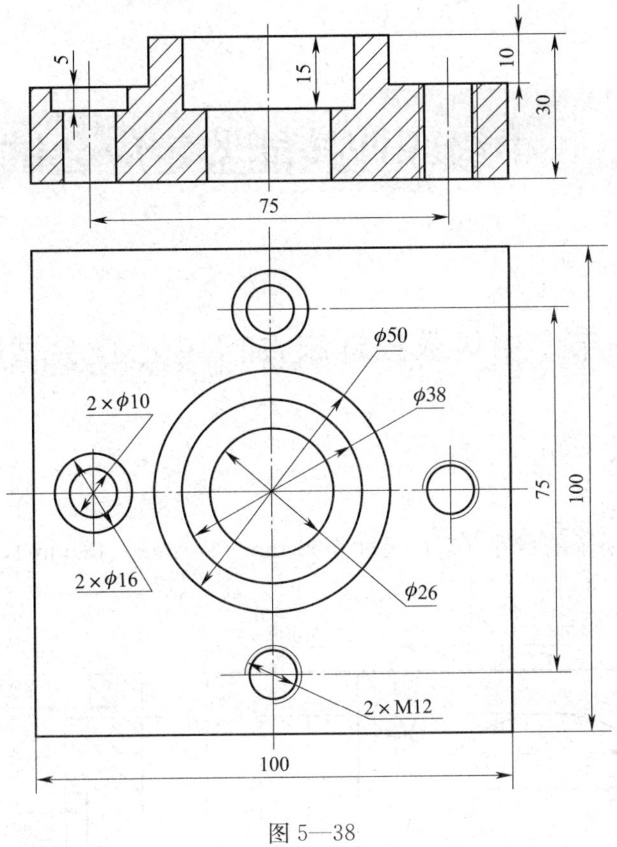

图 5—38

第六章

中级职业技能鉴定应会试题

第一节　中级数控铣床/加工中心应会试题 1

一、零件图样

加工如图 6—1 所示的零件（毛坯尺寸为90 mm×90 mm×18 mm），分析其加工工艺并编写数控铣削加工程序。

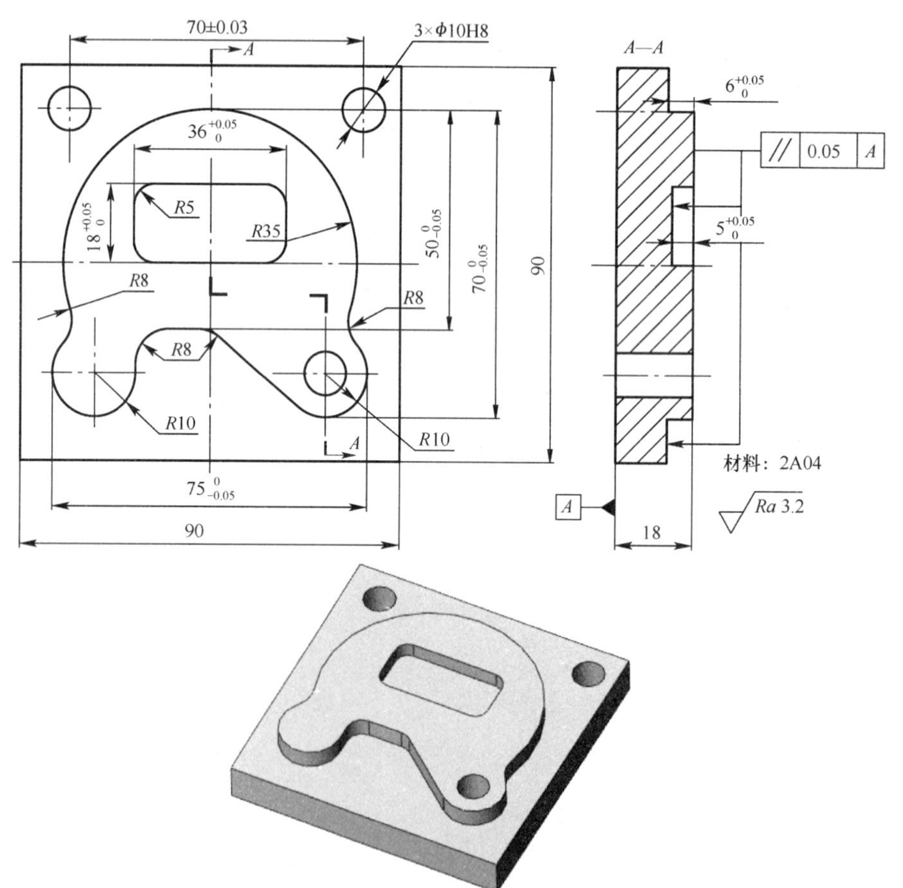

图 6—1　中级数控铣床/加工中心应会试题 1

二、加工准备

选用配备 FANUC 0i 或 SINUMERIK 802D 系统的 XK7150 型数控铣床，毛坯为 90 mm×90 mm×18 mm 的铝件。加工中使用的工具、量具、刀具、夹具清单见表 6—1。

表 6—1　　工具、量具、刀具、夹具清单

序号	名　称	规　格	数量	备　注
1	游标卡尺	0～150 mm，0.02 mm	1	
2	万能角度尺	0～320°，2′	1	
3	千分尺	0～25 mm、25～50 mm、50～75 mm，0.01 mm	各 1	
4	内径量表	18～35 mm，0.01 mm	1	
5	内径千分尺	25～50 mm，0.01 mm	1	
6	止通规	ϕ10H8 mm	1	
7	深度游标卡尺	0.02 mm	1	
8	深度千分尺	0～25 mm，0.01 mm	1	
9	百分表、磁性表座	0～10 mm，0.01 mm	各 1	
10	半径样板	*R*7～*R*14.5 mm，*R*15～*R*25 mm	各 1	选用
11	塞尺	0.02～1 mm	1 副	
12	钻头、中心钻	ϕ9.8 mm、B2.5 mm	1	选用
13	机铰刀	ϕ10H8 mm	1	
14	立铣刀	ϕ8 mm、ϕ12 mm	各 1	选用
15	面铣刀	ϕ60 mm（R 型面铣刀片）	1	选用
16	刀柄、夹头	以上刀具相关刀柄，钻夹头，弹簧夹	若干	
17	夹具	精密平口钳、垫铁、三爪自定心卡盘	各 1	选用
18	毛坯	90 mm×90 mm×18 mm 的铝块	1	
19	其他	常用数控铣床辅具	若干	

三、加工工艺分析

1. 编程原点的确定

根据编程原点的确定原则，在 G17 平面内编程原点取在工件的对称中心，*Z* 向编程原点取在工件的上表面。

2. 加工工艺

（1）工件的定位与夹紧

由于该工件为单件加工，根据毛坯特点及加工要求选用通用夹具——精密平口钳进行毛坯的定位与夹紧。首先找正平口钳钳口与坐标轴方向平行，然后进行工件装夹。工件装夹后，要找正工件上表面的平行度，然后找正工件中心，并将该点设为工件坐标系的原点。

（2）刀具的选用

本例工件外轮廓的粗加工、精加工均选用 ϕ12 mm 的立铣刀，内轮廓的粗加工、精加工均选用 ϕ8 mm 的立铣刀。

（3）切削用量的选用

切削用量的确定取决于编程人员的经验、工件的加工精度及表面质量、工件的材料性质、刀具的材料及形状、刀柄的刚度等因素。

1）主轴转速（n）　对于高速钢刀具，切削速度 $v_c=20\sim30$ m/min，根据公式 $n=\frac{1\ 000\ v_c}{\pi d}$，选取粗加工时主轴转速 n=600 r/min，精加工时主轴转速 n=1 000 r/min。

2）进给速度（v_f）　粗加工时，为提高生产率，在工件质量得到保证的前提下，可选择较高的进给速度，一般取 100～200 mm/min，本例粗加工进给速度取 150 mm/min。精加工时，为保证加工精度要求和表面粗糙度要求，应选较小的进给速度，一般在 50～100 mm/min 的范围内选取，本例精加工进给速度取 50 mm/min。

刀具空行程的进给速度一般取 G00 速度，或在 600～1 500 mm/min 的范围内选取。

3）背吃刀量和侧吃刀量　采用高速钢刀具粗加工时，背吃刀量一般可取刀具直径 d 的 0.5～0.8 倍，本例中粗加工的背吃刀量取 6 mm。精加工时，为了保证工件表面质量，一般背吃刀量等于精加工余量。

高速钢刀具的侧吃刀量可取刀具直径的 0.75～1 倍。

3. 计算基点坐标

选择 MasterCAM 软件或 CAXA 制造工程师软件进行基点坐标分析，得出的局部基点坐标如图 6—2 所示。

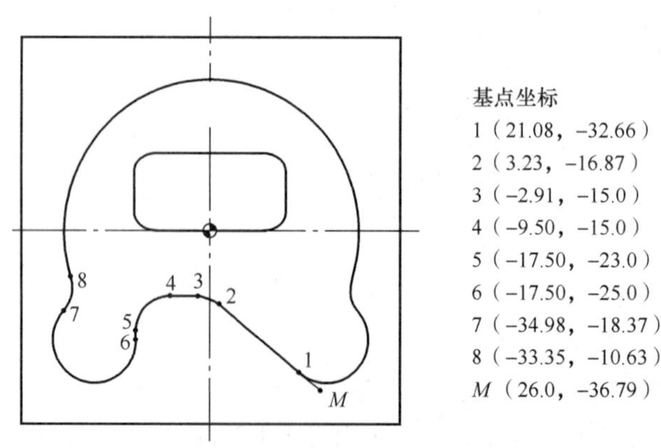

图 6—2　局部基点坐标

4. 编制加工工艺卡

加工工艺卡见表 6—2。

表 6—2　　加工工艺卡

工步号	工步内容（加工面）	刀具号	刀具规格	主轴转速（r/min）	进给速度（mm/min）	背吃刀量（mm）
1	粗铣外形轮廓	T01	ϕ12 mm 立铣刀	800	150	6
2	精铣外形轮廓	T01	ϕ12 mm 立铣刀	1 200	80	6
3	粗铣内轮廓	T02	ϕ8 mm 立铣刀	1 000	150	5
4	精铣内轮廓	T02	ϕ8 mm 立铣刀	1 500	80	5
5	中心钻定位	T03	B2. 5 mm 中心钻	2 000	50	0. 5d
6	钻孔	T04	ϕ9. 8 mm 钻头	600	80	0. 5d
7	铰孔	T05	ϕ10H8 mm 铰刀	200	80	0. 1
8	手动去毛刺、倒棱，自检					
编制	审核		批准		共__页　第__页	

四、参考程序

中级数控铣床/加工中心应会试题 1 的参考程序见表 6—3。

表 6—3　　中级数控铣床/加工中心应会试题 1 的参考程序

FANUC 0i 系统程序	SINUMERIK 802D 系统程序	程序说明
O0501；	AA501. MPF；	外轮廓加工程序
G90 G94 G21 G40 G54 F150；	G90 G94 G71 G40 G54 F150；	程序初始化
G91 G28 Z0；	G74 Z0；	Z 向返回参考点
M03 S800；	T1 D1 M03 S800；	主轴正转，800 r/min
G90 G00 X0 Y－55. 0 M08；	G00 X0 Y－55. 0 M08；	定位至起刀点
Z30. 0；	Z30. 0；	
G01 Z－6. 0；	G01 Z－6. 0；	
G41 G01 X26. 0 Y－36. 79 D01；	G41 G01 X26. 0 Y－36. 79；	延长线上建立刀补
X3. 23 Y－16. 87；	X3. 23 Y－16. 87；	加工外轮廓
G03 X－2. 91 Y－15. 0 R8. 0；	G03 X－2. 91 Y－15. 0 CR=8. 0；	
G01 X－9. 5；	G01 X－9. 5；	
G03 X－17. 5 Y－23. 0 R8. 0；	G03 X－17. 5 Y－23. 0 CR=8. 0；	

续表

FANUC 0i 系统程序	SINUMERIK 802D 系统程序	程序说明
G01 Y-25.0；	G01 Y-25.0；	加工外轮廓
G02 X-34.98 Y-18.37 R-10.0；	G02 X-34.98 Y-18.37 CR=-10；	
G03 X-33.35 Y-10.63 R8.0；	G03 X-33.35 Y-10.63 CR=8.0；	
G02 X33.35 R-35.0；	G02 X33.35 CR=-35.0；	
G03 X34.98 Y-18.37 R8.0；	G03 X34.98 Y-18.37 CR=8.0；	
G02 X21.08 Y-32.66 R10.0；	G02 X21.08 Y-32.66 CR=10.0；	
G40 G01 X0 Y-55.0；	G40 G01 X0 Y-55.0；	取消刀具半径补偿
G91 G28 Z0 M09；	G74 Z0 M09；	Z 向返回参考点
M05；	M05；	程序结束部分
M30；	M02；	
O0502；	AA502.MPF；	内轮廓加工程序
G90 G94 G21 G40 G54 F150；	G90 G94 G71 G40 G54 F150；	程序初始化
G91 G28 Z0；	G74 Z0；	Z 向返回参考点
M03 S1000；	T2 D1 M03 S1000；	主轴正转，1 000 r/min
G90 G00 X0 Y9.0 M08；	G00 X0 Y9.0 M08；	刀具定位
Z30.0；	Z30.0；	
G01 Z0；	G01 Z0；	
G41 G01 Y18.0 D01；	G41 G01 Y18.0；	建立刀补
G03 Z-5.0 J-9.0；	G03 Z-5.0 J-9.0；	螺旋线进刀
G01 X-13.0；	G01 X-13.0；	加工内轮廓
G03 X-18.0 Y13.0 R5.0；	G03 X-18.0 Y13.0 CR=5.0；	
G03 X-13.0 Y0 R5.0；	G03 X-13.0 Y0 CR=5.0；	
G01 X13.0；	G01 X13.0；	
G03 X18.0 Y5.0 R5.0；	G03 X18.0 Y5.0 CR=5.0；	
G01 Y5.0；	G01 Y5.0；	
G01 Y13.0；	G01 Y13.0；	
G03 X13.0 Y18.0 R5.0；	G03 X13.0 Y18.0 CR=5.0；	
G01 X-13.0；	G01 X-13.0；	

续表

FANUC 0i 系统程序	SINUMERIK 802D 系统程序	程序说明
G40 G01 X0 Y9.0;	G40 G01 X0 Y9.0;	取消刀具半径补偿
G91 G28 Z0 M09;	G74 Z0 M09;	Z 向返回参考点
M05;	M05;	程序结束部分
M30;	M02;	
O0100;	AA100.MPF;	铰孔程序
G90 G94 G21 G40 G54 F80;	G90 G94 G71 G40 G54 F80;	程序开始部分
G91 G28 Z0;	G74 Z0;	
M03 S200;	T5 D1 M03 S200;	主轴正转，200 r/min
G90 G00 X0 Y0 M08;	G00 X0 Y0 M08;	刀具定位
G85 X-35.0 Y35.0 Z-23.0 R5.0 F100;	MCALL CYCLE85 (30.0, 0, 5.0, -23.0,, 0, 80, 200);	模态调用孔加工程序加工三个孔
X35.0;	G00 X-35.0 Y35.0;	
X27.5 Y-25.0;	X35.0;	
	X27.5 Y-25.0;	
G91 G28 Z0;	G74 Z0;	程序结束部分
M30;	M02;	

注：1. 钻孔与扩孔程序略。

2. 轮廓精加工程序与粗加工程序类似，只需修改程序中的切削用量即可。

3. 精加工时，修改刀具半径补偿值。

五、检测评分

本例的工时定额（包括编程与程序手动输入）为 3 h，其评分表见表 6—4。

表 6—4　　中级数控铣床/加工中心应会试题 1 评分表

工件编号				总得分			
项目与权重		序号	技术要求	配分	评分标准	检测记录	得分
工件加工评分（80%）	轮廓与孔	1	$50^{0}_{-0.05}$ mm	6	超差 0.01 扣 1 分		
		2	$70^{0}_{-0.05}$ mm	6	超差 0.01 扣 1 分		
		3	$75^{0}_{-0.05}$ mm	6	超差 0.01 扣 1 分		

续表

工件编号					总得分		
项目与权重		序号	技术要求	配分	评分标准	检测记录	得分
工件加工评分（80%）	轮廓与孔	4	$5^{+0.05}_{0}$ mm	5	超差 0.01 扣 1 分		
		5	$18^{+0.05}_{0}$ mm	6	超差 0.01 扣 1 分		
		6	$36^{+0.05}_{0}$ mm	6	超差 0.01 扣 1 分		
		7	$6^{+0.05}_{0}$ mm	5	超差 0.01 扣 1 分		
		8	平行度 0.05 mm	5×2	超差 0.01 扣 1 分		
		9	$Ra3.2$ μm	5	超差一处扣 1 分		
		10	ϕ10H8	3×3	超差 0.01 扣 1 分		
		11	（70±0.03）mm	5	超差 0.01 扣 1 分		
		12	一般尺寸	5	超差全扣		
	其他	13	工件按时完成	3	未按时完成全扣		
		14	工件无缺陷	3	每处缺陷扣 2 分		
工艺与程序（10%）		15	加工工序卡合理、完整	5	不合理每处扣 2 分		
		16	程序正确合理	5	每错一处扣 2 分		
机床操作（10%）		17	机床操作规范	5	出错一次扣 2 分		
		18	工件、刀具装夹正确	5	出错一次扣 2 分		
安全文明生产（倒扣分）		19	安全操作	倒扣	出现安全事故则停止操作，酌扣 5～30 分		
		20	机床整理	倒扣			

第二节 中级数控铣床/加工中心应会试题 2

一、零件图样

加工如图 6—3 所示的零件（毛坯尺寸为90 mm×90 mm×18 mm），分析其加工工艺并编写数控铣削加工程序。

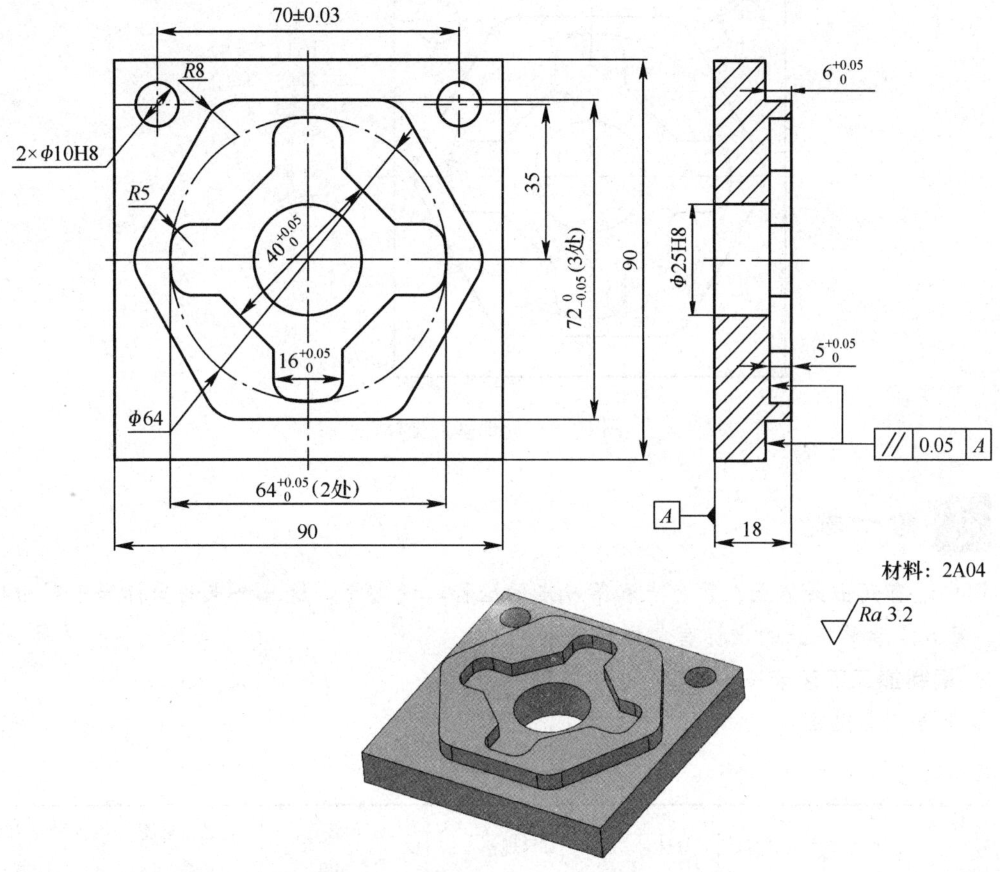

图 6—3　中级数控铣床/加工中心应会试题 2

二、加工准备

选用配备 FANUC 0i 或 SINUMERIK 802D 系统的 XK7150 型数控铣床，毛坯为 90 mm×90 mm×18 mm 的铝件。加工中使用的工具、量具、刀具、夹具等参照表 6—1 进行配置。

三、加工工艺分析

1. 计算基点坐标

选择 MasterCAM 软件或 CAXA 制造工程师软件进行基点坐标分析，得出的局部基点坐标如图 6—4 所示。

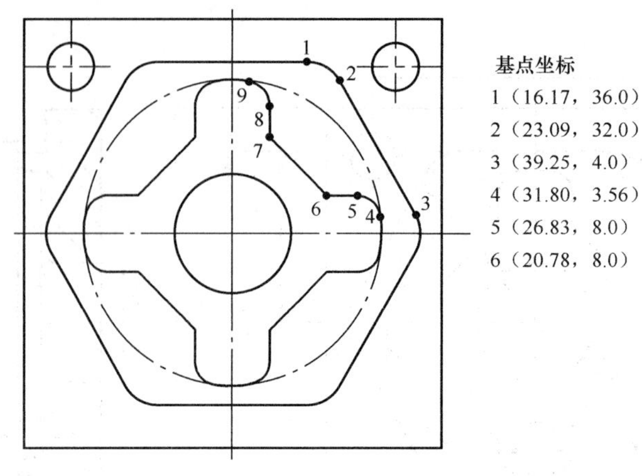

图 6—4 局部基点坐标

想一想

图中没有列出第 7 点、第 8 点和第 9 点的坐标，请思考，这三个点的坐标和已列出的第 4 点、第 5 点和第 6 点的坐标有怎样的关系？

2. 编制加工工艺卡

加工工艺卡见表 6—5。

表 6—5 加工工艺卡

工步号	工步内容（加工面）		刀具号	刀具规格		主轴转速（r/min）	进给速度（mm/min）	背吃刀量（mm）
1	钻孔		T01	ϕ8 mm 钻头		600	80	0.5d
2	粗铣外轮廓		T02	ϕ16 mm 立铣刀		600	150	6
3	精铣外轮廓		T02	ϕ16 mm 立铣刀		1 000	80	6
4	粗铣内轮廓		T03	ϕ8 mm 立铣刀		1 000	150	5
5	精铣内轮廓		T03	ϕ8 mm 立铣刀		1500	80	5
6	扩孔		T04	ϕ9.8 mm 钻头		600	80	0.5d
7	铰孔		T05	ϕ10H8 mm 铰刀		200	80	0.1
8	立铣刀铣孔方式扩孔		T02	ϕ16 mm 立铣刀		600	150	8
9	精镗孔		T06	ϕ25 mm 精镗刀		1 200	80	0.2
10	手动去毛刺、倒棱，自检							
编制		审核		批准		共__页 第__页		

四、参考程序

中级数控铣床/加工中心应会试题 2 的参考程序见表 6—6。

表 6—6　　中级数控铣床/加工中心应会试题 2 的参考程序

FANUC 0i 系统程序	SINUMERIK 802D 系统程序	程序说明
O0503;	AA503. MPF;	程序号
G90 G94 G21 G40 G54 F150;	G90 G94 G71 G40 G54 F150;	程序初始化
G91 G28 Z0;	G74 Z0;	Z 向返回参考点
M03 S600;	T2 D1 M03 S600;	主轴正转，600 r/min
G90 G00 X-55.0 Y55.0 M08;	G00 X-55.0 Y55.0 M08;	定位至起刀点
Z30.0;	Z30.0;	
G01 Z-6.0;	G01 Z-6.0;	
G41 G01 Y36.0 D01;	G41 G01 Y36.0;	延长线上建立刀补
X16.17;	X16.17;	加工外轮廓
G02 X23.09 Y32.0 R8.0;	G02 X23.09 Y32.0 CR=8.0;	
G01 X39.25 Y4.0;	G01 X39.25 Y4.0;	
G02 Y-4.0 R8.0;	G02 Y-4.0 CR=8.0;	
G01 X23.09 Y-32.0;	G01 X23.09 Y-32.0;	
G02 X16.17 Y-36.0 R8.0;	G02 X16.17 Y-36.0 CR=8.0;	
G01 X-16.17;	G01 X-16.17;	
G02 X-23.09 Y-32.0 R8.0;	G02 X-23.09 Y-32.0 CR=8.0;	
G01 X-39.25 Y-4.0;	G01 X-39.25 Y-4.0;	
G02 Y4.0 R8.0;	G02 Y4.0 CR=8.0;	
G01 X-23.09 Y32.0;	G01 X-23.09 Y32.0;	
G02 X-16.17 Y36.0 R8.0;	G02 X-16.17 Y36.0 CR=8.0;	
G40 G01 X-55.0 Y55.0;	G40 G01 X-55.0 Y55.0;	取消刀具半径补偿
G91 G28 Z0 M09;	G74 Z0 M09;	Z 向返回参考点
M05;	M05;	程序结束部分
M30;	M02;	
O0504;	AA504. MPF;	程序号

续表

FANUC 0i 系统程序	SINUMERIK 802D 系统程序	程序说明
G90 G94 G21 G40 G54 F150；	G90 G94 G71 G40 G54 F150；	程序初始化
G91 G28 Z0；	G74 Z0；	Z 向返回参考点
M03 S1000；	T3 D1 M03 S1000；	主轴正转，1 000 r/min
G90 G00 X0 Y0 M08；	G00 X0 Y0 M08；	刀具定位
Z30.0；	Z30.0；	
G01 Z-5.0；	G01 Z-5.0；	
G41 G01 Y-8.0 D01；	G41 G01 Y-8.0；	建立刀补
G01 X26.83；	G01 X26.83；	加工内轮廓
G03 X31.80 Y-3.56 R5.0；	G03 X31.80 Y-3.56 CR=5.0；	
Y3.56 R32.0；	Y3.56 CR=32.0；	
X26.83 Y8.0 R5.0；	X26.83 Y8.0 CR=5.0；	
G01 X20.78；	G01 X20.78；	
X8.0 Y20.78；	X8.0 Y20.78；	
Y26.83；	Y26.83；	
G03 X3.56 Y31.80 R5.0；	G03 X3.56 Y31.80 CR=5.0；	
X-3.56 R32.0；	X-3.56 CR=32.0；	
X-8.0 Y26.83 R5.0；	X-8.0 Y26.83 CR=5.0；	
G01 Y20.78；	G01 Y20.78；	
X-20.78 Y8.0；	X-20.78 Y8.0；	
X-26.83；	X-26.83；	
G03 X-31.80 Y3.56 R5.0；	G03 X-31.80 Y3.56 CR=5.0；	
Y-3.56 R32.0；	Y-3.56 CR=32.0；	
X-26.83 Y-8.0 R5.0；	X-26.83 Y-8.0 CR=5.0；	
G01 X-20.78；	G01 X-20.78；	
X-8.0 Y-20.78；	X-8.0 Y-20.78；	
Y-26.83；	Y-26.83；	
G03 X-3.56 Y-31.80 R5.0；	G03 X-3.56 Y-31.80 CR=5.0；	
X3.56 R32.0；	X3.56 CR=32.0；	
X8.0 Y-26.83 R5.0；	X8.0 Y-26.83 CR=5.0；	

续表

FANUC 0i 系统程序	SINUMERIK 802D 系统程序	程序说明
G01 Y-20.78;	G01 Y-20.78;	加工内轮廓
X20.78 Y-8.0;	X20.78 Y-8.0;	
G40 X0 Y0;	G40 X0 Y0;	取消刀具半径补偿
G91 G28 Z0 M09;	G74 Z0 M09;	Z 向返回参考点
M05;	M05;	程序结束部分
M30;	M02;	
O0200;	AA200.MPF;	精镗孔程序
G90 G94 G21 G40 G54 F80;	G90 G94 G71 G40 G54 F80;	程序开始部分
G91 G28 Z0;	G74 Z0;	
M03 S1200;	T6 D1 M03 S1200;	主轴正转，1 200 r/min
G90 G00 X0 Y0 M08;	G00 X0 Y0 M08;	刀具定位
G76 X0 Y0 Z-23.0 R5.0 Q1000 F80;	CYCLE86 (30.0, 0, 5.0, -23.0,, 0, 3, 1, 0, 1, 0);	精镗孔
G91 G28 Z0;	G74 Z0;	程序结束部分
M30;	M02;	

注：1. 钻孔、扩孔及铰孔加工程序略。

2. 轮廓精加工程序与粗加工程序类似，只需修改程序中的切削用量即可。

3. 精加工时，修改刀具半径补偿值。

五、检测评分

本例的工时定额（包括编程与程序手动输入）为 3 h，其评分表见表 6—7。

表 6—7　　中级数控铣床/加工中心应会试题 2 评分表

工件编号			总得分				
项目与权重		序号	技术要求	配分	评分标准	检测记录	得分
工件加工评分（80%）	轮廓与孔	1	$72_{-0.05}^{0}$ mm	4×3	超差 0.01 扣 1 分		
		2	$64_{0}^{+0.05}$ mm	4×2	超差 0.01 扣 1 分		
		3	$16_{0}^{+0.05}$ mm	2×4	超差 0.01 扣 1 分		
		4	$40_{0}^{+0.05}$ mm	4×2	超差 0.01 扣 1 分		

续表

工件编号				总得分			
项目与权重		序号	技术要求	配分	评分标准	检测记录	得分
工件加工评分（80%）	轮廓与孔	5	$6^{+0.05}_{0}$ mm	4	超差 0.01 扣 1 分		
		6	$5^{+0.05}_{0}$ mm	4	超差 0.01 扣 1 分		
		7	平行度 0.05 mm	4×2	超差 0.01 扣 1 分		
		8	孔径 ϕ25H8	6	超差 0.01 扣 1 分		
		9	孔径 ϕ10H8	2×2	超差 0.01 扣 1 分		
		10	（70±0.03）mm	4	超差 0.01 扣 1 分		
		11	Ra3.2 μm	5	超差一处扣 1 分		
		12	一般尺寸	3	超差全扣		
	其他	13	工件按时完成	3	未按时完成全扣		
		14	工件无缺陷	3	每处缺陷扣 2 分		
工艺与程序（10%）		15	加工工序卡合理、完整	5	不合理每处扣 2 分		
		16	程序正确合理	5	每错一处扣 2 分		
机床操作（10%）		17	机床操作规范	5	出错一次扣 2 分		
		18	工件、刀具装夹正确	5	出错一次扣 2 分		
安全文明生产（倒扣分）		19	安全操作	倒扣	出现安全事故则停止操作，酌扣 5～30 分		
		20	机床整理	倒扣			

第三节 中级数控铣床/加工中心应会试题 3

一、零件图样

加工如图 6—5 所示的零件（毛坯尺寸为90 mm×90 mm×20 mm），分析其加工工艺并编写数控铣削加工程序。

二、加工准备

选用配备 FANUC 0i 或 SINUMERIK 802D 系统的 XK7150 型数控铣床。毛坯为 90 mm×90 mm×20 mm 的铝件。加工中使用的工具、量具、刀具、夹具等参照表 6—1进行配置。

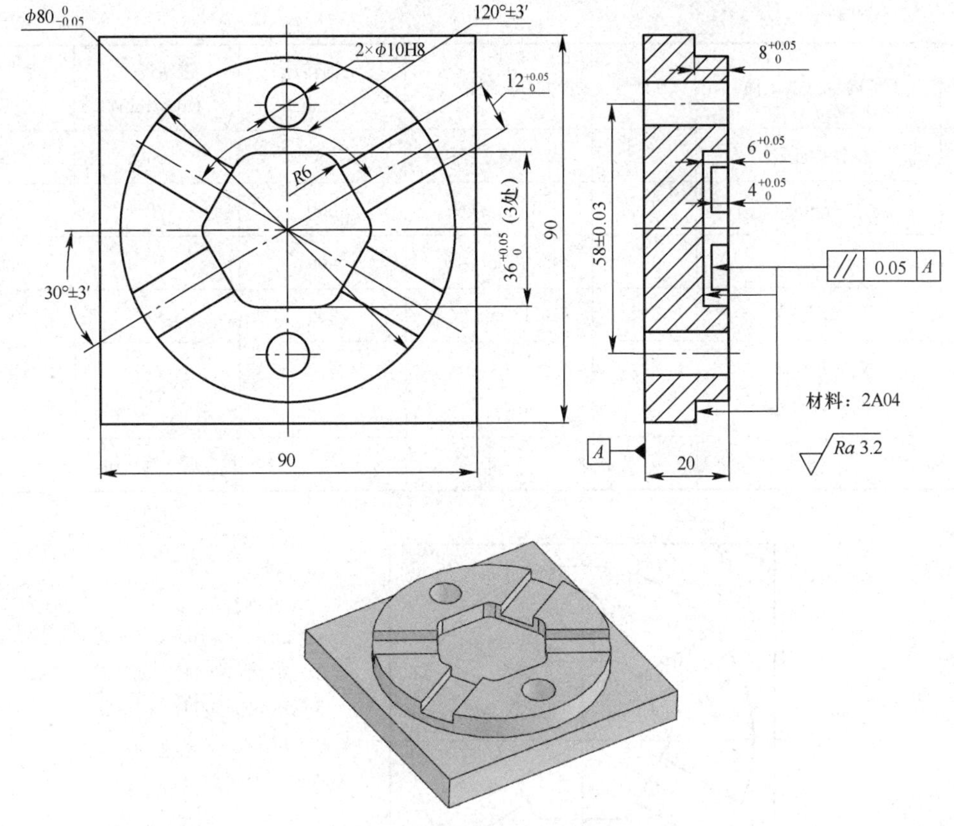

图 6—5 中级数控铣床/加工中心应会试题 3

三、加工工艺分析

1. 计算基点坐标

选择 MasterCAM 软件或 CAXA 制造工程师软件进行基点坐标分析，得出的局部基点坐标如图 6—6 所示。

2. 编制加工工艺卡

加工工艺卡见表 6—8。

表 6—8 加工工艺卡

工步号	工步内容（加工面）	刀具号	刀具规格	主轴转速 (r/min)	进给速度 (mm/min)	背吃刀量 (mm)
1	粗铣外轮廓	T01	ϕ16 mm 立铣刀	600	150	6
2	精铣外轮廓	T01	ϕ16 mm 立铣刀	1 000	80	6
3	粗铣内轮廓	T02	ϕ8 mm 立铣刀	1 000	150	5

续表

工步号	工步内容（加工面）			刀具号	刀具规格		主轴转速 (r/min)	进给速度 (mm/min)	背吃刀量 (mm)
4	精铣内轮廓			T02	ϕ8 mm 立铣刀		1 500	80	5
5	钻孔			T03	ϕ8 mm 钻头		600	80	0.5d
6	扩孔			T04	ϕ9.8 mm 钻头		600	80	0.5d
7	铰孔			T05	ϕ10H8 mm 铰刀		200	80	0.1
8	手动去毛刺、倒棱，自检								
编制		审核		批准			共__页　第__页		

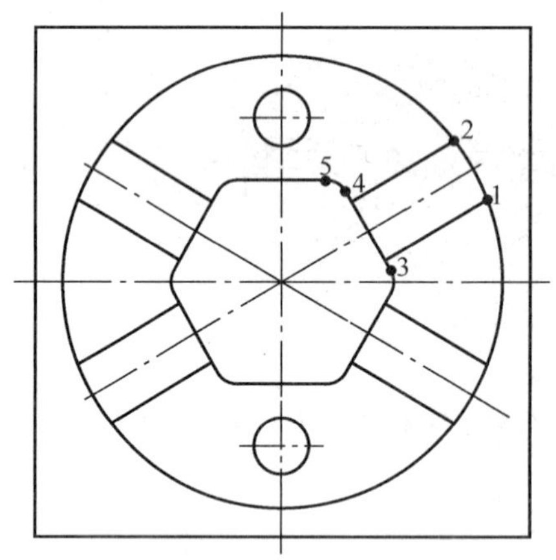

基点坐标
1（45.0，19.05）
2（39.0，29.44）
3（19.05，3.0）
4（12.12，15.0）
5（6.93，18.0）

图 6—6　局部基点坐标

四、参考程序

中级数控铣床/加工中心应会试题 3 的参考程序见表 6—9。

表 6—9　　中级数控铣床/加工中心应会试题 3 的参考程序

FANUC 0i 系统程序	SINUMERIK 802D 系统程序	程序说明
O0510;	AA510. MPF;	外圆凸台加工程序
G90 G94 G21 G40 G54 F150;	G90 G94 G71 G40 G54 F150;	程序初始化
G91 G28 Z0;	G74 Z0;	Z 向返回参考点
M03 S600;	T1 D1 M03 S600;	主轴正转，600 r/min

续表

FANUC 0i 系统程序	SINUMERIK 802D 系统程序	程序说明
G90 G00 X-55.0 Y-45.0 M08;	G00 X-55.0 Y-45.0 M08;	定位至起刀点
Z30.0;	Z30.0;	
G01 Z-8.0;	G01 Z-8.0;	
G41 G01 X-45.0 D01;	G41 G01 X-45.0;	延长线上建立刀补
Y0;	Y0;	加工外形轮廓
G02 I45.0;	G02 I45.0;	
G01 Y5.0;	G01 Y5.0;	
G40 G01 X-55.0 Y-45.0;	G40 G01 X-55.0 Y-45.0;	取消刀具半径补偿
G91 G28 Z0 M09;	G74 Z0 M09;	Z 向返回参考点
M05;	M05;	程序结束部分
M30;	M02;	
O0512;	AA512.MPF;	内轮廓加工程序
G90 G94 G21 G40 G54 F150;	G90 G94 G71 G40 G54 F150;	程序初始化
G91 G28 Z0;	G74 Z0;	Z 向返回参考点
M03 S1000;	T2D1 M03 S1000;	主轴正转，1 000 r/min
G90 G00 X0 Y0 M08;	G00 X0 Y0 M08;	刀具定位
Z30.0;	Z30.0;	
G01 Z0;	G01 Z0;	
G41 G01 Y18.0 D01;	G41 G01 Y18.0;	建立刀补
G03 Z-6.0 J-17.0;	G03 Z-6.0 J-17.0;	螺旋线进刀
G01 X-6.93;	G01 X-6.93;	加工内轮廓
G03 X-12.12 Y15.0 R6.0;	G03 X-12.12 Y15.0 CR=6.0;	
G01 X-19.05 Y3.0;	G01 X-19.05 Y3.0;	
G03 Y-3.0 R6.0;	G03 Y-3.0 CR=6.0;	
G01 X-12.12 Y-15.0;	G01 X-12.12 Y-15.0;	
G03 X-6.93 Y-18.0 R6.0;	G03 X-6.93 Y-18.0 CR=6.0;	
G01 X6.93;	G01 X6.93;	
G03 X12.12 Y-15.0 R6.0;	G03 X12.12 Y-15.0 CR=6.0;	

续表

FANUC 0i 系统程序	SINUMERIK 802D 系统程序	程序说明
G01 X19.05 Y-3.0;	G01 X19.05 Y-3.0;	加工内轮廓
G03 Y3.0 R6.0;	G03 Y3.0 CR=6.0;	
G01 X12.12 Y15.0;	G01 X12.12 Y15.0;	
G03 X6.93 Y18.0 R6.0;	G03 X6.93 Y18.0 CR=6.0;	
G01 X-6.93;	G01 X-6.93;	
G40 G01 X0 Y0;	G40 G01 X0 Y0;	取消刀补
G00 Z3.0;	G00 Z3.0;	刀具重新定位
X60.0 Y0;	X60.0 Y0;	
G01 Z-4.0;	G01 Z-4.0;	
G41 G01 X39.0 Y29.44 D01;	G41 G01 X39.0 Y29.44;	建立刀补
X-45.0 Y-19.05;	X-45.0 Y-19.05;	加工第一条槽
X-39.0 Y-29.44;	X-39.0 Y-29.44;	
X45.0 Y19.05;	X45.0 Y19.05;	加工第一条槽
G40 G01 X60.0 Y0;	G40 G01 X60.0 Y0;	取消刀补
G41 G01 X39.0 Y-29.44 D01;	G41 G01 X39.0 Y-29.44;	建立刀补
X-45.0 Y19.05;	X-45.0 Y19.05;	加工第二条槽
X-39.0 Y29.44;	X-39.0 Y29.44;	
X45.0 Y-19.05;	X45.0 Y-19.05;	
G40 G01 X60.0 Y0;	G40 G01 X60.0 Y0;	取消刀具半径补偿
G91 G28 Z0 M09;	G74 Z0 M09;	*Z* 向返回参考点
M05;	M05;	程序结束部分
M30;	M02;	

备注：1. 钻孔、扩孔及铰孔加工程序略。
　　　2. 轮廓精加工与粗加工程序类似，只需修改程序中切削用量即可。
　　　3. 精加工时，修改刀具半径补偿值。

五、检测评分

本例的工时定额（包括编程与程序手动输入）为 4 h，其评分表见表 6—10。

表 6—10　　中级数控铣床/加工中心应会试题 3 评分表

工件编号			总得分				
项目与权重		序号	技术要求	配分	评分标准	检测记录	得分
工件加工评分（80%）	内、外轮廓	1	$\phi80_{-0.05}^{\ 0}$ mm	4	超差 0.01 扣 1 分		
		2	$12_{\ 0}^{+0.05}$ mm	2×4	超差 0.01 扣 1 分		
		3	$36_{\ 0}^{+0.05}$ mm	4×3	超差 0.01 扣 1 分		
		4	$8_{\ 0}^{+0.05}$ mm	4	超差 0.01 扣 1 分		
		5	$6_{\ 0}^{+0.05}$ mm	4	超差 0.01 扣 1 分		
		6	$4_{\ 0}^{+0.05}$ mm	4	超差 0.01 扣 1 分		
		7	平行度 0.05 mm	3×3	超差 0.01 扣 1 分		
		8	120°±3′、30°±3′	4×2	超差 0.01 扣 1 分		
		9	一般尺寸	3	超差 0.01 扣 1 分		
	内孔	10	孔径 ϕ10H8	3×2	每错一处扣 3 分		
		11	（58±0.03）mm	4	每错一处扣 2 分		
	其他	12	$Ra3.2\ \mu m$	8	每错一处扣 1 分		
		13	工件按时完成	3	未按时完成全扣		
		14	工件无缺陷	3	有缺陷全扣		
工艺与程序（10%）		15	加工工序卡合理、完整	10	不合理每处扣 2 分		
		16	程序正确合理		每错一处扣 2 分		
机床操作（10%）		17	机床操作规范	10	出错一次扣 2 分		
		18	工件、刀具装夹正确		出错一次扣 2 分		
安全文明生产（倒扣分）		19	安全操作	倒扣	出现安全事故则停止操作，酌扣 5～30 分		
		20	机床整理	倒扣			

第四节　中级数控铣床/加工中心应会试题 4

一、零件图样

加工如图 6—7 所示的零件（毛坯尺寸为 90 mm×90 mm×18 mm），试分析其加工工艺并编写其数控铣削加工程序。

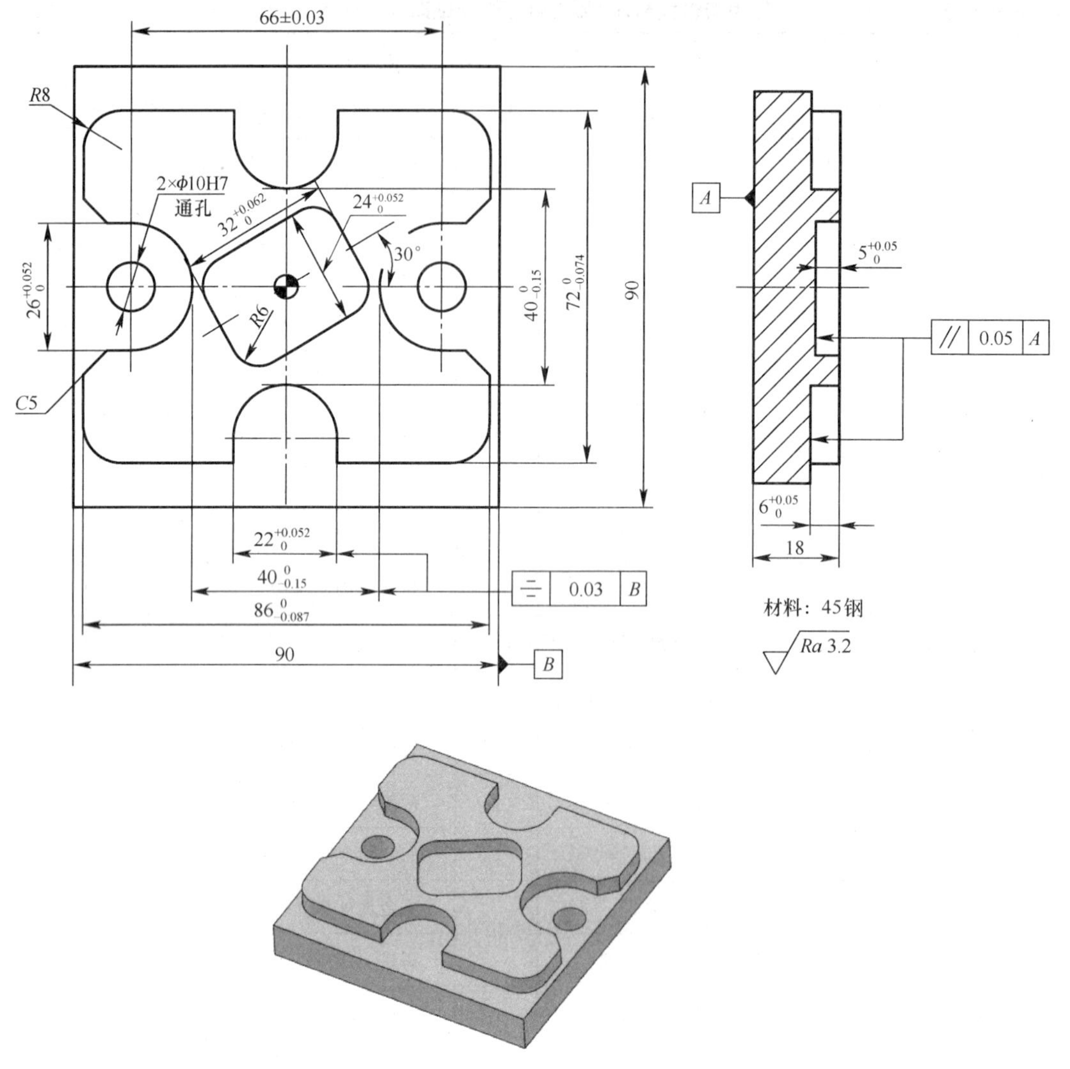

图 6—7 中级数控铣床/加工中心应会试题 4

二、加工准备

选用配备 FANUC 0i 或 SINUMERIK 802D 系统的 XK7150 型数控铣床。毛坯为 90 mm×90 mm×18 mm 的钢件。加工中使用的工具、量具、刀具、夹具等参照表 6—1进行配置。

三、加工工艺分析

1. 加工难点分析

主要的加工难点在于内轮廓加工时刀具的合理选择。对于不通的内轮廓，通常选择键槽铣刀进行加工。但是，由于键槽铣刀刚度较差，且容易磨损，因此，加工本例内轮廓时，也可先钻出工艺孔，再采用立铣刀进行加工。

编写内轮廓加工程序时，既可以采用一般的编程方式进行编程，也可采用坐标旋转的方式进行编程。

2. 制定加工工艺

操作步骤如下：

（1）采用 ϕ16 mm 立铣刀粗铣外轮廓。

（2）采用 ϕ16 mm 立铣刀精铣外轮廓。

（3）选择 ϕ9.8 mm 钻头钻孔，同时在内轮廓中心加工出工艺孔。

（4）选择 ϕ10H7 mm 铰刀进行铰孔加工。

（5）采用 ϕ10 mm 立铣刀粗铣内轮廓。

（6）采用 ϕ10 mm 立铣刀精铣内轮廓。

（7）手动去毛刺、倒棱，自检。

四、参考程序

中级数控铣床/加工中心应会试题 4 的参考程序见表 6—11。

表 6—11　　中级数控铣床/加工中心应会试题 4 的参考程序

FANUC 0i 系统程序	SINUMERIK 802D 系统程序	程序说明
O0513；	AA513. MPF；	程序号
G90 G94 G21 G40 G54 F100；	G90 G94 G71 G40 G54 F100；	程序初始化
G91 G28 Z0；	G74 Z0；	Z 向返回参考点
M03 S600；	T1 D1 M03 S600；	主轴正转，600 r/min
G90 G00 X－60.0 Y－50.0；	G00 X－60.0 Y－50.0；	定位至起刀点
Z30.0 M08；	Z30.0 M08；	
G01 Z－5.0 F100；	G01 Z－5.0 F100；	
G41 G01 X－43.0 D01；	G41 G01 X－43.0；	加工外形轮廓（粗、精加工为同一程序，加工过程中使用的刀具半径补偿值不同）
Y－18.0；	Y－18.0；	
X－38.0 Y－13.0；	X－38.0 Y－13.0；	
X－33.0；	X－33.0；	
G03 Y13.0 R13.0；	G03 Y13.0 CR=13.0；	
G01 X－38.0；	G01 X－38.0；	

续表

FANUC 0i 系统程序	SINUMERIK 802D 系统程序	程序说明
X－43.0 Y18.0；	X－43.0 Y18.0；	加工外形轮廓（粗、精加工为同一程序，加工过程中使用的刀具半径补偿值不同）
Y28.0；	Y28.0；	
G02 X－35.0 Y36.0 R8.0；	G02 X35.0 Y36.0 CR=8.0；	
G01 X－11.0；	G01 X－11.0；	
Y31.0；	Y31.0；	
G03 X11.0 R11.0；	G03 X11.0 CR=11.0；	
G01 Y36.0；	G01 Y36.0；	
X35.0；	X35.0；	
G02 X43.0 Y28.0 R8.0；	G02 X43.0 Y28.0 CR=8.0；	
G01 Y18.0；	G01 Y18.0；	
X38.0 Y13.0；	X38.0 Y13.0；	
X33.0；	X33.0；	
G03 Y－13.0 R13.0；	G03 Y－13.0 CR=13.0；	
G01 X38.0；	G01 X38.0；	
X43.0 Y－18.0；	X43.0 Y－18.0；	
Y－28.0；	Y－28.0；	
G02 X35.0 Y－36.0 R8.0；	G02 X35.0 Y－36.0 CR=8.0；	
G01 X11.0；	G01 X11.0；	
Y－31.0；	Y－31.0；	
G03 X－11.0 R11.0；	G03 X－11.0 CR=11.0；	
G01 Y－36.0；	G01 Y－36.0；	
X－35.0；	X－35.0；	
G02 X－43.0 Y－28.0 R8.0；	G02 X－43.0 Y－28.0 CR=8.0；	
G40 G01 X－60.0 Y－50.0；	G40 G01 X－60.0 Y－50.0；	取消刀具半径补偿
G91 G28 Z0 M09；	G74 Z0 M09；	程序结束部分
M30；	M02；	

续表

FANUC 0i 系统程序	SINUMERIK 802D 系统程序	程序说明
O0514;	BB514. MPF;	钻孔加工程序
......		程序开始部分
M03 S600;	T1 D1 M03 S600;	
G00 X33. 0 Y0;	G00 X33. 0 Y0;	
G81 X33. 0 Y0 Z-25. 0 R5. 0 F100;	CYCLE81 (20.0, 0, 5.0, -25.0,,);	钻孔加工
X-33. 0;	G00 X-33. 0 Y0;	
	CYCLE81 (20.0, 0, 5.0, -25.0,,);	
G81 X0 Y0 Z-5. 0 R5. 0 F100;	G00 X0 Y0;	钻内轮廓的工艺孔
	CYCLE81 (20.0, 0, 5.0, -5.0,,);	
......		程序结束部分
O0515;	CC515. MPF;	内轮廓加工程序
......		程序开始部分
M03 S600;	T1 D1 M03 S600;	
G00 X0 Y0 Z20. 0 M08;	G00 X0 Y0 Z20. 0 M08;	
G01 Z-5. 0;	G01 Z-5. 0;	*Z* 向进刀
G68 X0 Y0 R30. 0;	ROT RPL=30. 0;	坐标旋转
G41 G01 X-10. 0 Y-12. 0 D01;	G41 G01 X-10. 0 Y-12. 0;	加工内轮廓
X10. 0;	X10. 0;	
G03 X16. 0 Y-6. 0 R6. 0;	G03 X16. 0 Y-6. 0 CR=6. 0;	
G01 Y6. 0;	G01 Y6. 0;	
G03 X10. 0 Y12. 0 R6. 0;	G03 X10. 0 Y12. 0 CR=6. 0;	
G01 X-10. 0;	G01 X-10. 0;	
G03 X-16. 0 Y6. 0 R6. 0;	G03 X-16. 0 Y6. 0 CR=6. 0;	
G01 Y-6. 0;	G01 Y-6. 0;	
G03 X-10. 0 Y-12. 0 R6. 0;	G03 X-10. 0 Y-12. 0 CR=6. 0;	
G40 G01 X0 Y0;	G40 G01 X0 Y0;	
G69;	ROT;	取消坐标旋转
......	......	程序结束部分

五、检测评分

本例的工时定额（包括编程与程序手动输入）为 3.5 h，其评分表见表 6—12。

表 6—12　　中级数控铣床/加工中心应会试题 4 评分表

工件编号				总得分			
项目与权重		序号	技术要求	配分	评分标准	检测记录	得分
工件加工评分（80%）	外轮廓	1	$26^{+0.052}_{0}$ mm	4	超差 0.01 扣 1 分		
		2	$40^{0}_{-0.15}$ mm	4	超差 0.02 扣 1 分		
		3	$72^{0}_{-0.074}$ mm	4	超差 0.01 扣 1 分		
		4	$22^{+0.052}_{0}$ mm	4	超差 0.01 扣 1 分		
		5	$40^{0}_{-0.15}$ mm	4	超差 0.02 扣 1 分		
		6	$86^{0}_{-0.087}$ mm	4	超差 0.01 扣 1 分		
		7	$6^{+0.05}_{0}$ mm	3	超差 0.01 扣 1 分		
		8	对称度 0.03 mm	4×2	每错一处扣 2 分		
		9	平行度 0.05 mm	4×2	每错一处扣 2 分		
		10	$R8$ mm	3	每错一处扣 1 分		
	内轮廓	11	$24^{+0.052}_{0}$ mm	4	超差 0.01 扣 1 分		
		12	$32^{+0.062}_{0}$ mm	4	超差 0.01 扣 1 分		
		13	30°	2	超差全扣		
		14	$5^{+0.05}_{0}$ mm	4	超差 0.01 扣 1 分		
	孔	15	ϕ10H7	4×2	每错一处扣 3 分		
		16	(66±0.03) mm	4	超差 0.01 扣 1 分		
	其他	17	$Ra3.2$ μm	4	每错一处扣 1 分		
		18	工件按时完成	2	未按时完成全扣		
		19	工件无缺陷	2	有缺陷全扣		
工艺与程序（10%）		20	加工工序卡合理、完整	10	不合理每处扣 2 分		
		21	程序正确合理		每错一处扣 2 分		
机床操作（10%）		22	机床操作规范	5	出错一次扣 2 分		
		23	工件、刀具装夹正确	5	出错一次扣 2 分		
安全文明生产（倒扣分）		24	安全操作	倒扣	出现安全事故则停止操作，酌扣 5～30 分		
		25	机床整理	倒扣			

第五节　中级数控铣床/加工中心应会试题 5

一、零件图样

加工如图 6—8 所示的零件（毛坯尺寸为90 mm×90 mm×20 mm），分析其加工工艺并编写数控铣削加工程序。

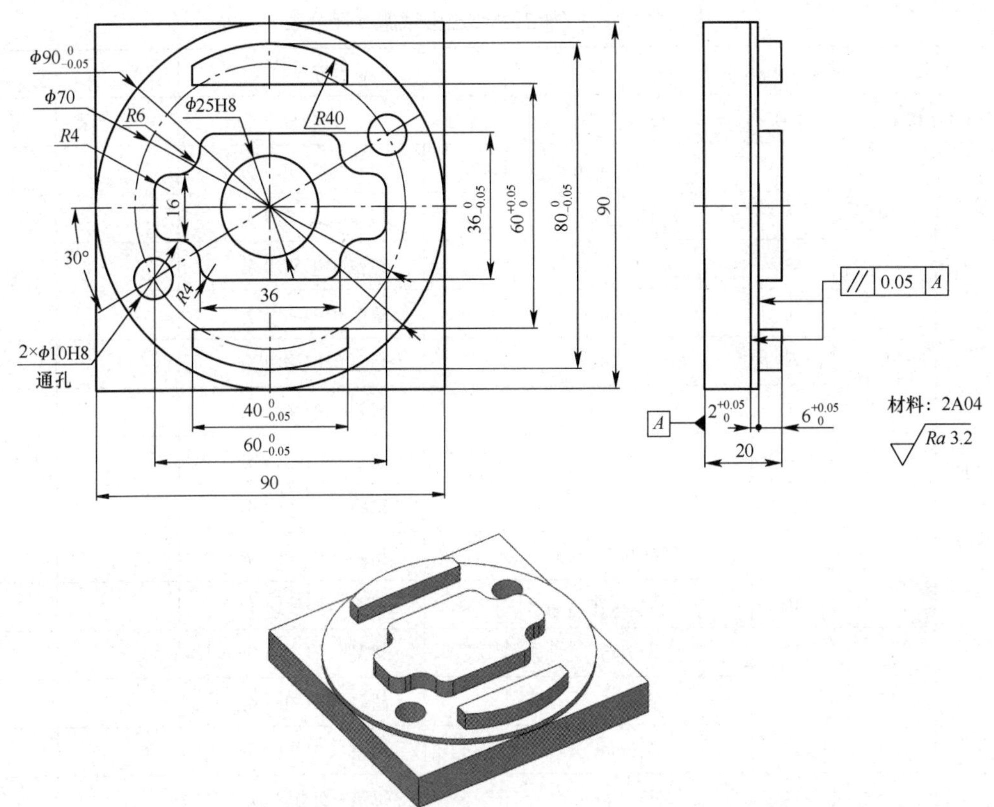

图 6—8　中级数控铣床/加工中心应会试题 5

二、加工准备

选用配备 FANUC 0i 或 SINUMERIK 802D 系统的 XK7150 型数控铣床。毛坯为 90 mm×90 mm×20 mm 的铝件。加工中使用的工具、量具、刀具、夹具等参照表 6—1 进行配置。

三、加工工艺分析

读者自行进行工艺分析。

四、参考程序

读者自行编制加工程序。

五、检测评分

本例的工时定额（包括编程与程序手动输入）为 3.5 h，其评分表见表 6—13。

表 6—13　　中级数控铣床/加工中心应会试题 5 评分表

工件编号					总得分		
项目与权重		序号	技术要求	配分	评分标准	检测记录	得分
工件加工评分（80%）	内、外轮廓	1	$\phi 90_{-0.05}^{0}$ mm	5	超差 0.01 扣 1 分		
		2	$80_{-0.05}^{0}$ mm	5	超差 0.01 扣 1 分		
		3	$60_{0}^{+0.05}$ mm	5	超差 0.01 扣 1 分		
		4	$36_{-0.05}^{0}$ mm	5	超差 0.01 扣 1 分		
		5	$40_{-0.05}^{0}$ mm	5	超差 0.01 扣 1 分		
		6	$60_{-0.05}^{0}$ mm	5	超差 0.01 扣 1 分		
		7	$2_{0}^{+0.05}$ mm	5	超差 0.01 扣 1 分		
		8	$6_{0}^{+0.05}$ mm	5	超差 0.01 扣 1 分		
		9	平行度 0.05 mm	5×2	超差 0.01 扣 1 分		
		10	一般尺寸	4	超差 0.01 扣 1 分		
	孔	11	ϕ10H8	2×2	超差 0.01 扣 1 分		
		12	ϕ25H8	6	超差 0.01 扣 1 分		
		13	ϕ70 mm	4	超差 0.01 扣 1 分		
	其他	14	$Ra3.2\ \mu m$	6	每错一处扣 1 分		
		15	工件按时完成	3	未按时完成全扣		
		16	工件无缺陷	3	有缺陷全扣		
工艺与程序（10%）		17	加工工序卡合理、完整	10	不合理每处扣 2 分		
		18	程序正确合理		每错一处扣 2 分		
机床操作（10%）		19	机床操作规范	10	出错一次扣 2 分		
		20	工件、刀具装夹正确		出错一次扣 2 分		
安全文明生产（倒扣分）		21	安全操作	倒扣	出现安全事故则停止操作，酌扣 5～30 分		
		22	机床整理	倒扣			

第六节　中级数控铣床/加工中心应会试题 6

一、零件图样

加工如图 6—9 所示的零件（毛坯尺寸为90 mm×90 mm×18 mm），编写其数控铣削加工程序。

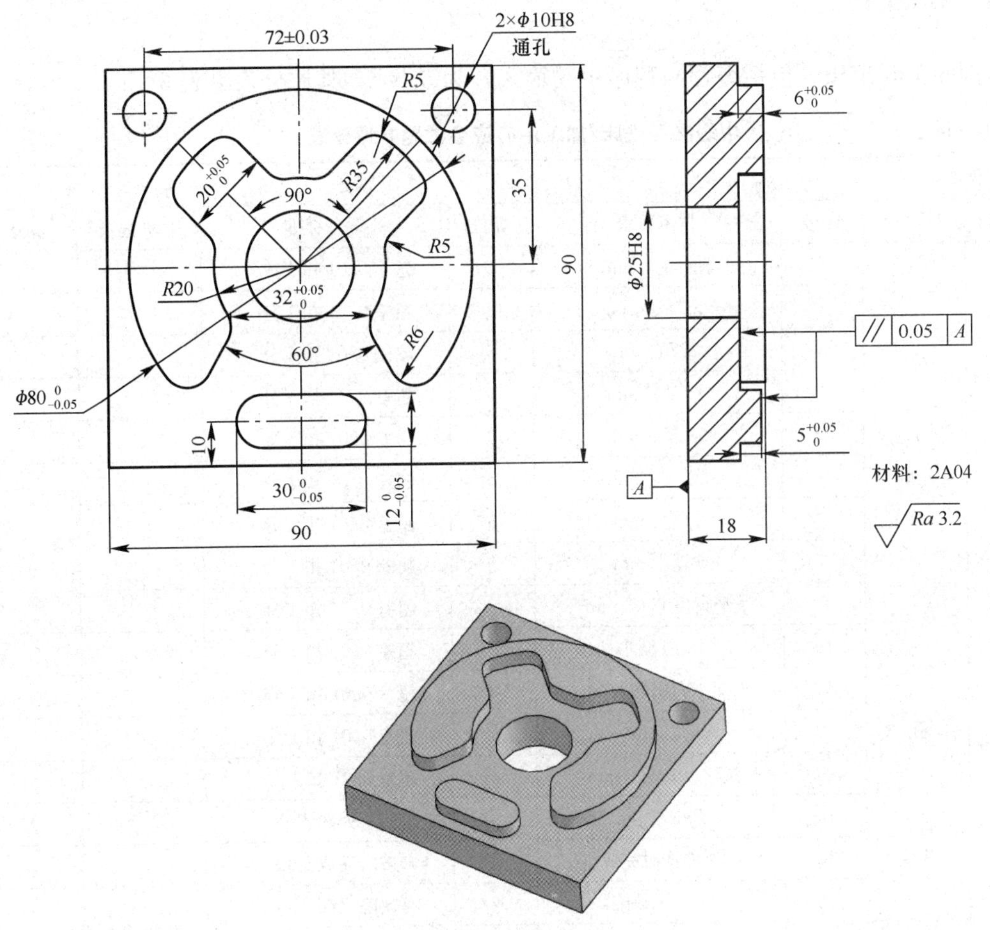

图 6—9　中级数控铣床/加工中心应会试题 6

二、加工准备

选用配备 FANUC 0i 或 SINUMERIK 802D 系统的 XK7150 型数控铣床。毛坯为 90 mm×90 mm×18 mm 的铝件。加工中使用的工具、量具、刀具、夹具等参照表 6—1 进行配置。

三、加工工艺分析

读者自行进行工艺分析。

四、参考程序

读者自行编制加工程序。

五、检测评分

本例的工时定额（包括编程与程序手动输入）为 3.5 h，其评分表见表 6—14。

表 6—14　　中级数控铣床/加工中心应会试题 6 评分表

工件编号				总得分			
项目与权重		序号	技术要求	配分	评分标准	检测记录	得分
工件加工评分（80%）	内、外轮廓	1	$\phi80_{-0.05}^{\ 0}$ mm	5	超差 0.01 扣 1 分		
		2	$20_{\ 0}^{+0.05}$ mm	5×2	超差 0.01 扣 1 分		
		3	$R20$ mm	5	超差 0.01 扣 1 分		
		4	$32_{\ 0}^{+0.05}$ mm	5	超差 0.01 扣 1 分		
		5	$30_{-0.05}^{\ 0}$ mm	5	超差 0.01 扣 1 分		
		6	$12_{-0.05}^{\ 0}$ mm	5	超差 0.01 扣 1 分		
		7	$5_{\ 0}^{+0.05}$ mm	5	超差 0.01 扣 1 分		
		8	$6_{\ 0}^{+0.05}$ mm	5	超差 0.01 扣 1 分		
		9	平行度 0.05 mm	5×2	超差 0.01 扣 1 分		
		10	一般尺寸	3	超差 0.01 扣 1 分		
	孔	11	ϕ10H8	2×2	超差 0.01 扣 1 分		
		12	ϕ25H8	4	超差 0.01 扣 1 分		
		13	(72±0.03) mm	4	超差 0.01 扣 1 分		
	其他	14	$Ra3.2\ \mu m$	6	每错一处扣 1 分		
		15	工件按时完成	2	未按时完成全扣		
		16	工件无缺陷	2	有缺陷全扣		
工艺与程序（10%）		17	加工工序卡合理、完整	10	不合理每处扣 2 分		
		18	程序正确合理		每错一处扣 2 分		
机床操作（10%）		19	机床操作规范	10	出错一次扣 2 分		
		20	工件、刀具装夹正确		出错一次扣 2 分		
安全文明生产（倒扣分）		21	安全操作	倒扣	出现安全事故则停止操作，酌扣 5～30 分		
		22	机床整理	倒扣			

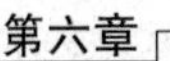

思考与练习

1. 如何进行零件图样分析?

2. 分析如图 6—8 所示零件的加工工艺，分别编写 FANUC 0i 系统和 SINUMERIK 802D 系统的加工程序。

3. 分析如图 6—9 所示零件的加工工艺，分别编写 FANUC 0i 系统和 SINUMERIK 802D 系统的加工程序。

4. 加工如图 6—10 所示零件（毛坯尺寸为 130 mm×100 mm×30 mm），分析其加工工艺并编写加工程序。

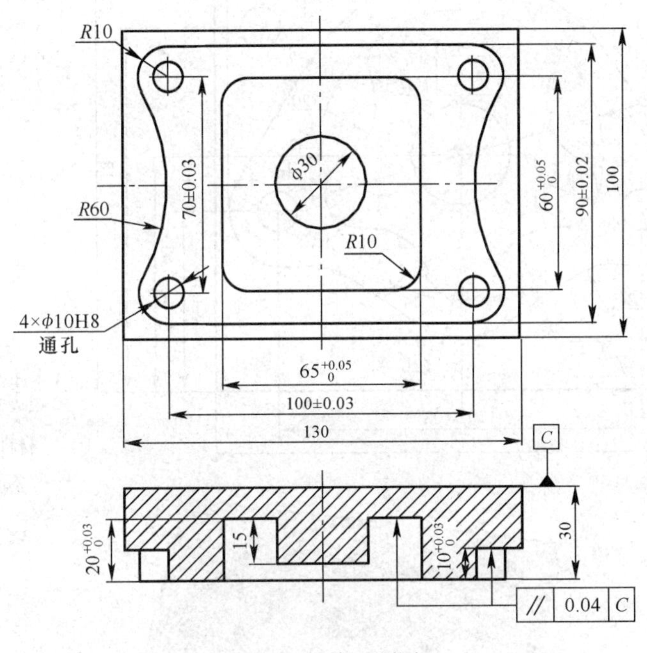

图 6—10　练习题图 1

5. 如图 6—11 所示工件，毛坯尺寸为 148 mm×118 mm×26 mm，编制该零件的数控加工工序卡，同时编写该零件的数控铣削加工程序。

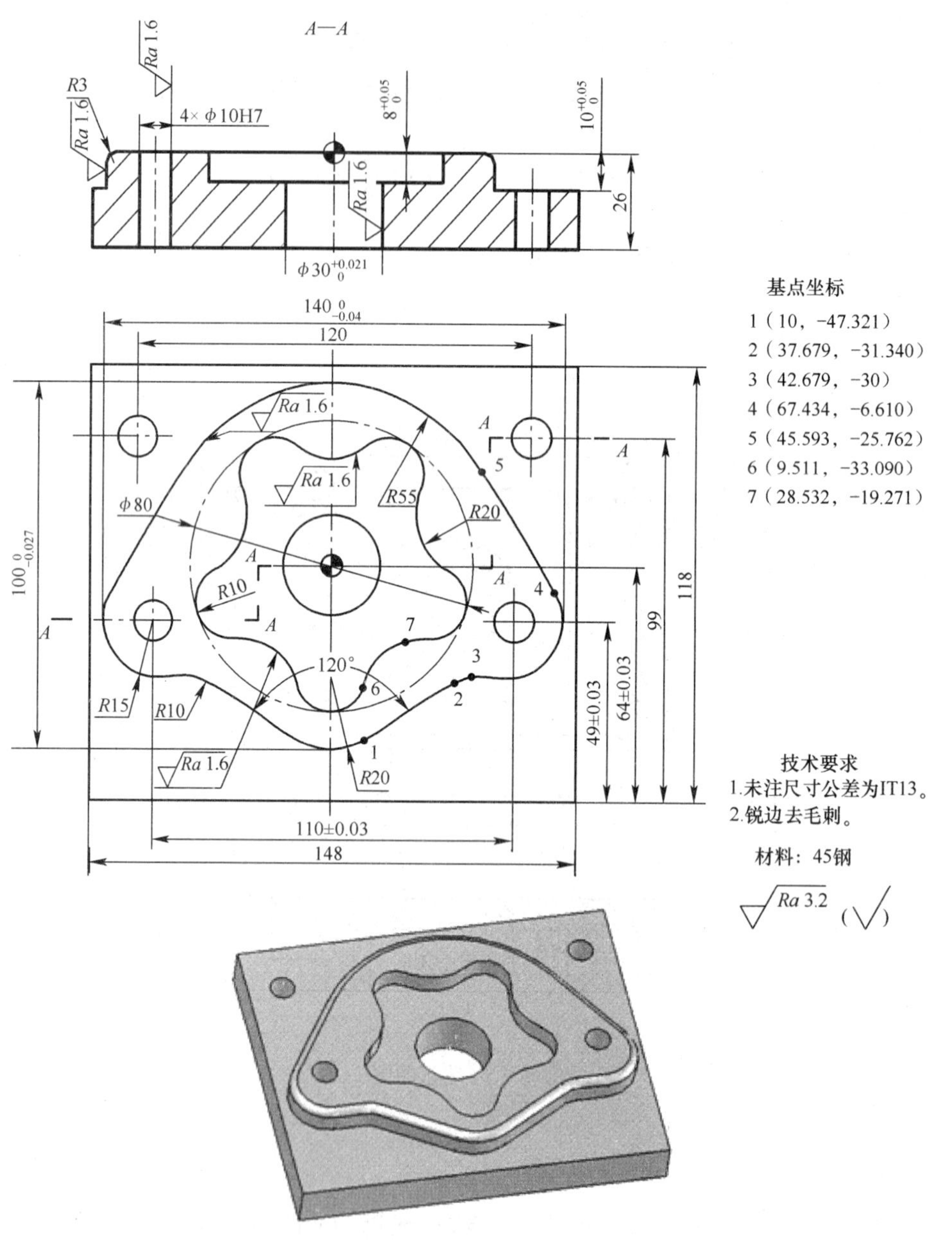

图 6—11　练习题图 2

6. 如图 6—12 所示工件，毛坯尺寸为 200 mm×200 mm×30 mm，编写其加工程序。

R25
2
R25
45.7
R25
1
91.4
50
R10
周边
Ra 1.6
160±0.03
200
160±0.02
200
4× φ20$^{+0.05}_{0}$
Ra 1.6
基点坐标
1（53.03，17.69）
2（17.68，53.03）
10±0.01
30
材料：45钢
Ra 3.2
(√)

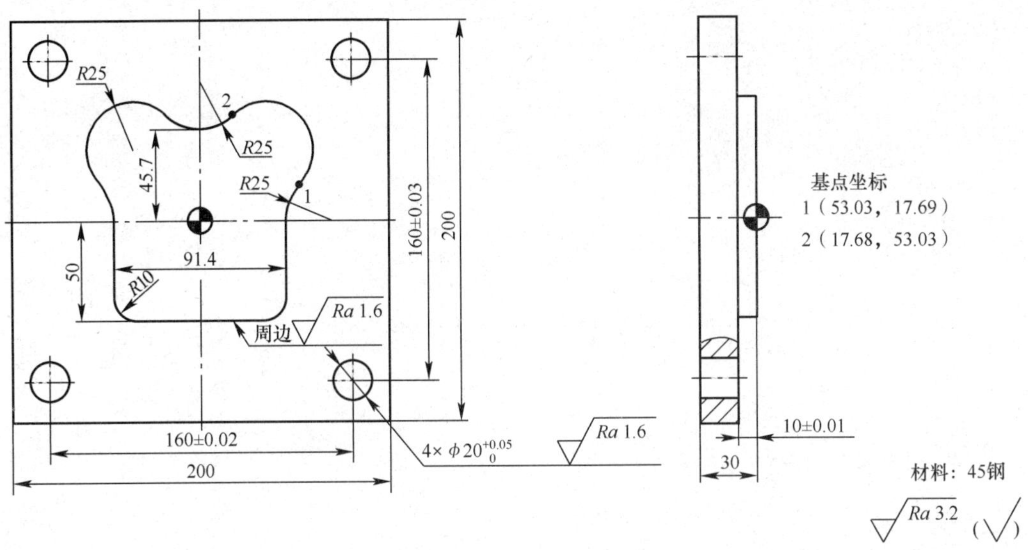

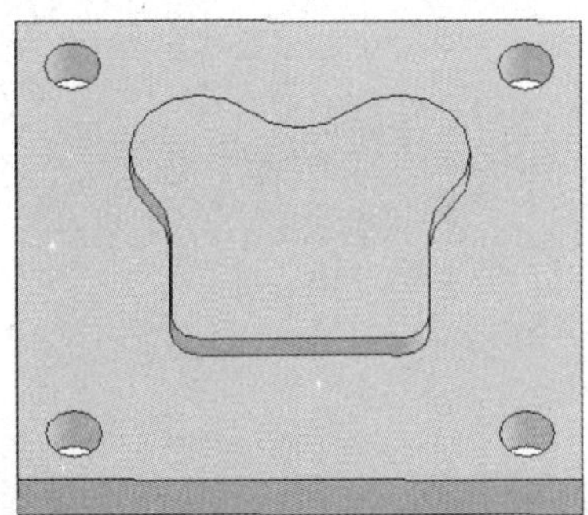

图 6—12　练习题图 3